环境保护与水土污染治理研究

孙新坡 毕钰璋 赵文萍 ◎著

中国华侨出版社

·北京·

图书在版编目（CIP）数据

环境保护与水土污染治理研究 / 孙新坡，毕钰璋，
赵文萍著. -- 北京：中国华侨出版社，2021.9
ISBN 978-7-5113-8476-8

Ⅰ．①环… Ⅱ．①孙… ②毕… ③赵… Ⅲ．①环境保
护－研究②水污染防治－研究③土壤污染－污染防治－研
究 Ⅳ．①X

中国版本图书馆CIP数据核字(2020)第239464号

环境保护与水土污染治理研究

著　　者 / 孙新坡　毕钰璋　赵文萍

责任编辑 / 黄　威

特约编辑 / 黄炳开

封面设计 / 北京万瑞铭图文化传媒有限公司

经　　销 / 新华书店

开　　本 / 787毫米×1092毫米　1/16　印张 / 13　字数 / 287千字

印　　刷 / 北京天正元印务有限公司

版　　次 / 2021年9月第1版　　2021年9月第1次印刷

书　　号 / ISBN 978-7-5113-8476-8

定　　价 / 65.00元

中国华侨出版社　　北京市朝阳区西坝河东里77号楼底商5号　　　邮编：100028

发行部：（010）69363410　　传　真：（010）69363410

网　址：www.oveaschin.com　　E-mail：oveaschin@sina.com

前　言

人类在 20 世纪中叶开始了一场新的觉醒，那就是对环境问题的认识。残酷的现实告诉人们，人类经济水平的提高和物质享受的增加，在很大程度上是以牺牲环境与资源得来的。环境污染、生态破坏、资源短缺、酸雨蔓延、全球气候变化、臭氧层出现空洞……正是人类社会发展对自然环境采取了不公允、不友好的态度和做法的后果。而环境与资源作为人类生存和发展的基础和保障，正通过上述种种问题对人类进行着报复。毫不夸张地说，人类正遭受着严重环境问题的威胁和危害。这种威胁和危害关系到当今人类的健康、生存与发展，更危及地球的命运和人类的前途。

土壤资源是人类生活和生产最基本、最广泛、最重要的自然资源之一，最重要的自然资源之一，是地球上陆地生态系统的重要组成部分。土壤环境是由植物和土壤生物及其生存环境要素，包括土壤矿物质和有机质、土壤空气和土壤水构成的一个有机统一整体，是 90% 污染物的最终受体，比如大气污染造成的污染物沉降、污水的灌溉和下渗、固体废弃物的填埋，"受害者"都是土壤。土壤污染源复杂，污染物种类繁多。为了及时有效地解决这些水问题，必须加强水土资源的规划与管理，必须统筹考虑水资源与社会、经济、环境之间的协调，走可持续发展道路。为此，党和国家把环境保护摆到更加重要的位置，提出要加强环境保护，积极推进重点区域环境治理及城镇垃圾处理、农业面源污染治理、重金属污染综合整治等工作。土水资源的合理利用与保护，不仅是我国现阶段必须大力发展和亟须推进的重大战略，更是人类社会共同面临的课题。

由于作者水平有限，书中难免会出现不足之处，希望各位读者和专家能够提出宝贵意见，以待进一步修改，使之更加完善。

目录

第一章 环境及我国环保政策

第一节 环境及其组成

一、环境的含义

所谓环境是指与体系有关的周围客观事物的总和，体系是指被研究的对象，即中心事物。环境总是相对于某项中心事物而言，它因中心事物的不同而不同，随中心事物的变化而变化。中心事物与环境既相互对立，又相互依存、相互制约、相互作用和相互转化，在它们之间存在着对立统一的关系。对于环境学来说，中心事物是人类，环境是以人类为主体的与人类密切相关的外部世界。也就是说，环境是指人类（主体）赖以生存和发展的各种物质因素交互关系的总和，是人类进行生产和生活活动的场所，是人类生存和发展的物质基础。

各国对环境的定义不尽相同，它体现了人类利用和改造自然的性质和水平。在中国古书中，环境一词最早见于《元史·余阙传》，书中有这么一段话："环境筑堡寨，选精甲外捍，而耕稼于中。"其原意为环绕所辖的区域。环指围绕，境指疆土。因此，当时"环境"泛指某一主体周围的地域、空间、介质。今天，随着社会的发展和人类文明的进步，环境一词的理解也在不断地拓宽。目前在社会上人们对环境的理解有着许多不同的看法，在主体上基本都是指人类，而在客体上差异较大，有些人认为只指自然界，有些人认为只包括"三废"排放的污染活动，也有些人认为还应包括人的言行、举止等。总之众说纷纭，直到联合国环境规划理事会之后，环境的概念才被统一定义为：环境是指围绕着人群的空间及其中可以直接、间接影响人类生活和发展的各种自然因素和社会因素的总体。这里自然因素的总体就是指自然环境，它包括"大气、水、土壤、地形、地质、生物、辐射等"。社会因素的总体就是指社会环境，它主要包括"各种人工构筑物和政治、经济、文化等要素"。

在中国以及世界其他国家颁布的环境保护法规中，对环境一词所做的明确界定，是从环境学含义出发所规定的法律适用对象或适用范围，也就是往往把环境中应当保护的环境要素或对象，如大气、水、土地、生物、古迹等作为环境的内容，其目的是保证法律的准确实施，它不需要也不可能包括环境的全部意义。《中华人民共和国环境保护法》把环境定义为"影响人类生存和发展的各种天然的和经过人工改造的自然因素的总体，包括大气、水、海洋、土地、矿藏、森林、草原、野生生物、自然保护区、风景名胜、城市和乡村等"。

随着人类社会的发展，环境概念也在发展。有人根据月球引力对海水潮汐有影响的事实，提出月球能否成为适合人类的生存环境。我们的回答是：现阶段没有把月球视为人类的生存环境，任何一个国家的环境保护法也没有把月球规定为人类的生存环境，因为它对人类的生存发展影响太小了。但是，随着宇宙航行和空间科学的发展，总有一天人类不但要在月球上建立空间实验站，还要开发利用月球上的自然资源，使地球上的人类频繁往来于月球和地球之间。到那时，月球当然就会成为人类生存环境的重要组成部分。特别是人们已经发现地球的演化发展规律，同宇宙天体的运行有着密切的联系，如反常气候的发生，就同太阳的周期性变化紧密相关。从某种程度上说，宇宙空间终归是影响我们地球的不可忽略的一个因素。所以，我们要用发展的、辩证的观点来认识环境。

二、环境质量与环境容量

（一）环境要素

环境要素，又称环境基质，是指构成人类环境整体的各个独立的、性质不同的而又服从整体演化规律的基本物质组分，包括自然环境要素和人工环境要素。自然环境要素通常是指水、大气、生物、阳光、岩石、土壤等。人工环境要素包括综合生产力、技术进步、人工产品和能量、政治体制、社会行为、宗教信仰等。

环境要素组成环境结构单元，环境结构单元又组成环境整体或环境系统。例如，由水组成水体，全部水体总称为水圈；由大气组成大气层，整个大气层总称为大气圈；由生物体组成生物群落，全部生物群落构成生物圈。

（二）环境质量

所谓环境质量，一般是指在一个具体的环境内，环境的总体或环境的某些要素，对人群的生存和繁衍以及经济发展的适宜程度，是反映人群的具体要求而形成的对环境评定的一种概念。最早是在 20 世纪 60 年代，由于环境问题的日趋严重，人们常用环境质量的好坏来表示环境遭受污染的程度。

显然，环境质量是对环境状况的一种描述，这种状况的形成，有自然的原因，也有人为的原因，而且从某种意义上说，后者更为重要。人为原因是指：污染可以改变环境质量；资源利用的合理与否，同样可以改变环境质量；此外，人群的文化状态也影响着环境质量。因此，环境质量除了所谓的大气环境质量、水环境质量、土壤环境质量、城市环境质量，还有生产环境质量、文化环境质量。

（三）环境容量

环境容量是指在人类生存和自然生态不致受害的前提下，某一环境所能容纳的污染物的最大负荷量。它是在环境管理中实行污染物浓度控制时提出的概念。污染物浓度控制的法令规定了各个污染源排放污染物的容许浓度标准，但没有规定排入环境中的污染物的数量，也没有考虑环境净化和容纳的能力，这样在污染源集中的城市和工矿区，尽管各个污染源排放的污染物达到（包括稀释排放而达到的）浓度控制标准，但由于污染物排放的总量过大，仍然会使环境受到严重污染。因此，在环境管理上开始采用总量控制法，即把各个污染源排入某一环境的污染物总量限制在一定的数值之内，采用总量控制法，就必须研究环境容量问题。

三、环境的分类

根据环境要素、人类对环境的作用及环境的功能，可以将人类环境区分为自然环境、生态环境和社会环境。

（一）自然环境

自然环境指的是自然因素的总体。如果从环境要素来考虑，可再分为大气环境、水环境、土壤环境及生物环境等。它是人类目前赖以生存、生活和生产所必需的自然条件和自然资源的总称。它在人类出现之前，已按照自己的运动规律经历了漫长的发展过程。自人类出现之后，自然环境就成为人类生存和发展的主要条件。人类不仅有目的地利用它，还在利用过程中不断影响和改造它。

自然环境按人类对其影响和改造的程度，又可分为原生自然环境和次生自然环境。

1. 原生自然环境

原生自然环境是指完全按照自然规律发展和演变的区域，如极地、高山、人迹罕至的沙漠和冻土区、原始森林、大洋中心地区等。这些区域，目前尚未受到人类影响，景观面貌基本上保持原始状态。

2. 次生自然环境

次生自然环境是指受人类发展活动影响，原来的面貌和环境功能发生了某些变化的区域，如次生林、天然牧场等。

随着人类经济和社会发展活动的范围和规模的扩大，自然界原生自然环境越来越小。当今，严格意义上的原生自然环境几乎不复存在。像两极大陆，虽然目前人类活动的直接影响还较小，但是由于人类活动造成的"臭氧空洞"以及农药的大量施用，已经危及那里的生物。

（二）生态环境

从生物与其生存环境相互关系的角度出发，我们可以将对生物生命活动起直接影响和作用的那些环境要素（生态因素）的总和称为生态环境。

光、热、水、空气、土壤等都是生态因素，各个生态因素并非孤立地、单独地对生物发生作用，而是综合在一起对生物产生影响。也就是说，生态环境是生物或其群体居住地段的所有生态因素的总体。

由于各地区地理条件不同，从而形成了多种多样的生态环境类型（如森林、草原、海洋），这也正是地球上生物种群多样化的主要原因之一。

各地区各种生态因素的变化幅度很大。每种生物所能适应的范围却有一定的限度。如果某个或某几个生态因素的质和量高于或低于生物所能忍受的限度，无论其他因素是否适合，都将影响生物的生长、发育和繁殖，甚至导致生物死亡。这样的生态因素称作限制因素。限制因素随时间、地点和生物种类的变化而有所不同。如在干旱和半干旱地区，植物生存的限制因素是水分条件；在严重污染的水域，有毒的污染物常是水生生物存活的限制因素。因此，在研究生物与其生存环境的相互关系时，既要注意生态环境的综合作用，也要注意限制因素的单独作用。

（三）社会环境

社会环境是指人类的社会制度等上层建筑条件，包括社会的经济基础、城乡结构以及同各种社会制度相适应的政治、经济、法律、宗教、艺术、哲学的观念与机构等。它是人类在长期生存发展的社会劳动中所形成的，是在自然环境的基础上，人类通过长期有意识的社会劳动，加工和改造了的自然物质，所创造的物质生产体系，以及所积累的物质文化等构成的总和。社会环境是人类活动的必然产物，它一方面可以对人类社会进一步发展起促进作用，另一方面又可能成为束缚因素。社会环境是人类精神文明和物质文明的一种标志，并随着人类社会发展不断地发展和演变，社会环境的发展与变化直接影响到自然环境的发展与变化。人类的社会意识形态、社会政治制度，如对环境的认识程度，保护环境的措施，都会对自然环境质量的变化产生重大影响。近代环境污染的加剧正是由于工业迅猛发展所造成的，因而在研究中不可把自然环境和社会环境截然分开。

四、环境的特性

（一）整体性

人与自然环境是一个整体。在环境问题上，个人的利益和价值与群体的利益和价值、区域性的利益和价值与全球性的利益和价值常常是无法截然分开的。

地球的任一地区或任一生态因素，都是环境的组成部分。各部分之间有着相互联系、相互制约的关系。局部地区环境的污染和破坏，会对其他地区造成影响；某一环境要素恶化，也会通过物质循环影响其他环境要素。因此，生态危机和环境灾难是没有地域边界的；在环境问题上，全球是一个整体，一旦全球性的生态破坏出现，任何地区和国家都将蒙受其害，而且全球性环境问题还具有扩散性、持续性的特点。例如，人类在农业区域使用的 DDT（农药），能从生活在南极大陆上的企鹅体内检出；热带雨林的破坏使全球气候都受影响，不少自然物种灭绝；气温升高，会导致干旱，沙漠化加剧；苏联切尔诺贝利核电站泄漏事故，不仅造成本地区及附近人员的极大伤亡，而且其核泄漏产生的放射性尘埃还远飘至北欧，甚至扩散到整个东欧和西欧地区；海湾战争中伊拉克焚毁科威特油田造成的全球性影响，有人估算会延续数十年。所以，人类生存环境及其保护从整体看是不受地理条件和地域限制的；在环境的保护和治理问题上，地区与地区、国家与国家之间要进行充分的合作。正如《联合国人类环境会议宣言》指出："保护和改善人类环境是关系到全世界各国人民的幸福和经济发展的重要问题，也是全世界各国人民的迫切希望和各国政府的责任。"

另外，人类对环境实施的行为往往不是个人的行为。任何人对环境的态度和行为，所产生的环境后果都不仅限于个人，而且会对周围乃至整个人类造成影响。对环境的治理和保护，需要社会每个成员从自己做起，集合群体的努力才能奏效；而人类对环境的保护和对环境污染的治理，最终将使每个人受惠。

（二）有限性

在宇宙间人们所能认识到的天体中，目前发现只有地球适合于人类生存。离地球最近的月球上，没有空气和水，只有一片沙砾，是一个死寂的世界；火星上遍布火山和沙漠，空气稀薄（只有地球的 1%），表层是一个冰封的世界，最低温度在 -110℃，最高温度仅 22℃；金星又活像一座炼狱，它充满蒸腾的腐蚀大气，温度为 500℃，气压高达 1.013×10^7Pa。水星、木星、天王星、海王星和冥王星的自然条件，也都无法使生命生存。经科学家们证实，至少在以地球为中心的 4×10^{14} km 的范围内，没有适合人类居住的第二颗星球。

因此，虽然宇宙空间无限，但是人类生存的空间以及资源、环境对污染的忍耐能力等都是有限的。所以，人类的生存环境是脆弱的，是容易遭到破坏的。地球只是承载生命的一叶孤舟，当人类的索取超过一定的限度时，它还能安全航行吗？

（三）不可逆性

环境在运动过程中存在着能量流动和物质循环两个过程。前一过程是不可逆的；后一过程变化的结果也不可能完全回复到它原来的状态。因此，要消除环境破坏的后果，需要很长的时间。例如，世界文明的四大发祥地（黄河、恒河、尼罗河、幼发拉底河流域）在远古都是林茂富饶的地方，但都由于不合理的开垦利用使自然环境遭到破坏，至今仍然无法恢复良性状态。又如英国的泰晤士河，由于工业废水污染，河水中的生物基本绝迹。经过了一百多年的努力治理，耗费了大量人力和才使河水水质有所改善。无数事实证明，不顾环境而单纯追求经济增长会适得其反。因为取得的经济利益是暂时的，环境恶化却是长期的，两相比较，损失是巨大的。人类在经济活动中，必须以预防为主、全面规划，努力避免不可逆环境问题的产生。

（四）潜在性

除了事故性的污染与破坏（如森林火灾，农药厂事故等）可以很快观察到后果，环境破坏对人类产生的影响一般需要较长时间才能显示出来。例如日本九州熊本县南部的水俣镇，在 20 世纪 40 年代生产氯乙烯和醋酸乙烯时采用汞盐催化剂，含汞废水排入海湾，对鱼类、贝类造成污染，人食用了这些鱼、贝引起的水俣病是经过一二十年后，才显露出来的，直到现在还有病患者。再如，我们现在丢弃的泡沫塑料制品，降解需要 300 多年。它们在粉化后进入土壤，会破坏土壤结构，使农业减产。环境污染的危害会通过遗传贻害后世，目前中国每年出生数百万有生理缺陷的婴儿，与过去的环境污染不无关系。

（五）放大性

局部或某一方面的环境污染与破坏，造成的危害或灾害，无论从深度还是广度上，都会明显放大，如河流上游森林毁坏，可造成下游地区的水、旱等灾害；大气臭氧层稀薄，其结果不仅使人类皮肤癌患者增多，而且由于大量紫外线杀死地球上的浮游生物和微生物，打断了食物链的始端，以致有可能毁掉整个生物圈。科学研究表明，两亿年前由于臭氧层一度变薄，导致地球上90%的物种灭绝。

（六）环境自净

环境受到污染后，在物理、化学和生物的作用下，逐步消除污染物达到自然净化。环境自净按发生机理可分为物理净化、化学净化和生物净化三类。

1. 物理净化

环境自净的物理作用有稀释、扩散、淋洗、挥发、沉降等。如含有烟尘的大气，通过气流的扩散，降水的淋洗，重力的沉降等作用，而得到净化。混浊的污水进入江河湖海后，通过物理的吸附、沉淀和水流的稀释、扩散等作用，水体恢复到清洁的状态。土壤中挥发性污染物如酚、氰、汞等，因为挥发作用，其含量逐渐降低。物理净化能力的强弱取决于环境的物理条件和污染物本身的物理性质。环境的物理条件包括温度、风速、雨量等。污染物本身的物理性质包括比重、形态、粒度等。温度的升高有利于污染物的挥发，风速增大有利于大气污染物的扩散，水体中所含的黏土矿物多有利于吸附和沉淀。

2. 化学净化

环境自净的化学反应有氧化与还原、化合与分解、吸附、凝聚、交换、络合等。如某些有机污染物经氧化还原作用最终生成 H_2O 和 CO_2 等；水中 Cu^{2+}、Pb^{3+}、Zn^{2+}、Cd^{2+}、Hg^+ 等重金属离子与硫离子化合，生成难溶的硫化物沉淀；铁、锰、铝的水合物、黏土矿物、腐殖酸等对重金属离子的化学吸附和凝聚作用；土壤和沉积物中的代换作用等均属环境的化学净化。影响化学净化的环境因素有酸碱度、氧化还原电势、温度和化学组分等，污染物本身的形态和化学性质对化学净化也有重大的影响。温度的升高可加速化学反应。有害的金属离子在酸性环境中有较强的活性而有利于迁移；在碱性环境中易形成氢氧化物沉淀而有利于净化。氧化还原电势值对变价元素的净化有重要的影响。价态的变化直接影响这些元素的化学性质和迁移、净化能力。如三价铬（Cr^{3+}）迁移能力很弱，而六价铬（Cr^{6+}）的活性较强，净化速率低。环境中的化学反应如生成沉淀物、水和气体则有利于净化，如生成可溶盐则有利于迁移。

3. 生物净化

生物的吸收、降解作用使环境污染物的浓度和毒性降低或消失。植物能吸收土壤中的酚、氰，并在体内转化为酚糖苷和氰糖苷，球衣菌可以把酚、氰分解为 CO_2 和 H_2O；绿色植物可以吸收 CO_2，放出 O_2。同生物净化有关的因素有生物的科属、环境的水热条件和供氧状况等。在温暖、湿润、养料充足、供氧良好的环境中，植物的吸收净化能力强。生物种类不同，对污染物的净化能力也有很大的差异。有机污染物的净化主要依靠微生物的降解作用。如在温度为 20 ~ 40℃，pH 为 6 ~ 9、养料充分、空气充足的条件下，需氧微生物大量繁殖，能将水中的各种有机物迅速分解、氧化、转化成为 CO_2、水、氨和硫酸盐、磷酸盐等。厌氧微生物在缺氧条件下，能把各种有机污染物分解成甲烷、CO_2 和 H_2S 等。在硫黄细菌的作用下，H_2S 可能转化为硫酸盐。氨在亚硝酸菌和硝酸菌的作用下被氧化为亚硝酸盐和硝酸盐。植物对污染物的净化主要是通过根和叶片的吸收。城市工矿区的绿化，对净化空气有明显的作用。

第二节 环境问题

所谓环境问题是指作为中心事物的人类与作为周围事物的环境之间的矛盾。人类生活在环境之中，其生产和生活不可避免地对环境产生影响。这些影响有些是积极的，对环境起着改善和美化的作用；有些是消极的，对环境起着退化和破坏的作用。另一方面，自然环境也从某些方面（例如严酷的自然灾害）限制和破坏人类的生产和生活。人类与环境之间相互的消极影响就构成环境问题。

环境问题，就其范围大小而论，可分广义和狭义两个方面。从广义理解，是由自然力或人力引起生态平衡破坏，最后直接或间接影响人类的生存和发展的一切客观存在的问题。从狭义上理解，仅是由于人类的生产和生活活动，自然生态系统失去平衡，反过来影响人类生存和发展的一切问题。

当今世界，人类面临着许多共同的环境问题。总的来说主要表现为环境污染和生态破坏。

一、环境问题分类

环境问题分类的方法有很多，根据引起环境恶化的原因，环境问题可分为原生环境问题和次生环境问题。

（一）原生环境问题

原生环境问题也称第一类环境问题。它的产生是由自然界本身运动引起的，不受或较少受人类活动的影响。如地震、海啸、火山活动、台风、干旱、水涝等自然灾害。这类灾难危害剧烈，如我国唐山发生的 7.8 级大地震，所释放的能量相当于 1 000 万吨级的氢弹，是日本广岛原子弹的 200 倍。十几秒钟的大地震动，就将百万人的城市化作一片废墟，造成 24 万人死亡，16 万人受伤，为 20 世纪最惨烈的灾难之一。

（二）次生环境问题

次生环境问题也称第二类环境问题。它是由于人类不适当的生产和消费而引起的环境污染和生态环境破坏。

原生和次生两类环境问题只是相对的。它们常常相互影响，彼此重叠发生，形成所谓的复合效应。例如，过量开采地下水有可能诱发地震；大面积毁坏森林可导致降雨量减少；大量排放 CO_2 可加重"温室效应"，使地球气温升高、干旱加剧。

目前，人类对第一类环境问题尚不能有效防治，只能侧重于监测和预报。本书研究的对象主要是第二类环境问题。

二、环境问题的产生和发展

自然环境的运动，一方面有它本身固有的规律，同时也受人类活动的影响。自然的客观性质和人类的主观要求、自然的发展过程和人类活动的目的之间不可避免地存在着矛盾。

人类通过自己的生产与消费作用于环境，从中获取生存和发展所需的物质和能量，同时又将"三废"排放到环境中；环境对人类活动的影响（特别是环境污染和生态破坏）又以某种形式反作用于人类，从而人类与环境间就以物质、能量、信息联结起来，形成复杂的人类环境系统。

当人类的活动违背自然规律时，就会对环境质量造成一定程度的破坏，从而产生了环境问题。

环境对污染虽然具有一定的容纳能力和自净能力，但这种环境容量和自净力都是有限度的。人类活动产生并排入环境的污染物和污染因素，超越了这种限度，就会导致环境质量的显著恶化。

可以说，环境问题是伴随着人类的出现而产生的。但在古代，由于对自然的开发和利用规模较小，所以环境问题不十分突出。环境问题成为严重的社会问题，是从产业革命开始的。

瓦特发明了蒸汽机，以此为起点的产业革命使人类社会的生产力得到巨大提高，也给环境带来了污染和破坏。由于大量用煤作燃料，烟尘和 SO_2 污染了大气，矿冶、制碱工业使水污染，出现了一系列"公害"事件。例如，英国伦敦发生三次烟雾污染事件，死亡 1 532 人。

20 世纪 20–40 年代，燃煤造成的污染剧增不减，同时出现了石油工业和石油产品带来的污染。大气中氮氧化合物含量增加，出现了光化学烟雾。

20 世纪 50 年代末和 60 年代初，随着工业发展、人口增加和城市化进程加快，环境污染发展到巅峰，并已成为发达资本主义国家的一个重大社会问题。著名的"八大公害事件"大多发生在这一时期。

这一时期除石油及石油产品的污染大量增加、巨型油轮污染海洋、高空飞行器污染大气外，有毒化学品、农药、化肥的使用、放射性装置的出现，以及噪声、振动、垃圾、恶臭、电磁波辐射和地面沉降等公害纷至沓来，不仅污染了农田、水域，就连高山、极地、人迹罕至的岛屿也难幸免。

当代世界环境问题的特点是，人类文明和对环境的开发利用都达到空前的程度。发达国家对环境治理取得一定成效，但仍然存在或新产生了一些问题；发展中国家急切改变贫穷落后状态的愿望与行动，加剧了生态破坏和环境污染。这些环境问题强烈地制约和影响着经济的发展，甚至明显地危及人类的生存。

三、环境问题的实质

从环境问题的发展历程可以看出：人为的环境问题是随人类的诞生而产生，并随着人类社会的发展而发展。从表面现象看，工农业的高速发展造成了严重的环境问题。因而在发达的资本主义国家出现了"反增长"的观点。诚然，发达的资本主义国家实行高生产、高消费的政策，过多地浪费资源、能源，应该进行控制；但是，发展中国家的环境问题，主要是由于贫困落后、发展不足和发展中缺少妥善的环境规划和正确的环境政策造成的。所以只能在发展中解决环境问题，既要保护环境，又要促进经济发展。只有处理好发展与环境的关系，才能从根本上解决环境问题。

综上所述，造成环境问题的根本原因是对环境的价值认识不足，缺乏妥善的经济发展规划和环境规划。环境是人类生存发展的物质基础和制约因素，人口增长，从环境中取得食物、资源、能源的数量必然要增长。人口的增长要求工农业迅速发展，为人类提供越来越多的工农业产品，再经过人类的消费过程（生活消费与生产消费），变为"废物"排入环境。而环境的承载能力和环境容量是有限的，如果人口的增长、生产的发展，不考虑环境条件的制约作用，超出了环境的容许极限，那就会导致环境的污染与破坏，造成资源的枯竭和人类健康的损害。国际国内的事实充分说明了上述论点。所以环境问题的实质是盲目发展、不合理开发利用资源而造成的环境质量恶化和资源浪费、甚至枯竭和破坏。

四、当前人类面临的主要环境问题

随着工农业的发展，污染所涉及的范围越来越大，污染不再局限发生于污染源周围，而是由于长期的积累，在更广的范围内也能出现污染的迹象。酸雨和 502 的危害不仅发生在工业发达的地区，世界范围内都有它们的踪迹。在人迹罕至的南极，也能从企鹅体内检测出 DDT 的存在。因而，今天，污染已呈现出明显的全球一体化趋势，许多重大的全球性环境问题不断出现。

目前国际社会最关心的全球环境问题主要包括：全球气候变化、臭氧层破坏、酸雨、有害有毒废弃物的越境转移和扩散、生物多样性锐减、热带雨林减少、沙漠化、发展中国家人口及贫困问题等，以及由上述问题带来的能源、资源、饮水、住房、灾害等一系列问题。这些问题都是人类经济活动的直接或间接的后果，是经济的盲目发展、自然资源不合理的开发利用，造成环境质量恶化和自然资源的枯竭与破坏。而这些经济行为，又与一定国家的政策有关，与社会问题，特别是人口急剧增长、产业化和城市化进程有关。因此，解决环境问题必须要有相当的经济实力，依赖于科学技术的进步和人口素质的提高，需要全球众多国家加强合作，共同努力，需要发达国家对发展中国家的协助，即解决环境问题需要全球共同行动。

第三节 环境与健康

一、人体与环境的关系

人体与环境都是由物质组成的。物质的基本单元是化学元素，化学家们分析了空气、海水、河水、岩石、土壤、蔬菜、肉类和人体的血液、肌肉及各器官的化学元素含量，发现人体血液和地壳岩石中化学元素的含量具有相关性。例如，人体血液中 60 多种化学元素的平均含量与地壳岩石中化学元素的平均含量非常接近。由此看出化学元素是把人体和环境联系起来的基础。

通常，人体通过新陈代谢与周围环境不断地进行能量传递和物质交换。如人体吸入氧气，呼出二氧化碳；摄入水和营养物质，又排出汗、尿、粪便等，从而维持人体的生长和发育。正常情况下，人体总是从内部调节自己的适应性，使之与环境保持一种动态平衡关系。如果环境遭受污染，使环境中某些化学元素或物质增多，如 Hg、Cd 等重金属或难降解的有机污染物污染了空气或水体，继而污染土壤和生物，再通过食物链侵入人体。它们在人体内累积达到一定量时，就会破坏原有的平衡状态，引起疾病，甚至贻害子孙后代。

总之，人体与环境是相互依存的关系，是不可分割的辩证统一体。环境的好坏，直接影响人类的生活质量和人体的健康与人的寿命。

二、环境污染致病的特点

人类在其发展过程中，逐渐形成了能适应环境变化的各种生理调节功能。如果环境发生了异常变化，并且超出了人体正常调节功能的范围，则可引起人体某些功能和结构发生异常变化，从而使人患病。通常见到的环境污染致病因素有物理的，如噪声、振动、电磁辐射等；有化学的，如各种化学污染物；有生物的，如细菌、病毒等。

环境异变导致人体患病一般有以下特点：

（一）作用时间长

在污染场地工作的人员和该区域生活的人群，长时间接触污染物质，呼吸污染的空气，饮用污染的水，食用污染的食品，就会遭受其害。

（二）影响范围广

环境污染涉及的地区广、人口多。如某工厂的污染可影响到周围的居民区；一个城市的污染源可影响另一个地区；在一定条件下污染物还可以迁移到较远的地区，如放射性尘埃等。

（三）作用机理复杂

污染物进入环境后，经大气、水体等的扩散、稀释，一般浓度很低。但由于环境中存在的污染物种类繁多，它们不仅可通过理化和生化作用发生转化、代谢、降解、富集而单独产生危害，也可联合产生危害。

（四）多途径进入体内

大气中的污染物一般通过呼吸进入肺部，再通过毛细血管进入血液，随血液循环分布到全身，产生毒害。水和土壤中的污染物通过消化系统危害人体。有些环境污染物还可通过汗腺、毛孔或皮肤伤口被人体吸收。如汞、砷、苯、有机磷化合物可经皮肤吸收，随血液循环分布全身。

三、环境污染对人体健康的危害

环境污染对人体健康的危害大致可分为急性中毒、慢性中毒、致畸、致癌和致突变等作用。

（一）急性中毒

急性中毒常发生在某些特殊条件下。如外界气象条件突变、工厂在生产过程中发生事故造成有毒气体或液体泄漏等，会引起人群的急性中毒。例如，震惊世界的伦敦烟雾事件、美国的联合碳化物公司在印度博帕尔市农药厂剧毒气体外泄事件等。

（二）慢性中毒

人体长期连续地摄入低浓度污染物质，会导致慢性中毒。如人体长期吸入含有 SO_2、飘尘、O_2 等物质即使浓度较低的污染空气都能刺激呼吸系统，诱发呼吸道的各种炎症；长期少量食入受污染的食品，可引发多种慢性疾病，某些食品污染物还具有致畸、致癌或致突变作用。

（三）致畸作用

致畸作用是指环境污染物在母体怀孕期内，影响胚胎发育和器官分化，使子代出现先天性畸形的作用。日本的水俣湾地区曾经出现过不少畸形婴儿，他们中有的头很小、智力低下；有的视网膜上脉络缺损；有的患有多种畸形。这都是孕妇吃了含有甲基汞的鱼所引起的。有些放射性物质能引起眼白内障和小头症等畸形症状。随着环境污染的加重，胎儿的先天畸形率呈上升态势。这些畸形儿不仅给家庭带来很大苦恼，给国家和社会造成负担，同时也降低了人口质量。

（四）致癌作用

致癌作用是一个相当复杂的过程。化学物质的致癌作用一般认为有两个阶段：一是引发阶段，即在致癌物作用下引发细胞基因突变。二是促长阶段，主要是突变细胞改变了遗传信息的表达，致使突变细胞和癌变细胞增殖成为肿瘤。人类常见的八大癌症有 4 种在消化道（食管癌、胃癌、肝癌、肠癌），2 种在呼吸道（肺癌、鼻咽癌），因此癌症的预防重点是空气与食物的污染，尤其应预防苯并［a］芘、亚硝胺、黄曲霉素三大强致癌物的危害。

四、环境与疾病

（一）地方病

发生在某一特定地区，同一定的自然环境有密切关系的疾病称地方病。地方病主要是由于地壳表面的局部地区出现了各种化学元素分布不均的现象，某些元素相对过剩，某些元素相对不足，人体从环境中摄入的元素过量或过少，使人体正常生长发育受到影响，从而引发的某些疾病，又称地球化学性疾病。我国最典型的地球化学性疾病主要有地方性甲状腺肿、克山病、地方性氟中毒等。

1. 地方性甲状腺肿

世界上流行最广泛的一种地方病，俗称"大粗脖""瘿袋"，其症状主要是以甲状腺肿大为病症。该病的产生主要是由于自然环境缺碘，人体摄入碘量不足而引起的。婴幼儿及青年在生长发育期间缺碘，还会导致大脑发育不全，智力低下。目前在我国，除少数地区外普遍缺碘，病区县达 1000 多个，仅陕西省目前 107 个县都是缺碘地区，受害人口达 3480 余万。在陕南秦巴地区，因缺碘引起的痴、呆、傻患者达 20 万人。当地流传的一首民谣说："一代甲，二代傻，三代四代断根芽。"缺碘性甲状腺肿最严重的并发症是地方性克汀病。

另外，除了缺碘性甲状腺肿疾病外，在我国滨海地区还出现有高碘性甲状腺肿。如渔民食用含碘丰富的海藻，饮用高碘水，食用高碘食物均会引起高腆性甲状腺肿。缺碘性和高碘性甲状腺肿在外观上并无大的区别，只能靠化验尿碘确定。缺碘性甲状腺肿的防治方法是补碘，高碘性甲状腺肿的防治方法是停用高碘饮食，并服用甲状腺素治疗。

2. 克山病

一种以心肌坏死为主要症状的地方病。因 1935 年最早在我国黑龙江省克山县发现而得此名。患者发病急，心肌受损，引起肌体血液循环障碍、心律失常、心力衰竭，死亡率较高。该病在我国 15 个省区流行，从兴安岭、太行山、六盘山到云贵高原的山地和丘陵一带。克山病区居民的头发和血液中硒的含量均显著低于非病区，因此初步认为病因可能与硒缺少有关。

3. 地方性氟中毒

在我国主要流行于贵州、内蒙古、陕西、山西、甘肃等地。在陕西，氟中毒主要流行于 59 个县，受害人口达 380 余万。它的基本特征是氟斑牙和氟骨病。

氟是人体所必需的微量元素，通常每人每日需氟量为 1.0 ~ 1.5 mg。氟中毒的患病率与饮水中的含氟量有密切关系。饮水中的含氟量高于 1.0mg/L 以上，氟斑牙患病率就会上升。因为摄入过量的氟，在体内与钙结合形成 CaF_2，沉积于骨骼与软组织中，使血钙降低。CaF_2 的形成会影响牙齿的钙化，使牙釉质受损。此外，由于 F^- 与 Ca^{2+}、Mg^{2+} 结合，使 Ca^{2+}、Mg^{2+} 离子减少，一些需要 Ca^{2+}、Mg^{2+} 离子酶的活性受到抑制。如果饮水中的含氟量高于 4.0 mg/L 以上，则出现氟骨病，表现为关节痛，重度患者会关节畸形，造成残废。

（二）公害病

因环境污染而引起的地区性疾病称为公害病。公害病不仅是一个医学概念，而且具有法律意义，须经严格鉴定和国家法律正式认可。公害对人群的危害极为广泛，公害病有以下特征。

第一，它是由人类活动造成的环境污染所引起的疾患。

第二，损害健康的环境污染因素是很复杂的，有一次污染物和二次污染物，有单因素作用或多因素的联合作用，污染源往往同时存在多个，污染源的数量及其排放污染物的性质和浓度同对人体的损害程度之间一般具有相关关系，确凿的因果关系则往往不易证实。

第三，公害病的流行，一般具有长期（十几年或几十年）陆续发病的特征，还可能累及胎儿、危害后代，也可能出现急性暴发型的疾病，使大量人群在短期内发病。

第四，公害病是新病种，有些发病机制至今还不清楚，因而也缺乏特效疗法。

20 世纪 30-60 年代，环境污染严重甚至发展成为社会公害，世界上发生了著名的"八大公害事件"，这些公害事件导致成千上万的人群患公害病。其中日本是研究公害病最早的国家之一，也是发生公害病最严重的国家之一。施行《公害健康被害补偿法》，确认与大气污染有关的四日市哮喘病、与水污染有关的水俣病和骨痛病、与食品污染有关的慢性砷中毒等为公害病，并规定了这几种病的确诊条件和诊断标准及赔偿法。同时，他们还设立专门的研究、医疗机构对患者进行治疗和追踪观察，以探明发病机制，寻求根治措施。

五、居住环境与健康

人一生中大约有三分之二时间是在室内度过的。舒适的室内环境有利于人们进行良好的工作、学习、生活和休息。合理的室高、清洁的空气、适宜的温度和良好的采光，可以使人有舒适感。

从卫生学和建筑学等各种因素来看，人均居住容积应在 20 ~ 25m³。室内容积过小会使空气中污染物浓度增高，直接影响人体健康。

（一）居室污染源

1. 生活燃料产生的有害物质

随着人居基础设施水平的提高，城乡生活燃料气化率也有较大提高，由燃料产生的有害物质相对减少了。但是，除了燃料燃烧造成污染外，煎炒过程中油烟等污染物，还会聚集在不通风或通风不良的厨房中。据抽样监测表明，厨房内 CO、CO_2、SO_2、苯并［a］芘的浓度大大高于室外大气中的最高浓度值，使用石油液化气为能源的厨房更为严重。因此，在厨房中安装排油烟设备是必要的。

2. 装修材料产生的有害物质

居室装修中使用各种涂料、板材、壁纸、黏合剂等，它们大多含有对人体有害的有机化合物，如甲醛、三氯乙烯、苯、二甲苯、酯类、醚类等。当这些有毒物质经呼吸道和皮肤侵入肌体及血液循环中时，便会引发气管炎、哮喘、眼结膜炎、鼻炎、皮肤过敏等。所以，房屋装修后最少要通风十几天再住。另外，这些有毒物质在很长时间内仍会释放出来，经常注意开窗通风是非常必要的。

3. 吸烟产生的有害物质

吸烟是一种特殊的空气污染，害己又害人。据有关资料介绍，全世界每年死于与吸烟有关的疾病人数达 300 万，吸烟已成为世界上严重的公害。在我国吸烟的危害尤其严重，不但吸烟人数逐年增加，而且为数不少的青少年也沾染了吸烟恶习，使品行和学习都受到了影响。据估计我国约有近 3.2 亿吸烟者，如不认真控烟，到 2030 年我国每年将有 170 万中年人死于肺癌。

烟草的化学成分十分复杂，吸烟时，烟叶在不完全燃烧过程中又发生了一系列化学反应，所以在吸烟过程中产生的物质达 4000 余种。其中有毒物质和致癌物质如尼古丁、烟焦油、一氧化碳、3，4– 苯并芘、氰化物、酚醛、亚硝胺、铅、铬等对人体健康危害极大。

每吸 1 支香烟，吸烟者约能吸入有害物质的 1/3，其余随烟雾飘逸到空气中，强迫别人甚至胎儿被动吸烟。吸烟已被医学界列为导致肺癌的肯定因素。长期吸烟者肺癌发病率比不吸烟者高 10 ~ 20 倍，喉癌、鼻咽癌、口腔癌、食道癌发病率也高出 3 ~ 5 倍。

4. 家用电器和建筑材料的辐射

（1）电磁波和射线

越来越多的现代化设备、家用电器的使用，在室内除产生空气污染、噪声污染外，电磁波及静电干扰以及射线辐射等也给人们的身体健康带来不可忽视的影响。

长期受低度的电磁波辐射，中枢神经系统会受到影响，产生许多不良生理反应，如头晕、嗜睡、无力、记忆力衰退，还可能对心血管系统造成损害。电视屏幕和计算机显示器可发出 X 射线。

长时间大量的 X 射线可使细胞核内的染色体受到损害，可能引起孕妇流产、早产；可能导致胎儿中枢神经系统、眼睛、骨骼等畸形。

（2）放射性辐射

放射性辐射主要来自氡，它是一种天然放射性气体，无色、无味，很不稳定，容易衰变为人体能吸收的同位素。氡能在呼吸系统滞留和沉积，破坏肺组织，从而诱发肺癌。

据统计，水泥、瓷砖、大理石等可使室内氡的浓度高达室外的 2 ~ 20 倍。

5.其他污染物放出的有害气体

杀虫剂、蚊香、灭害灵等主要成分是除虫菊酯类，其毒害较小。但也有含有机氯、有机磷或氨基甲酸酯类农药，毒性较大，长期吸入会损害健康，并干扰人体的荷尔蒙。

（二）居室污染的预防

居室环境与人体健康息息相关。防止室内污染，一是要控制污染源，减少污染物的排放，如装修时尽量选用环保材料；二是经常通风换气，保持室内空气新鲜。应特别指出，使用空调的房间由于封闭，会使二氧化碳浓度增高，使血液中的 pH 值降低。在这样的环境中长时间逗留，人们就会感到胸闷、心慌、头晕、头痛等。同时，空调器内有水分滞留，再加上适当的温度，一些致病的微生物如绿脓杆菌、葡萄球菌、军团菌等会繁殖蔓延。空调器也就成了疾病传播的媒介。因此，最好定时清洁空调器，还要适当注意室内通风。

第四节 我国的环保方针、政策及管理制度

一、中国环境保护的基本方针

（一）环境保护的"三十二字"方针

中国的环境保护起步于 20 世纪 70 年代，在此之前我国虽然已经出现了一些环境问题，但尚未引起人们的警觉。在斯德哥尔摩人类环境会议上我国的代表提出了"全面规划、合理布局、综合利用、化害为利、依靠群众、大家动手、保护环境、造福人民"的方针，简称为"三十二字"方针。后在的第一次全国环境保护会议上被确定为我国环境保护的指导方针，并写进了《关于保护和改善环境的若干规定（试行草案）》和《中华人民共和国环境保护法（试行）》中。

环境保护的"三十二字"方针是我国环境保护工作和早期环境立法的基本指导思想，是对我国环境保护工作的重点、方向、方法的高度概括。这一方针在前所未有的环境保护实践中抓住了要领，指明了环境保护的一些主要方面和问题。在 70 年代建立的环境管理制度就是在这一方针指导下制定出来的，其他一些环境保护的规定和管理办法也是这一方针的具体化和延伸。实践证明，这一方针虽然存在着不足和局限性，但基本是正确的，符合当时的中国国情，也符合当时中国环境保护的实际。

（二）环境保护的"三同步、三统一"方针

进入 20 世纪 80 年代之后，国家政治、经济形势发生了重大变化。随着经济体制改革的深入、环境问题的发展以及人类对环境问题认识的不断深化，我国环境保护的形势也发生了很大变化。

在新的历史条件下，环境保护的规律是什么？环境保护与经济建设的关系是什么？如何正确处理环境与发展的关系？这些问题无法从原有的指导方针中找到答案。继续运用"三十二字"方针来指导我国环境保护工作就显得不合时宜了。因此，在认真总结过去 10 年环境保护实践的基础上，于 1983 年第二次全国环境保护会议上提出了"三同步、三统一"的环境保护战略方针，这也是至今为止一直在指导着我国环境保护实践的基本方针。

"三同步、三统一"方针是指经济建设、城乡建设、环境建设同步规划、同步实施、同步发展，实现经济效益、社会效益和环境效益的统一。这一指导方针是对"三十二字"方针的重大发展，是环境管理思想与理论的重大进步，体现了可持续发展的观念，也是环境管理理论的新发展。这一方针已成为现阶段我国环保工作的指导思想和环境立法的理论依据。

"三同步"的前提是同步规划。实际上是"预防为主"思想的具体体现。它要求把环境保护作为国家发展规划的一个组成部分，在计划阶段将环境保护与经济建设和社会发展作为一个整体同时考虑，通过规划实现工业的合理布局。

"三同步"的关键是同步实施。其实质就是要将经济建设、城乡建设和环境建设作为一个系统整体纳入实施过程，以可持续发展思想为指导，采取各种有效措施，运用各种管理手段落实规划目标。只有在同步规划的基础上，做到同步实施，才能使环境保护与经济建设、社会发展相互协调统一。

"三同步"的目的是同步发展。它是制定环境保护规划的出发点和落脚点，它既要求把环境问题解决在经济建设和社会发展过程中，又要求经济增长不能以牺牲环境为代价，而是实现持续、高质量的发展。

"三统一"实际上是贯穿于"三同步"全过程的一条最基本原则，充分体现了当今的可持续发展思想，要求克服传统的发展观，调整传统的经济增长模式，强调发展的整体和综合效益，使发展既能满足人们对物质利益的整体需求，又能满足人们对生存环境质量的整体需求。

二、中国环境保护的政策

（一）环境保护是我国的一项基本国策

1. 基本国策确立的理由

所谓国策，就是立国、治国之策。它是指那些对国家经济社会发展具有全局性、长期性和决定性影响的重大问题及解决对策。在我国召开的第二次全国环保会议上将保护环境列为我国一项基本国策是出于以下理由。

第一，因为环境与发展是既对立又统一的。它们之间既相互制约，又相互依存、相互促进。发展意味着对自然环境和自然资源的开发和利用。在此过程中，发展既可以为人类创造物质财富，又可以改善人类的生活环境；但是，不适当的生产和消费、过度地向自然索取，会导致环境恶化，最终威胁到人类的生存和发展。

我国的国情决定了我们不能停止工业化进程，不能停止对自然的干预；但我们在开发利用自然以获取发展的同时，应充分估计到可能对自然造成的损害，从而采取措施，减轻这种损害或化害为利。既满足当代人的需求，又不威胁后代人的生存。

第二，我国的环境污染和生态破坏已相当严重，已经成为制约国家经济发展的一个重要因素，而且对国民的健康带来严重影响。如果我们现在还不切实抓紧环境保护工作，环境污染和生态破坏将会发展成为如人口一样的问题，非常难以解决，会从根本上破坏国家发展的前景。

第三，保护环境不仅是物质文明建设的需要，也是精神文明建设的需要，优美、舒适、清洁的工作和生活环境是人类追求的目标之一。我国是文明古国、礼仪之邦，是最早提出"天人合一"观念的国家，保护环境是历史赋予我们的重任。

第四，保护环境利在当代，功在千秋，是一项关系到民族昌盛的伟大事业，不仅需要大量投资，也要付出长时期的艰苦努力。

总之，将环境保护列为基本国策，是由于它直接关系到国家的强弱、民族的兴衰、社会的稳定，关系到全局战略和长远发展。要落实环境保护这一基本国策，必须依靠行政、法律、经济、科学和教育等各种手段。

2. 基本国策的地位和作用

基本国策属于政策的范畴，国策也是为了实现党的方针、路线和任务而制定的，它是一个国家最高和最重要的政策之一。国策虽然属于政策的范畴，但其职能大大超出了一般政策的范围，国策所涉及的范围，必然是制约全国、涉及全局、统率各方和影响未来的重大政策。从这种意义上讲，国策的地位和权威在所有的政策中应该是最高的，国策是制定其他各种有关政策的前提和依据。当国策与具体政策发生矛盾时，只能是各种政策服务于国策。国策制约、调节和决定着具体政策，因此，列为国策的事业或工作，必须是在一个国家的社会经济发展以及其他的事业和工作中起着支配和决定性作用的事项，也必须是具有长期性、全面性和战略性影响和作用的事项。

环境是人们赖以生存和发展的最基本条件，从环境保护所从事的事业和工作对象看，它涉及国民经济的各行各业，牵扯到社会的方方面面，关系到全民族和子孙后代的切身利益。所以，把环境保护作为基本国策是我们党和国家的重大英明决策。

（二）中国环境保护的基本政策

中国环境保护的基本政策包括"预防为主、防治结合、综合治理""谁污染、谁治理"和"强化管理"，简称为环境保护的"三大政策"。这三大政策是以中国的基本国情为出发点，以解决环境问题为基本前提，在总结多年来中国环境保护实践经验和教训的基础上而制定的具有中国特色的环境保护政策。

1. "预防为主"政策

这一政策的基本思想是把消除环境污染和生态破坏的行为实施在经济开发和建设的过程之前

或之中，实施全过程控制，从源头解决环境问题，减少污染治理和生态保护所付出的沉重代价，转变所有发达国家都走过的"先污染、后治理"的环境保护道路。贯彻执行这一政策，主要包括以下三方面内容：

第一，按照"三同步、三统一"的方针，把环境保护纳入国民经济和社会发展计划之中，进行综合平衡，这是从宏观层次上贯彻"预防为主"环境政策的先决条件。

第二，环境保护与产业结构调整、优化资源配置相结合，促进经济增长方式的转变，这是从宏观和微观两个层次上贯彻"预防为主"环境政策的根本保证。

第三，加强建设项目的环境管理，严格控制新污染的产生，这是从微观层次上贯彻"预防为主"环境政策的关键。只有从源头上严格控制新污染的产生，才能有效地治理老污染。控制新污染必须从建设项目管理入手，严格按照国家的环境保护产业政策、技术政策、清洁生产规范和规划布局要求，运用建设项目环境管理的有关制度对其进行立项把关、施工审查和竣工验收，将可能产生的环境问题消除在萌芽之中。

2. "谁污染，谁付费"政策

"谁污染，谁付费"是指某个区域内的若干家排污企业可以通过付费的方式，把污染治理交给专业化公司来完成，实现治污集约化。建立专业化环境治理公司可以吸纳各种社会资金，从而形成政府、银行、国内外企业和个人等多元投资的局面，解决目前中国环境治理的巨大需求与投入不足的矛盾。从根本上改变环境保护完全依靠政府的不利局面。

"谁污染，谁付费"原则的确立将成为我国的环境保护走上社会化、市场化、企业化轨道的开端。

"谁污染，谁付费"政策的思想是：治理污染，保护环境是生产者不可推卸的责任和义务，由污染产生的损害以及治理污染所需要的费用，都必须由污染者承担和补偿，从而使"外部不经济性"内化到企业的生产中去。这项政策明确了环境责任，开辟了环境治理的资金来源。其主要内容包括：①要求企业把污染防治与技术改造结合起来。技术改造资金要有适当比例用于环境保护措施。②对工业污染实行限期治理。③征收排污费。凡超过国家标准排放污染物的，都要依法缴纳排污费。

3. "强化环境管理"政策

三大政策中，核心是强化环境管理。这一方面是因为通过改善和强化环境管理可以完成一些不需要花很多资金就能解决的环境污染问题，另一方面是因为强化环境管理可以为有限的环境保护资金创造良好的投资环境，提高投资效益。这项政策的主要内容是：

第一，加强环境保护立法和执法。自颁布《中华人民共和国环境保护法（试行）》以来，已先后有《中华人民共和国大气污染防治法》《中华人民共和国水污染防治法》《中华人民共和国海洋环境保护法》等一系列环境保护法律出台，并在《中华人民共和国森林法》《中华人民共和国水法》等一系列相关法律中突出强调了环境保护的要求，从而形成了比较完整的环境保护法律体系，这些法规已成为环境保护工作的依据和武器，确立了环境保护的权威性，在实践中发挥了重要作用。

第二，建立全国性的环境保护管理网络。各级政府中都有环境保护机构，同时都建立了全国性的为环境保护提供支持手段的宣传、教育、科研、监测、管理等一系列机构，全国直接从事环境保护工作的人员达 20 余万，环境保护工作基本上可以覆盖全国各个地方。

第三，运用图书、报刊、影视等传播媒介广泛动员民众参与环境保护，并在教育体系中逐步加强环境意识教育。

第四，建立多项制度为核心的强化环境管理的制度体系，使环境管理工作迈上新的台阶。

（三）中国环境保护的单项政策

基本政策只是一种原则性规定和宏观指导，做好环境保护工作还需要具体的单项政策作为补充。这是因为，作为一个完整的政策体系，它由基本政策和单项政策两部分组成。只有基本政策而没有单项政策，微观环境管理是无法开展的，环境保护工作也将寸步难行。

中国环境保护的单项政策主要包括环境保护的产业政策、行业政策、技术政策、经济政策、能源政策。

1. 环境保护的产业政策

所谓环境保护的产业政策是指有利于产业结构调整和发展的专项环境政策。环境保护的产业政策包括两个方面，一是环境保护产业发展政策，二是环境保护产业结构调整政策。

（1）环保产业发展政策

环保产业是国民经济结构中以防治环境污染、改善生态环境、保护自然资源为目的所进行的技术开发、产品生产、商业流通、资源利用、信息服务、技术咨询、工程承包等活动的总称。主要包括环境保护机械设备制造、生态工程技术推广、环境工程建设和服务等方面。

环保产业是国民经济的重要组成部分，也是防治环境污染、改善生态环境质量的物质技术基础。发展环保产业需要有政策的指导，并要求国家从税收、信贷等方面给予政策支持。要坚持扶持优强的原则，以名优产品为龙头，组建跨地区、跨行业的大型环保产业集团，积极引进先进技术、装备，提高环境咨询、环境影响评价、环境规划、环境工程设计与施工等技术服务的能力和水平，逐步形成基本满足国内环保市场需求，并具有国际竞争能力的环保产业体系。

环保产业是一个极具发展潜力并拥有良好市场前景的重要高新技术产业。作为当今和未来的主导性产业，它与机械、电子、石油化工、汽车、航空航天、生物工程等产业一样，已经并将继续成为世界主要工业化国家竞争的焦点之一。作为发展中国家的中国应当抓住当前国际、国内这一有利时机，制定既有利于发展经济，又有利于环境保护的可持续的环保产业发展政策，加快发展自己的环保产业，使这新的朝阳产业快速成为国家经济的增长点，并成为 21 世纪国家的主导产业之一。

在第三次全国环境保护会议之后，我国相继制定并颁布了一系列关于环保产业发展的法规和政策。国务院办公厅转发了国务院环境保护委员会《关于积极发展环境保护产业的若干意见》的通知；1992 年国家环保局发布了由国务院环境保护委员会制定的《关于促进环境保护产业发展的若干措施》的 24 号文件；国家环保局出台了《建设项目环境保护设施竣工验收管理规定》（1994年 12 月 31 日国家环境保护局 第 14 号令）和试行的《建设项目环境保护设施竣工验收监测办法》；1995 年国家环保局发布了 15 号文件《环境工程设计证书管理办法》和 234 号文件《关于环保产业科技开发贷款有关事项的通知》；1997 年，国家环保局发布了由国家环境科学产业学会制定的《关于加强环保产业管理工作的通知》的 31 号文件；同年国家环保局颁发了《关于环境科学技术和环保产业若干问题的决定》，2000 年国家经贸委和国家税务总局联合发布了《当前国家鼓励发展的环保产业设备（产品）目录》等。

（2）环境保护的产业结构调整政策

实现国家的可持续发展，关键是要转变经济增长方式。实现经济增长方式的转变，要从产业结构和产品结构调整入手，减少重复建设，这就需要制定有利于环境保护的产业结构调整政策。

中国作为最大的发展中国家，产业结构不合理问题十分突出，第一、二、三产业比例严重失调和重复建设问题大大降低了国家经济的持续发展潜力。为了推进国家的产业结构调整，自第三次全国环境保护会议以来，国务院及有关政府职能部门相继制定并出台了若干个关于产业结构调整的政策性文件和规定。

这些政策性文件和规定主要有《国务院关于当前产业政策要点的决定》《90 年代国家产业政策纲要》《汽车工业产业政策》《中华人民共和国固定资产投资方向调节税暂行条例》《国务院批转国家纪委关于全国第三产业发展规划基本思路的通知》《指导外商投资方向规定》《外商投资产业指导目录》《关于严禁引进小型化学制浆造纸设备防止污染转移的紧急通知》和《水利产业政策》等。这些政策都是从有利于环境保护，实现可持续发展的角度规定了不同时期内国家产业结构调整的具体指导思想和原则。调整产业结构应当在提高产业内在素质、优化规模结构和企业组织结构的同时，改进产品结构，淘汰资源能源消耗高、污染严重的生产技术、设备和产品，大力降低结构性破坏。并要充分利用发达国家在经济全球化进程中进行产业结构调整的机会，积极引进资本、技术密集型产业，包括那些技术先进的劳动密集型产业。通过产业结构调整限制高投入、高消耗、高污染、低产出、低效益、低增长产业的发展，鼓励发展低投入、低消耗、低污染、高产出、高效益、高增长的"清、新、小"的第三产业。

2. 环境保护的行业政策

所谓环境保护的行业政策是指以特定的行业为对象开展环境保护的专项政策。行业不同，其行业环境保护政策也不一样，具有明显的行业特点。根据行业生产的规模、特点、生产工艺水平以及污染物的产生情况，各行业的环境保护政策均可分为鼓励发展、限制发展和禁止发展三类政策。

（1）鼓励发展的行业政策

具有先进的生产工艺、资源利用率高、污染排量小且具有规模经济效益的企业，国家采取鼓励发展的政策。例如，国家规定：造纸行业中木浆年产量在10万t以上的新建、扩建项目，以芦苇、蔗渣、竹等为原料生产非木浆年产量在5万t以上的新建、扩建项目，麦草浆年产量在3.4万t以上、布局合理的新建、扩建项目均属于鼓励发展的范畴。皮革行业中，高档鞋面革、软面革、高档服装革、汽车坐垫革、家具革等也属于国家鼓励发展的范畴。

（2）限制发展的行业政策

对于那些生产工艺一般、资源利用率不高、污染排放量较大且规模效益不明显的企业，国家采取限制发展的政策。例如，国家规定：造纸行业中玻璃纸、低档瓦楞原纸、低档黄板纸、油毡原纸属于限制发展的范畴，皮革行业中低档修面革、劳保手套革，年生产能力折合牛皮10万张以下的新建、改扩建项目属于国家限制发展的范畴。另外，国家在规定关闭"十五小"乡镇企业的同时，也规定了限制发展的8个行业，它们是造纸、制革、印染、电镀、化工、农药、酿造、有色金属冶炼等。

（3）禁止发展的行业政策

对于那些生产工艺落后、资源利用率低、污染严重的企业，国家采取禁止发展的政策。例如，国家规定：造纸行业中年产在1.7万t以下禾草碱法化学浆的新建、改扩建项目，年产在1.7万t以下半化学禾草本色浆的新建、改扩建项目均属于禁止发展的范畴。在皮革行业中，年生产能力折合牛皮在3万张以下的新建、改扩建项目和在淮河流域、旅游风景区、饮用水源地、经济渔业区、自然生态保护区等环境敏感区域新建小型制革项目都属于国家禁止发展的范畴。另外，被列入"十五小"关闭对象的乡镇企业也是国家禁止发展的范畴。

当然，这些行业政策在实践中并没有得到完全的贯彻落实，其中最主要的原因是由于国家在区域管理模式下推行和落实国家的环保行业政策，地方保护主义的干扰和阻挠必然使其效果大打折扣。在一些地区和城市，严重的地方保护主义使国家的环境保护行业政策成为一纸空文，无法落实。

3. 环境保护的技术政策

所谓环境保护的技术政策是指以特定的行业或领域为对象，在行业政策许可范围内引导企业采取有利于保护环境的生产和污染防治技术的政策。环境保护的技术政策是企业制定污染防治对策的依据，也是开展环境监督管理的出发点。由于行业和领域不同，环境问题产生的途径和方式也就不同，解决环境问题所采用的污染治理技术和生产技术也不一样，这就决定了有不同的环境保护技术政策。

环境保护技术政策的总体思想是重点发展高质量、低消耗、高效率的适用生产技术，重点发展技术含量高、附加值高、满足环保要求的产品，重点发展投入成本低、去除效率较高的污染治理适用技术。

到目前为止，中国已经制定了若干环境保护技术政策。如《环境保护技术政策要点》《城市污水处理及污染防治技术政策》《关于防治煤烟型污染技术政策的规定》《摩托车排放污染防治技术政策》《柴油车排放污染防治技术政策》《废电池污染防治技术政策》《关于加快推行清洁生产的若干意见》《机动车排放污染防治技术政策》《城市生活污水处理及污染防治技术政策》《城市生活垃圾处理及污染防治技术政策》《印染行业废水污染防治技术政策》《危险废物污染防治技术政策》和《燃煤二氧化硫排放污染防治技术政策》等。

4. 环境保护的经济政策

所谓环境保护的经济政策是指运用税收、信贷、财政补贴、收费等各种有效经济手段引导和促进环境保护的政策。环境保护的经济政策按照内容可分为三大类：污染防治的经济优惠政策；资源与生态补偿政策；污染税和污染费政策等。

（1）污染防治的经济优惠政策

自 20 世纪 80 年代以来，中国政府先后制定了一些污染防治的经济优惠政策和环境法规。如《国务院关于结合技术改造防治工业污染的几项规定》《关于开展资源综合利用若干问题的暂行规定》《关于企业所得税若干优惠政策的通知》《关于继续对部分资源综合利用产品等实行增值税优惠政策的通知》《关于继续对废旧物资回收经营企业等实行增值税优惠政策的通知》《关于印发固定资产投资方向调节税治理污染、保护环境和节能项目等三个税目注释的通知》《资源综合利用认定管理办法》《关于印发〈技术改造国产设备投资抵免企业所得税暂行办法〉的通知》等。另外，中国政府还将有关土地沙化预防和治理方面的资金补助、财政贴息及税费减免等政策优惠内容以法律的形式写进了《中华人民共和国防沙治沙法》中。

为了使环境保护的经济政策产生应有的激励作用，有时不但不能收费，甚至还要为此花钱、增加收入。在实践中，正是由于倒置了经济政策的两个功能，才导致了环境保护投入过低的问题，从而造成了经济低增长和环境问题的积重难返。因此，转变人们对经济政策的认识，增强环境保护经济政策的诱导功能，通过实施污染防治的优惠政策促进资源的综合利用势在必行。

（2）资源与生态补偿政策

自然资源和环境质量是经济发展和人们福利改善的物质基础。资源的消耗和环境的退化必然引起自然资本和人造资本的变化，从而使社会成本增高，降低经济持续发展的能力和潜力。因此，要实现可持续发展，就要建立资源与生态的补偿机制，制定有利于环境保护的资源、生态补偿政策。作为环境保护经济政策的一个重要组成部分，制定和实施资源、生态补偿政策的目的在于通过对生态环境和资源的各种用途的定价来改善环境和实现资源的有效配置，以影响特定的生产方式和消费方式，减缓生产过程和消费过程中资源的消耗速度以维持稳定的自然资本储量，并鼓励有益于环境的利用方式以减少环境退化，从而达到可持续利用环境和自然资源的目标。

在我国有关资源和生态补偿主要包括以下几方面：矿产资源补偿、土地损失补偿、水资源补偿、森林资源补偿和生态农业补偿等。按照"谁污染、谁治理，谁开发、谁保护，谁利用、谁补偿，谁破坏、谁恢复"的基本环境政策。

在环境保护的经济政策中，资源、生态补偿政策是最基本、最重要的政策，也是目前最薄弱的方面，亟需国家制定和出台相关的资源、生态补偿政策。国家已经对此予以高度的重视，加大了资源、生态补偿的政策研究和立法研究，但是进展缓慢。我国制定《中华人民共和国国民经济和社会发展第十一个五规划纲要》时在环境与发展领域应予重点考虑的问题之一。

（3）污染税和污染费政策

污染税和污染费政策是根据"污染者负担原则"所制定的要求经济行为主体对环境污染和破坏承担经济补偿责任的一类环境政策。

污染税和污染费政策的目的是利用价值规律，通过征收税和费来规范企业的排污行为，引导企业积极开展污染治理，并由此促进企业内部的经营管理，节约使用资源，减少或消除污染物的排放，实现经济与环境的协调发展。

迄今为止，在中国长期以来采用的主要环境经济政策是污染费政策。污染费政策就是通常所说的排污收费政策，一般有两个层次。一是超标收费，二是排污就收费。中国长期实行的主要是超标收费政策，现已改为排污收费、超标处罚。

完善现有的环境保护经济政策对中国环境保护事业的发展至关重要。以下几点是必须考虑的：一是调整资源价格体系，使资源价格能够真正反映出生产成本与环境成本，有助于实现资源的有效管理与节约；二是改革现行的国民经济核算体系，将环境成本与资源成本纳入现行的国民经济核算体系；三是改革现行的污染费政策，排污费标准要与污染损失相当，并把环境税纳入财政改革内容，利用边际成本原理制定水利、电力、城市管道燃气、集中供热、污水处理、垃圾处理和交通基础设施建设的价格；四是实施优惠税收政策以鼓励和刺激清洁生产、综合回收利用、生态保护等方面的投资建设项目；五是制定有利于城市可持续发展的交通价格政策，通过交通税费的征收与管理促进那些有益于环境保护的交通方式，鼓励发展城市公共交通。

5. 环境保护的能源政策

环境保护的能源政策是指以提高能源利用率、开发无污染和少污染的清洁能源为主要内容，开展环境保护的能源政策。今后一个相当长的时期内，中国总的能源政策是：坚持开源与节流并重，改善能源结构，提高能源效率。在以煤炭为主要能源的情况下，优先开发水、电、天然气等清洁能源，提高清洁能源在一次性能源中的比重。

具体来说，一是要引进煤的气化、热电循环、煤床甲烷气回收先进技术、清洁高效的净煤技术和能源综合利用技术，努力降低煤炭能源在一次性能源中的比重，提高城市能源利用率。二是要制定国家的产品能效标准，推动高能效产品的开发和利用，提高工业能源利用率。三是在能源紧缺地区有计划地发展核能源，发展农村的秸秆气化和生物能发电，改善农村能源结构和能源利用方式。

开发能源是发展的需要，节约能源更是发展的需要，而且是可持续发展的需要。目前，我国一方面是能源紧张，另一方面又普遍存在着消耗高、浪费大的现象，能源利用率与国际先进水平相比还有很大差距。据初步统计，我国能源利用率只有30%，比国际先进水平平均低20个百分点，单位国内生产总值的能耗是发达国家的几倍至十几倍，与其他发展中国家相比，也要高出许多，节能潜力很大。

环境保护的五个单项政策是国家环境保护政策体系中的重要组成部分，是当前形势下做好环境保护工作的政策依据。可以说，环境保护的基本政策是单项政策的制定依据，环境保护的单项政策是基本政策在各个领域、各个方面关于环境保护阶段性目标和要求的具体体现，是开展环境保护工作的具体指导。如果说基本政策是纲和总则，那么单项政策则是目的和细则，二者相互影响和补充、不能替代和分割，基本政策与单项政策共同构成了较为完整的中国环境保护政策体系。

三、中国环境管理制度

环境管理制度属于环境管理对策与措施的范畴，是从强化管理的角度确定了环境保护实践应遵循的准则和一系列可以操作的具体实施办法，是关于污染防治和生态保护与管理思想的规范化指导，是一类程序性、规范性、可操作性、实践性很强的管理对策与措施，是国家环境保护的法律、法规、方针和政策的具体体现。

我国环境保护事业起步至今，在环境保护的实践中，不断地探索和总结，逐步形成了一套既符合中国国情，又能够为强化环境管理提供有效保障的环境管理制度。从最早提出的"三同时"、环境影响评价和排污收费老三项管理制度，到后来的环境保护目标责任制、城市环境综合整治定量考核、排污许可证、污染物集中控制和限期治理新五项环境管理制度，以及后来在环境保护的实践中形成的污染事故报告制度、现场检查制度、排污申报制度、环境信访制度和环境保护举报制度。目前，我国的环境管理制度已经远不是单项制度的"构件"的简单堆砌，而是一座由新老制度构成的有机整体。

（一）"三同时"制度

1."三同时"制度的建立与发展

"三同时"的设想，在国务院批转的《国家计委、国家建委关于官厅水库污染情况和解决意见的报告》中提出的；《中华人民共和国环境保护法（试行）》对"三同时"制度从法律上加以确认；由国家计委、国家建委、国家经委、国务院环境保护领导小组联合下达的《基本建设项目环境保护管理办法》，把"三同时"制度具体化，并纳入基本建设程序；国务院环境保护委员会、国家计委、国家经委联合发布了《建设项目环境保护管理办法》；国家计委、国务院环境保护委员会联合发布《建设项目环境保护设计规定》，"三同时"制度得到进一步的补充和完善；《中华人民共和国环境保护法》正式颁布，"三同时"制度再次得以确认；为了适应环境保护事业的发展，国务院在《建设项目环境保护管理办法》的基础上，补充、修改、完善并颁布了《建设项目环境保护管理条例》，并明确规定了违反"三同时"制度的法律责任。

2."三同时"制度的主要内容

"三同时"制度，是指新建、改建、扩建项目和技术改造项目以及区域性开发建设项目的污染治理设施必须与主体工程同时设计、同时施工、同时投产的制度。它与环境影响评价制度相辅相成，是防止新污染和破坏的两大"法宝"，是我国"预防为主"方针的具体化、制度化。

（二）环境影响评价制度

我国的建设项目环境影响评价制度是在借鉴国外经验的基础上，结合中国实际情况逐步建立和发展起来的一项具有中国特色的环境管理制度。该项制度具有法律强制性并纳入基本建设程序；实行分类管理和评价资格审核制度；强调评价从业人员持证上岗和注重环评队伍的技术培训工作。建设项目环境影响评价制度不仅对控制新污染源产生、老污染源治理以及防止生态环境破坏起到了积极作用，而且对全民族环境保护意识的提高起到了重要的作用。

根据《中华人民共和国环境保护法》和《建设项目环境保护管理条例》的规定：在中华人民共和国领域和中华人民共和国管辖的其他海域内的生产性建设项目、非生产性建设项目和区域开发建设项目均必须执行环境影响评价制度。

1.环境影响评价制度的内容

从环境管理程序上看，我国的环境影响评价制度大体包括：环境影响评价的确立、环境影响评价的委托、环境影响评价工作的开展、环境影响报告书的审批等几个方面的内容。

（1）环境影响评价的确立

根据国家的有关规定，凡是新建或改扩建工程，应按照国家环境保护总局"分类管理名录"确定并编制环境影响报告书、环境影响报告表或填报环境影响登记表。

第一，编写环境影响报告书的项目：指对环境可能造成重大的不利影响，这些影响可能是敏感的、不可逆的、综合的或以往尚未有过的。

第二，编写环境影响报告表的项目：指可能对环境产生有限的不利影响，这些影响是较小的或者减缓影响的补救措施是很容易找到的，通过规定控制或补救措施是可以减缓对环境的影响。这类项目可以直接编写环境影响报告表，对其中个别环境要素或污染因子需要进一步分析的，可附单项环境影响评价专题报告。

第三，对环境不产生不利影响或影响极小的建设项目，不需要开展环境影响评价，只需填报环境保护管理登记表。

但是，对于未列入国家和省建设项目分类管理名录的建设项目，建设单位必须向环境保护行政主管部门如实办理申报表。环境保护行政主管部门依据建设项目的特性及所在区域的环境保护要求，按照审批管理权限对环境有影响的建设项目做出依法编制环境影响报告书、环境影响报告表或登记表的处理意见，对环境无影响的建设项目直接加具同意项目建设的意见。

（2）环境影响评价的委托

建设单位在明确了环境影响评价工作的类型后，应委托持有国家环保总局颁发的《建设项目环境影响评价资格证书》的单位开展环境影响评价工作。建设单位在选择评价单位时应注意以下几个问题：

第一，评价单位持有的评价证书等级：国家环保总局颁发的《建设项目环境影响评价资格证书》分甲、乙两个等级。持有甲级评价证书的单位，可以按照评价证书规定的业务范围，承担各级环境保护部门负责审批的建设项目环境影响评价工作，编制环境影响报告书或环境影响报告表。持有乙级评价证书的单位，可以按照评价证书规定的业务范围，承担地方各级环境保护部门负责审批的建设项目环境影响评价工作，编制环境影响报告书或环境影响报告表。

第二，评价单位的业务范围：按照新颁布的《建设项目环境影响评价资格证书管理办法》，评价单位必须在证书规定的业务范围内开展环境影响评价工作。

（3）环境影响评价工作程序

环境影响评价工作程序大体分为三个阶段，第一阶段为准备阶段，主要工作为研究有关文件，进行初步的工程分析和环境现状调查，筛选重点评价项目，确定各单项环境影响评价的工作等级，编制评价工作大纲；第二阶段为正式工作阶段，其主要工作为进一步做工程分析和环境现状调查，并进行环境影响预测和评价环境影响；第三阶段为报告书编制阶段，其主要工作为汇总、分析第二阶段工作所得到的各种资料、数据，给出结论，完成环境影响报告书的编制。

（4）环境影响报告书（表）的审批

环境影响报告书（表）的审批程序是保证环境影响评价工作顺利进行的重要手段，是环境保护部门进行建设项目环境管理把关的重要步骤，是环境影响评价制度能否落到实处的关键。

第一，环境影响评价大纲的编制与审批。按照分类管理名录需要编制环境影响报告书的项目，应编制环境影响评价大纲，环境影响评价大纲是环境影响报告书的总体设计和行动指南，应在开展评价工作之前编制。它是具体指导环境影响评价的技术文件，也是检查报告书内容和质量的主要判据，应在充分研读有关文件、进行初步的工程分析和环境现状调查后形成。

环境影响评价大纲审批权限与环境影响报告书的审批权限一致，由建设单位向负责审批的环境保护部门申报，并抄送行业主管部门。环境保护部门根据情况确定评审方式，提出审查意见。

评价单位应在环境保护部门对评价大纲做出批复后开展具体的环境影响评价工作，并注意在实施中把审查意见列为报告书内容。

第二，环境影响报告书的编制与审批。环境影响报告书是环境影响评价程序和内容的书面表现形式之一，是环境影响评价项目的重要技术文件。建设项目的类型不同，对环境的影响差别很大，环境影响报告书的编制内容和格式也有所不同，一般而言应包括以下内容。

总论：包括环境影响评价项目的由来、编制报告书目的、编制依据、评价标准、评价范围、控制及保护目标等；

建设项目概况：包括建设项目规模、生产工艺水平、产品方案、原料、燃料及用水量、污染物排放量、环保措施，并进行工程影响环境因素分析；

环境现状：自然环境调查，社会环境调查，评价区域大气环境质量现状调查，地表水环境质量现状调查，地下水环境质量调查，土壤及农作物现状调查，环境噪声现状调查，人体健康及地方病调查，其他社会、经济活动污染，破坏环境现状调查；

污染源调查与评价：包括建设项目污染源预估、评价区内污染源调查与评价；

环境影响预测与评价：包括大气环境影响预测与评价、水环境影响预测与评价、声环境影响预测与评价、生态环境影响评价、对人群健康影响分析、振动及电磁波的环境影响分析等；

环保措施的可行性及经济技术论证：大气污染防治措施的可行性分析及建议、废水治理措施的可行性分析及建议、废渣处理及处置的可行性分析、对噪声、振动等其他污染控制措施的可行性分析以及对绿化措施的评价及建议、环境管理、监测制度建议；

环境影响经济损益简要分析：包括建设项目的经济效益、建设项目的社会效益和建设项目的环境效益；

实施环境监测的建议：针对建设项目环境影响特点，提出对各排放口的监测方案或计划，提出配置监测设备和人员的建议；

结论：要求简要、明确、客观地阐述评价工作的主要结论，包括评价区的环境质量现状、污染源评价的主要结论、主要污染源及主要污染物、建设项目对评价区环境的影响、环保措施可行性分析的主要结论及建议：从三个效益统一的角度，综合提出建设项目的选址、规模、布局等是否可行。

环境影响报告书（表）的审批一律由建设单位负责提出，报主管部门预审，主管部门提出预审意见后转报负责审批的环境保护部门审批；建设项目的性质、规模、建设等发生较大改变时，应按照规定的审批程序重新报批；对于环境问题有争议的建设项目，其环境影响报告书（表）可提交上一级环境保护部门审批。

负责审批的环境保护部门应严格按照审批权限、时限进行审批，坚决杜绝越权审批的发生。颁布的《建设项目环境保护管理条例》对审批权限做出如下规定：第一，属于国家环境保护总局审批的项目：核设施、绝密工程等特殊性质的建设项目；跨省、自治区、直辖市行政区域的建设项目；国务院审批的或国务院授权有关部门审批的建设项目。第二，上述规定以外的建设项目环境影响报告书、报告表或登记表的审批权限，由省、自治区、直辖市人民政府规定。

2.环境影响评价制度的特点

我国的环境影响评价制度是借鉴国外经验并结合中国的实际情况，逐步形成的。我国的环境影响评价制度主要特点表现在以下几个方面。

（1）具有法律强制性

我国的环境影响评价制度是国家环境保护法明令规定的一项法律制度，以法律形式约束人们必须遵照执行，具有不可违背的强制性，所有对环境有影响的建设项目都必须执行这一制度。

（2）纳入基本建设程序

未经环境保护主管部门批准环境影响报告书的建设项目，计划部门不办理设计任务书的审批手续，土地部门不办理征地，银行不予贷款。环境影响评价在基本建设程序中具有非常重要的地位。

（3）分类管理

对造成不同程度环境影响的建设项目实行分类管理。对环境有重大影响的必须编写环境影响报告书；对环境影响较小的项目可以编写环境影响报告表；而对环境影响很小的项目，可以只填报环境影响登记表。

（4）实行评价资格审核认定制

为确保环境影响评价工作的质量，我国建立了评价单位的资格审查制度，强调评价机构必须具有法人资格，具有与评价内容相适应的固定在编的各专业人员和测试手段，能够对评价结果负起法律责任。评价资格经审核认定后，发给相应等级环境影响评价证书。甲级证书由国家环境保护局颁发，乙级证书由省、自治区、直辖市环保局颁发。

（三）排污收费制度

排污收费制度是指国家环境行政管理机关根据法律规定，对排放污染物者征收一定费用的制度，包括排污费的征收、管理和使用等方面的内容。

1.排污收费制度的建立与发展

中共中央批转国务院环境保护领导小组《环境保护工作汇报要点》提出："向排污单位实行排放污染物的收费制度，由环境保护部门会同有关部门制定具体收费办法。"《中华人民共和国环境保护法（试行）》颁布，在法律上正式确立我国的排污收费制度："超过国家规定的标准排放污染物，要按照排放污染物的数量和浓度，根据规定收取排污费。"

国务院在总结了全国 27 个省、直辖市、自治区排污收费试点工作经验的基础上，发布了《征收排污费暂行办法》，明确对废气、废水、废渣等污染物排放实行超标收费办法，对排污收费的目的，排污费征收、管理和使用做出了统一具体的规定，并于同年在全国执行。当时由于我国受经济发展水平低、企业经济承受能力普遍较弱、环境保护意识不强的限制，征收标准偏低（低于污染的平均治理成本）。在这之后的十余年，我国市场物价以年均超过 10% 的幅度递增，使得本来较低的标准显得更低了，致使许多企业宁愿缴纳排污费也不愿上污染治理设施。

我国排污收费制度建立之初，其功能仅是促进企业污染治理，设计的标准是超标排污收费和单因子收费，既不公平，又没能真正体现环境资源的价值。浓度收费、超标准收费的结果是随着排污单位的增多，在一定的区域即使排污单位全部达标排放，区域环境质量仍向恶化的趋势发展，一些企业甚至不惜采用稀释的办法，应付达标和躲避排污收费，既污染了环境，又浪费了资源。单因子收费，即一个企业如果排放多种污染物，只对收费额最高的一种收费，其结果是掩盖了污染的真实性，企业即使投资治理了其中一种污染物，可能并不带来排污收费额度降低的好处，失去了减少排污的作用。

国务院颁布《排污费征收使用管理条例》，同时废止了发布的《征收排污费暂行办法》和发布的《污染源治理专项基金有偿使用暂行办法》。国家计委、财政部、环境保护部、国家经贸委颁布《排污费征收标准管理办法》等排污收费配套办法，完成了排污收费制度体系改革，改革了排污收费标准体系。变超标收费为排污收费，总体上实行"排污收费、超标处罚"；变单一收费为浓度与总量相结合，按排放污染物的质量（当量数）收费；变单因子收费为多因子收费，视其排放污染物的种类，分别计算每个排污口的最大3个收费因子，叠加收费；变静态收费为动态收费，分步实施，逐步高于治理成本，如二氧化硫（SO_2）排污费征收分三年到位；简化了排污收费计算，排污收费标准规范化。改革了排污费资金使用管理。实行"收支两条线""环保开票、银行代收、财政辖管"，排污费10%缴入中央国库，90%缴入地方国库，分别作为国家和地方环境保护专项资金管理，排污费资金使用与环保部门自身建设脱钩；取消"返还"的概念，根据污染防治的重点和当地最亟需解决的环境问题，按轻重缓急予以安排。改革了排污费监督管理。强调政务公开，实行公告制；加强审计监察监督，增加透明度；强化排污费征收管理，加强排污收费稽查。

2.排污收费制度的内容

（1）排污即收费

国务院《排污费征收使用管理条例》第2条规定："直接向环境排放污染物的单位和个体工商户（以下简称排污者），应当依照本条例的规定缴纳排污费。"

（2）强制征收排污费

交纳排污费是排污者必须承担的法律责任。《排污费征收使用管理条例》第21条规定："排污者未按照规定缴纳排污费的，由县级以上地方人民政府环境保护行政主管部门依据职权责令限期缴纳；逾期拒不缴纳的，处应缴排污费数额1倍以上3倍以下的罚款，并报经有批准权的人民政府批准，责令停产停业整顿。"

（3）属地分级征收

《排污费征收使用管理条例》第7条规定："县级以上地方人民政府环境保护行政主管部门，应当按照国务院环境保护行政主管部门规定的核定权限对排污者排放污染物的种类、数量进行核定。"

（4）征收程序法定化

《排污费征收使用管理条例》规定排污费征收程序为：排污申报登记—排污申报登记核定—排污费征收—排污费缴纳—（不按照规定缴纳的）责令限期缴纳—拒不履行的—实行强制征收。排污费征收必须依据法定程序进行，否则视为征收排污费程序违法。

（5）排污费"收支两条线"

《排污费征收使用管理条例》第4条规定："排污费的征收、使用必须严格实行'收支两条线'，征收的排污费一律上缴财政，环境保护执法所需经费列入本部门预算，由本级财政予以充分的保障"。

（6）核定收缴制

《排污费征收使用管理条例》第13条规定："负责污染物排放核定工作的环境保护行政主管部门，应当根据排污费征收标准和排污者排放的污染物种类、数量，确定排污者应当缴纳的排污费数额，并予以公告。"

（7）实行公告制

根据《排污费征收使用管理条例》第13条、第17条和《关于减免及缓缴排污费有关问题的通知》规定，负责核定工作的环境保护行政主管部门应对排污者排放的污染物种类、数量、对项目征收标准、应当缴纳的排污费数额，予以公告；批准减缴、免缴、缓缴排污费的排污者的名单由受理申请的环境保护行政主管部门予以公告，公告可采用电视、报纸、广播、互联网等形式。

（8）征收时限固定

《排污费资金收缴使用管理办法》第5条规定："排污费按月或者按季属地化收缴。"

（9）专款专用

《排污费征收使用管理条例》第5条、第18条、第25条规定，排污费作为环境保护专项资金，全部纳入财政预算管理，主要用于重点污染源防治、区域性污染防治、污染防治新技术和新工艺的开发及示范应用，国务院规定的其他污染防治项目等，任何单位和个人不得截留、挤占或者挪作他用。

（10）缴纳排污费不免除其他法律责任

《排污收费征收使用管理条例》第12条规定："排污者缴纳排污费，不免除其防治污染、赔偿污染损害的责任和法律、行政法规规定的其他责任。"

（四）环境保护目标责任制度

环境保护目标责任制度就是以签订责任书的形式具体落实各级地方人民政府（行政首长）和排污单位（企业法人）对环境质量负责的环境行政管理制度。这项制度确定了一个区域、一个部门乃至一个单位环境保护的主要责任者和责任范围，运用目标化、定量化、制度化的管理方法，把贯彻执行环境保护这一基本国策作为各级领导的行为规范，推动环境保护工作的全面、深入发展，是责、权、利、义的有机结合。

1.环境保护目标责任制度的建立

第三次全国环境保护会议召开，提出在全国推行环境保护目标责任制：省长对全省的环境质量负责，市长对全市的环境质量负责，县长对全县的环境质量负责，乡长对全乡的环境质量负责。强调要使各级政府的领导者真正对环境负责，就必须有环境保护目标责任制度做保证。《中华人民共和国环境保护法》颁布，其第6条规定："地方各级人民政府，应当对本行政区域的环境质量负责。"

2.环境保护目标责任制度的主要内容

环境保护目标责任制度是新五项制度措施的龙头，具有全局性的影响。首先，它明确了保护环境的主要责任者、责任目标和责任范围，解决了"谁对环境质量负责"这一首要问题。其次，责任制的容量很大，各地可以根据本地区的实际情况，确定责任制的指标体系和考核方法。既可以有质量指标，也可以有为达到质量所要完成的工作指标；既可以将老三项制度的执行纳入责任制，也可以将其他四项新制度的实施包容进来。许多地方把排污费收缴率、环境影响评价和"三同时"执行率等都纳入了责任制。所以抓住了这个龙头就能带动全局，促进其他制度和措施的全面实行。第三，责任制的各项指标可以层层分解，使保护环境的任务落到方方面面、各行各业，调动全社会的积极性，从制度上扭转环境保护部门一家孤军作战的局面。

3.环境保护目标责任制度的实施

实施环境保护目标责任制度是一项复杂的系统工程，涉及面广、政策性强、技术性强、任务十分繁重。其工作程序大致经过责任书的制定、责任书的下达、责任书的实施、责任书的考核四个阶段：

（1）制定阶段

在这一阶段各级政府组织有关部门和地区，通过广泛调查研究、充分协商，确定实施责任制的基本原则，建立指标体系，制定责任书的具体内容。

（2）下达阶段

责任书制定后，以签订责任状的形式，把责任目标正式下达，将各项指标逐级分解，层层建立责任制，使任务落实、责任落实。

（3）实施阶段

在各级政府的统一指导下，责任单位按各自承担的义务，分头组织实施，政府和有关部门对责任书的执行情况定期调度检查，采取有效措施，以保证责任目标的完成。

（4）考核阶段

责任书期满，先逐级自查，然后由政府组织力量，对完成情况进行考核。根据考核结果，给予奖励或处罚。

（五）城市环境综合整治定量考核制度

1.城市环境综合整治定量考核制度的建立

《中共中央关于经济体制改革的决定》提出："城市政府应该集中力量做好城市的规划、建设和管理，加强各种公用设施的建设，进行环境的综合整治。"国务院召开全国城市环境保护工作会议，会议原则通过《关于加强城市环境综合整治的决定》，提出了中国城市环境综合整治的方针、政策、目标与任务。国务院环境保护委员会发布《关于城市环境综合整治定量考核的决定》，要求实施城市环境综合整治定量考核工作。国务院环境保护委员会发布《关于城市环境综合整治定量考核实施办法（暂行）》，国家对北京、上海、天津、石家庄、郑州、武汉、沈阳、大连、桂林、苏州等共 32 个城市进行直接考核，考核范围包括大气、水、噪声控制、固体废弃物综合利用和处置及城市绿化 5 个方面。实施城市环境综合整治定量考核，是推动城市环境综合整治的保证措施，也是我国环境管理制度的重要组成部分。这项制度的出现，标志着中国城市的环境管理，开始从传统的定性管理向定量管理转变，由经验型管理向科学化管理发展。

2. 城市环境综合整治定量考核制度

此制度为两大部分内容：一部分为城市环境综合整治，一部分为定量考核。城市环境综合整治，就是用综合的对策整治、调控、保护和改造城市环境，创造一个良性城市生态系统。定量考核是实行城市环境目标管理的重要手段，通过科学的定量考核指标体系，对城市环境综合整治方面的工作情况进行考核。

主要内容是：把城市的环境建设、经济建设和城市建设有机地结合起来，通过系统规划，合理布局，调整产业结构和能源结构，技术改造，污染源治理，集中控制，市政公用设施建设，环境监督管理等多层次、多途径、多形式的综合性措施，保护和改善城市环境。重点是控制水环境、空气、固体废物、声环境的污染。

3. 城市环境综合整治定量考核制度的实施

（1）实行分级考核

城市环境综合整治定量考核实行分级考核，国家环境保护总局负责 113 个环境保护重点城市的考核。各省、自治区、直辖市负责考核的城市除地级市外，还可根据本省实际情况对县级市进行考核。

（2）考核程序

城市环境综合整治定量考核每年进行一次，考核的具体程序是每年年终，由城市政府组织有关部门对各项指标的情况进行汇总，填写《城市环境综合整治定量考核结果报表》，上报省环境保护局；省环境保护局对上报情况进行初步审查，并提出审查意见报国家环境保护总局。国家环境保护总局组织对被考核的城市进行复查，复查核实后，排出名次向全国公布考核结果。省、自治区政府组织对所辖城市进行考核，并在当地公布考核结果。

（六）排污许可证制度

排污许可证制度是以保护及改善环境质量为目的，以污染物排放总量控制为基础，规定可能造成环境不良影响活动的排污单位，必须向环境管理机关提出排污申请，经审查批准，发给许可证后才能从事排污活动的管理制度。

1. 排污许可证制度的建立

排污许可证制度是我国的一项重要的环境管理制度。国家环境保护总局早就开始进行排放水污染物许可证制度的试点工作。第三次全国环境保护工作会议后，国务院在《国务院关于进一步加强环境保护工作的决定》中提出"逐步推行污染物排放总量控制和排污许可证制度"。2000年 3 月 20 日国务院令 284 号月颁布的《中华人民共和国水污染防治法实施细则》规定："县级以上地方人民政府环境保护部门根据总量控制实施方案，审核本行政区域内向该水体排污的单位的重点污染物排放量，对不超过排放总量控制指标的，发给排污许可证；对超过排放总量控制指标的，限期治理，限期治理期间，发给临时排污许可证。"2016 年 12 月，颁布《中华人民共和国环境保护法》，进一步规定："排放污染物的企业事业单位，必须依照国务院环境保护行政主管部门的规定申报登记。"《中华人民共和国大气污染防治法实施细则》规定："向大气排放污染物的单位，必须按规定向排污所在地的环境保护部门提交《排污申报登记表》。申报登记后，排放污染物的种类、数量、浓度需作重大改变时，应当在改变的十五天前提交新的《排污申报登记表》；属于突发性的重大改变，必须在改变后的三天内提交新的《排污申报登记表》。"《中华人民共和国固体废物污染环境防治法》规定："国家实行工业固体废物申报登记制度。"施行的《中华人民共和国环境噪声污染防治法》规定："造成环境噪声污染的设备的种类、数量、噪声值和防治设施有重大改变的，必须及时申报，并采取应有的防治措施。"

2. 排污许可证制度的主要内容

排污许可证制度是以保护及改善环境质量为目标，是在控制污染物排放总量的基础上建立的。

排污许可证在性质上是环境保护部门对申请排污单位的排污活动的同意，有效控制排污单位污染物的排放。排污许可证制度包括排污单位的排污申报登记、许可证控制指标的确定、排污许可证污染物控制目标的规划分配、发放排污许可证、许可证执行情况的监督管理。

我国现有的排污许可证管理包括排放水污染物许可证和排放大气污染物许可证等。

3. 排污许可证制度的实施

排污许可证制度的实施经过排污申报登记、排污指标的审定、排污许可证下达、许可证监督管理四个过程。

（1）排污申报登记

排污申报登记是一项单独的环境管理行政制度，同时也是实施排污许可证制度的基础与保证。排污申报登记主要申报登记内容是：排污单位基本情况：原料、资源、能源消耗情况；工艺流程、排污节点、排污种类、排放浓度、排放总量、排放去向；污染处理设施的建设、运行情况；单位的地理位置及平面布置示意图。

（2）排污指标的审定

环境保护部门对排污单位排污申报登记表进行核查，确定申报登记内容的准确性，从而审定排污许可证控制因子，然后分配排污单位污染物允许排放浓度、允许排放量。审定排污单位排污指标是排污许可证制度的核心工作。

（3）发放排污许可证

向达到控制指标的排污单位发放排污许可证，对暂时达不到需要控制指标的排污单位发放临时许可证。

（4）许可证监督管理

对排污单位是否按排污许可证规定的排污要求进行排污做定期检查。

为了保证排污许可证制度的顺利实施，需制定排污许可证管理办法，排污许可证的监督、监测、定期考核制度等。

（七）污染物集中控制制度

污染物集中控制是在一个特定的范围内，为保护环境所建立的集中治理设施和采用的管理措施，是强化环境管理的一种重要手段。污染物集中控制应以改善流域、区域等控制单元的环境质量为目的，依据污染防治规划，按照废水、废气、固体废物等的性质、种类和所处的地理位置，以集中治理为主，用尽可能小的投入获取尽可能大的环境、经济、社会效益。

1.污染物集中控制制度的建立

污染物集中控制是从我国环境管理实践中总结出来的。多年的实践证明，我国的污染治理必须以改善环境质量为目的，以提高经济效益为原则。以往的污染治理常常过分强调单个污染源的治理，搞了不少污染治理设施，可是区域总的环境质量并没有大的改善，环境污染并没有得到有效的控制。

正是基于上述原因，国务院环境保护委员会发布《城市烟尘控制区管理办法》，其第4条规定："建设烟尘控制区的基本原则：①发展集中供热、联片采暖，避免新建分散的采暖锅炉；②利用工业余热、发展集中供热。"第三次全国环境保护会议召开，国务院环境保护委员会明确提出："考虑到我国现实情况，污染治理应该走集中与分散治理相结合的道路，以集中控制作为发展方向"，污染物集中控制制度正式得以确认。

2.污染物集中控制的实施

第一，实行污染物集中控制，必须以规划为先导。如完善排水管网，建立城市污水处理厂，发展城市绿化等。集中控制污染必须与城市建设同步规划、同步实施、同步发展。

第二，集中控制城市污染，要划分不同的功能区域，突出重点，分别整治。因为各区域内的污染物性质、种类和环境功能不同，其主要的环境问题也就不一样。

第三，实行污染物集中控制必须与分散治理相结合。实行集中控制，并不意味着不需要分散治理，从某种意义上讲，分散治理还十分重要，如少数大型企业、远离城镇的污染源或因条件不具备无法实行集中控制的等。

第四，实行污染物集中控制必须疏通多种资金渠道。污染物集中治理比起分散治理，在总体上可以节约资金，但是一次性投入较大。所以，要多方筹集资金。

第五，实行污染物集中控制，必须由地方政府牵头，政府领导挂帅，协调各部门，分工负责。

3.污染物集中控制的意义

第一，有利于集中人力、物力、财力解决重点污染问题。集中治理是实施集中控制的重要内容。根据规划对已经确定的重点控制对象，进行集中治理，有利于调动各方面的积极性，把分散的人力、物力、财力集中起来，解决敏感或老大难的污染问题。

第二，有利于采用新技术，提高污染治理效果。实行污染集中控制，使污染治理由分散的点源治理转向社会化综合治理，有利于采用新技术、新工艺、新设备，提高污染控制水平。

第三，有利于提高资源利用率，加速有害废物资源化。实行污染集中控制，可以节约资源、能源，提高废物综合利用率。如集中控制水污染，可把处理污水作农田灌溉之用；集中治理大气污染，可同时从节煤、节电抓起。

第四，有利于节省防治污染的总投入。集中控制污染比分散治理污染节省投资、节省设施运行费用、节省占地面积，也大大减少了管理机构、人员，解决了企业缺少资金或技术、难以承担污染治理责任、虽有资金但缺乏建立设施的场地或虽有设施却因管理不善达不到预期效果等问题。

第五，有利于改善和提高环境质量。集中控制污染是以流域、区域环境质量的改善和提高为直接目的的，其实行结果必然有助于环境质量状况在相对短的时间内得到较大的改善。

（八）限期治理制度

限期治理是指以污染源调查、评价为基础，以环境保护规划为依据，突出重点，分期分批地对污染危害严重、群众反映强烈的污染物、污染源、污染区域采取的限定治理时间、治理内容及治理效果的强制性措施，是人民政府为了保护人民的利益对排污单位采取的法律手段，被限期治理的企业事业单位必须依法完成限期治理。

1. 限期治理制度的建立

限期治理最早出现在国家计委《关于全国环境保护会议情况的报告》：对污染严重的城镇、工矿企业、江河湖泊和海湾，要一个一个地提出具体措施，限期治理好。

国家计委、国家经委、国务院环境保护领导小组提出一批严重污染环境的重点工业企业名单，要求限期治理。至此，限期治理作为一项管理内容开始试验性的施行。

《中华人民共和国环境保护法》《中华人民共和国水污染防治法》《中华人民共和国大气污染防治法》《中华人民共和国环境噪声污染防治法》等法律中都有限期治理的规定。各地方根据国家的法规制定了具体的规定和办法。

2. 限期治理的范围

限期治理的范围包括区域性限期治理、行业性限期治理和污染源限期治理。其中，区域性限期治理是指对污染严重的某一区域、某个水域的限期治理，如在淮河流域进行的限期治理。区域性限期治理除了进行必要的点源治理外，调整工业布局、调整经济结构、技术改造、市政建设和改造等也都是区域性限期治理的重要措施。行业性限期治理是指对某个行业性污染的限期治理，如国家对"十五小"的限期治理。行业性限期治理也包括限期调整产品结构、原材料、能源结构和工艺设备的限期调整与更新。污染源限期治理是指对污染严重的排放源进行限期治理。

3. 限期治理的重点

限期治理的重点主要针对污染危害严重、群众反映强烈的污染物、污染源；位于居民稠密区、水源保护区、风景游览区、自然保护区、城市上风向等环境敏感区的污染源；区域或水域环境质量十分恶劣，有碍观瞻、损害景观的区域或水域的环境综合整治项目；污染范围较广、污染危害较大的行业污染项目等。

限期治理要具有四大要素：限定时间、治理内容、限期对象、治理效果，四者缺一不可。

（九）其他五项环境管理制度

1. 现场检查制度

现场检查制度是指环境保护部门或者其他依法行使环境监督管理权的部门，对管辖范围内排污单位的排污情况和污染治理等情况进行现场检查的制度。实行现场检查制度的目的在于督促排污单位遵守环境保护法律规定，采取措施积极防治污染；促进排污单位加强环境管理，减少污染物的排放和消除污染事故隐患，提高和增强排污单位的领导及有关人员的环境保护意识和环境法制观念，自觉履行保护环境的义务；督促管理部门履行自己的职责，提高污染防治水平，克服和减少有法不依的现象。

2. 污染事故报告制度

污染事故是指由于违反环境保护法律法规的经济社会活动与行为以及意外因素的影响或不可抗拒的自然灾害等原因，致使环境受到污染，人体健康受到危害，社会经济与人民财产受到损失，造成不良社会影响的突发性事件。污染事故可分为：水污染事故、大气污染事故、噪声与振动污染事故、固体废物污染事故、农药与有毒化学品污染事故、放射性污染事故等。污染事故报告制度，是指因发生事故或者其他突然性事件，以及在环境受到或可能受到严重污染、威胁居民生命财产安全时，依照法律法规的规定进行通报和报告有关情况并及时采取措施的制度。

3. 排污申报制度

《中华人民共和国环境保护法》第二十七条规定：排放污染物的企业事业单位，必须依照国务院环境保护行政主管部门的规定申报登记。排污申报制度的具体规定如下：

第一条 为加强对污染物排放的监督管理，根据《中华人民共和国环境保护法》及有关法律法规制定本规定。

第二条 凡在中华人民共和国领域内及中华人民共和国管辖的其他海域内直接或者间接向环境排放污染物，工业和建筑施工噪声或者产生固体废物的企业事业单位（以下简称"排污单位"），按本规定进行申报登记（以下简称"排污申报登记"），法律、法规另有规定的，依照法律、法规的规定执行。放射性废物、生活垃圾的申报登记不适用本规定。

第三条 县级以上环境保护行政主管部门对排污申报登记实施统一监督管理，排污单位的行业主管部门负责审核所属单位排污申报登记的内容。

第四条 排污单位必须按所在地环境保护行政主管部门指定的时间，填报《排污申报登记表》，并按要求提供必要的资料。新建、改建、扩建项目的排污申报登记，应在项目的污染防治设施竣工并经验收合格后一个月内办理。

第五条 排污单位必须如实填写《排污申报登记表》，经其行业主管部门审核后向所在地环境保护行政主管部门登记注册，领取《排污申报登记注册证》。

排放污染物的个体工商户的排污申报登记，由县级以上地方环境保护行政主管部门规定。

排污单位终止营业的，应当在终止营业后一周内向所在地环境保护行政主管部门办理注销登记，并交回《排污申报登记注册证》。

第六条 排污单位申报登记后，排放污染物的种类、数量、浓度、排放去向、排放地点、排放方式、噪声源种类、数量和噪声强度、噪声污染防治设施或者固体废物的储存，利用或处置场所等需作重大改变的，应在变更前十五天，经行业主管部门审核后，向所在地环境保护行政主管部门履行变更申报手续，征得所在地环境保护行政主管部门的同意，填报《排污变更申报登记表》；发生紧急重大改变的，必须在改变后三天内向所在地环境保护行政主管部门提交《排污变更申报登记表》。发生重大改变而未履行变更手续的，视为拒报。

第七条 排放污染物超过国家或者地方规定的污染物排放标准的企业事业单位，在向所在地环境保护主管部门申报登记时，应当写明超过污染物排放标准的原因及限期治理措施。

第八条 需要拆除或者闲置污染物处理设施的，必须提前向所在地环境保护部门申报，说明理由。环境保护部门接到申报后，应当在一个月内予以批复，预期未批复的，视为同意。

未经环保部门同意，擅自拆除或闲置污染物处理设施未申报的，视为拒报。

第九条 法律、法规对排污申报登记的时间和内容已有规定的，按已有规定执行。

第十条 建筑施工噪声的申请登记，按《中华人民共和国环境噪声污染防治条例》第二十二条的规定执行。

第十一条 排污单位对所排放的污染物，按国家统一规定进行监测、统计。

第十二条 排污单位的废水排放口，废气排放口，噪声排放源和固体废物储存、处置场所应适于采样、监测计量等工作条件，排污单位应按所在地环境保护行政主管部门的要求设立标志。

第十三条 县级以上环境保护行政主管部门有权对管辖范围内的排污单位进行现场检查，核实排污申报登记内容。被检查单位必须如实反映情况，提供必要的资料。进行现场检查的环境保护行政主管部门必须为被检查单位保守技术及业务秘密。

第十四条 县级以上环境保护行政主管部门应建立排污申报登记档案，省辖市级以上的环境保护行政主管部门应建立排污申报登记数据库。

第十五条 排污单位拒报或谎报排污申报登记事项的，环境保护行政主管部门可依法处以三百元以上三千元以下罚款，并限期补办排污申报登记手续。

第十六条 《排污申报登记表》《排污变更申报登记表》《排污申报登记注册证》的格式和排污申报登记数据库的建设规范由国家环境保护局统一制定。

第十七条 本办法自一九九二年十月一日起施行。

4. 环境信访制度

为了防范环境污染事故的发生，减少各类环境污染事件的扰民危害，除了要进一步加大环境监督执法力度，还必须加大环境监察的检查频率，增加明察暗访。为此，国家专门设立了动员和鼓励广大群众参与环境监督的环境信访制度，并颁布了《环境信访办法》。办法中规定了环境信访应遵循的原则、环境信访工作的机构与职责、环境信访的受理、环境信访的形式、环境信访人的权利和义务以及环境信访的办理程序等。

5. 环境保护举报制度

国家环境保护总局开始在全国实施环境保护举报制度，同时全面开通了"12369"中国环保举报热线，并逐步实现有奖举报制度。环境保护举报制度的内容包括：

第一，制定环境保护举报制度管理办法，内容包括：环境保护举报的受理范围，举报事项的办理程序，鼓励环境保护举报的措施。

第二，通过报纸、广播、电视及其他有效形式，向社会公告受理环境保护举报的单位名称、通信地址、邮政编码、电话号码及环境保护举报的其他有关规定。

第三，环境保护举报的受理范围应包括环境污染和生态破坏事故，违反各项环境管理制度的行为及其他违反环保法律、法规、规章的事件和行为，对环境保护执法情况的监督等。

第四，环境保护举报事项的办理程序应包括登记立案，协调分办，及时反馈，定期公布受理情况和办理结果。

第五，鼓励环境保护举报的措施应包括为举报者保守秘密，对有重大贡献的环境保护举报者予以表彰、奖励等。

第二章 生态系统与生态平衡保护

第一节 生态系统的概念

一、什么是生态系统

生态系统是指在一定时间和空间内，生物与其生存环境以及生物与生物之间相互作用，彼此通过物质循环、能量流动和信息交换，形成的一个不可分割的自然整体。

生态系统的概念是英国生态学家坦斯利（Tansley）在 20 世纪 30 年代提出的，到了 20 世纪 50 年代得到了广泛的传播和承认，到 20 世纪 60 年代已发展成为一个综合性很强的研究领域。

生态系统是一个广义的概念，任何生物群体与其所处的环境组成的统一体都是生态系统。生态系统的范围可大可小，小至一滴水、一把土、一片草地、一个湖泊、一片森林，大至一座城市、一个地区、一条流域、一个国家乃至整个生物圈。

仅以鱼塘为例，鱼塘中有许多水生植物、浮游动物、微生物，还有许多食性不同的鱼类等。浮游动物以浮游植物为食；鱼类以浮游植物和浮游动物为食；鱼类和其他水生生物死亡后，在微生物参与下被分解成二氧化碳、氮、磷等基本物质，而这些物质又是水中浮游植物的基本营养物；微生物在分解过程中要消耗水中的氧，被水面大气复氧和浮游植物通过光合作用所产生的氧补充。水中各种生物与环境，生物与生物之间相互联系、相互制约，构成了一个处于相对稳定状态的池塘生态系统。

二、生态系统的分类

地球表面的生态系统多种多样，可以从不同角度把生态系统分成若干类型。

（一）按生态系统形成的原动力和影响力分类

按生态系统形成的原动力和影响力分类，可分为自然生态系统、半自然生态系统和人工生态系统三类。

凡是未受人类干预和扶持，在一定空间和时间范围内，依靠生物和环境本身的自我调节能力来维持相对稳定的生态系统，均属自然生态系统。如原始森林、冻原、海洋等生态系统。

按人类的需求建立起来，受人类活动强烈干预的生态系统为人工生态系统，如城市、农田、人工林、人工气候室等。

经过了人为干预，但仍保持了一定自然状态的生态系统为半自然生态系统，如天然放牧的草原、人类经营和管理的天然林等。

（二）按生态系统的环境性质和形态特征分类

根据生态系统的环境性质和形态特征来划分，把生态系统分为水生生态系统和陆生生态系统，如图 2-1 所示。

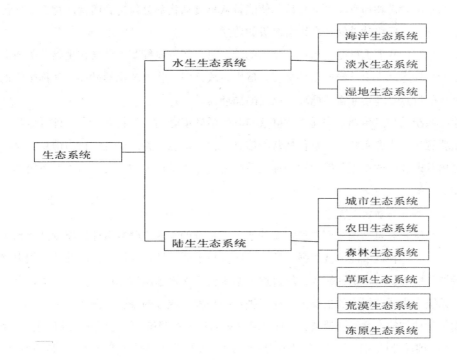

图 2-1 生态系统的类型

水生生态系统又根据水体的理化性质不同分为淡水生态系统、海洋生态系统和湿地生态系统。淡水生态系统可划分为流水生态系统（如河流生态系统）和静水水生态系统（如湖泊生态系统、水库生态系统）；海洋生态系统可分为海岸生态系统、浅海生态系统、珊瑚礁生态系统和远洋生态系统；湿地生态系统实际上是介于水生生态系统与陆生生态系统之间过渡类型的生态系统。

陆生生态系统根据纬度地带和光照、水分、热量等环境因素，分为森林生态系统（如温带针叶林生态系统、温带落叶林生态系统、热带森林生态系统）、草原生态系统（如干草原生态系统、湿草原生态系统、稀树干草原生态系统）、荒漠生态系统、冻原生态系统（如极地冻原生态系统、高山冻原生态系统）、农田生态系统、城市生态系统等。

三、生态系统的三个共同特性

（一）具有能量流动、物质循环和信息传递功能

生态系统具有能量流动、物质循环和信息传递三大功能。

地球上所有的生态系统所需要的能量都来自太阳。绿色植物通过光合作用，吸收太阳能并把它固定在它们所制造的有机物中；草食动物食用植物后，从植物中获得部分能量，得以生长、发育和繁殖；肉食动物捕食草食动物后，使能量从草食动物部分传递到肉食动物，如此传递下去，便实现了能量从低级营养级到高级营养级的传递。

生态系统的物质循环是指组成生物体的碳、氢、氧、氮等基本元素在生物群落与无机环境之间反复的循环运动。由于物质循环带有全球性，故又叫生物地球化学循环，简称生物地化循环。物质循环的特点是基本元素的循环和反复的循环运动。

生态系统的信息传递在沟通生物群落与其生活环境之间、生物群落内各种群生物之间的关系上有重要意义。生态系统的信息包括营养信息、化学信息、物理信息和行为信息。这些信息最终都是经由基因和酶的作用并以激素和神经系统为中介体现出来的，它们对生态系统的调节具有重要作用。

（二）具有自动调节能力

生态系统具有自动调节恢复稳定态的能力。系统的组成成分越多样，能量流动和物质循环的途径越复杂，这种调节能力就越强；反之，成分越单调，结构越简单，则其调节能力就越弱。然而这种调节能力也有一定的幅度，超过这个幅度就不能再起调节作用，生态系统就会遭到破坏。使生态系统失去调节能力的主要因素有三种：一是种群成分的改变。例如，由于人类的干预，一种控制草食动物的肉食动物消失，从而引起草食动物大量繁殖，最后可导致草原生态系统的破坏。此外，单一种植业的农田生态系统也正是由于缺乏多样性而易受昆虫破坏。二是环境因素的变化。例如，湖泊富营养化可使水质变坏，同时由于藻类过度生长所产生的毒素，以及藻类残体分解时消耗大量的溶解氧，使水中溶解氧大大减少，又会引起鱼类及其他水生生物死亡。三是信息系统的破坏。例如，石油污染导致洄游性鱼类的信息系统遭到破坏，无法溯流产卵，以致影响洄游性鱼类的繁殖，从而破坏了鱼类资源。

研究生态系统的自动调节能力，能为人类制定环境标准和对环境实行科学管理提供依据。

（三）属于一种动态系统

生态系统是一个动态的开放系统，允许能量、物质和信息在系统内部或者在不同的生态系统之间传递。

第二节 生态系统的组成与结构

一、生态系统的组成

生态系统的组成可以分为两大部分，即生命成分（生物群落）和无生命成分。

（一）无生命成分

生态系统中的无生命成分包括生物代谢的能源—太阳辐射能,生物代谢材料—二氧化碳、水、氧、氮、无机盐、有机质等，以及气候（如温度、大气压）等物理条件。

无生命成分在生态系统中的作用：一方面是为各种生物提供必要的生存环境，另一方面也为各种生物提供了生长发育所必需的营养元素。

生命成分和无生命成分在同一个时间和空间中，共同构成了一个有机的统一体。在这个有机整体中，能量和物质在不断地流动，并在一定条件下保持着相对平衡。

（二）生命成分

生态系统中的生命成分即生物群落。尽管地球上的生物种类有数百万种，但根据它们获取营养和能量的方式以及在能量流动和物质循环中所发挥的作用，可以概括为生产者、消费者和分解者三大类群：

1. 生产者

生产者（producer）是指能利用简单的无机物质制造食物的自养生物（autotrophy），主要包括所有绿色植物、蓝绿藻和少数能化合成细菌等自养生物。

这些生物可以通过光合作用把水和二氧化碳等无机物合成为碳水化合物、蛋白质和脂肪等有机化合物，并把太阳辐射能转化为化学能，储存在合成有机物的分子键中。植物的光合作用只有在叶绿体内才能进行，而且必须是在阳光的照射下。但是当绿色植物进一步合成蛋白质和脂肪的时候，还需要有氮、磷、硫、镁等 15 种或更多种元素和无机物参与。生产者通过光合作用不仅为本身的生存、生长和繁殖提供了营养物质和能量，而且它所制造的有机物质也是消费者和分解者唯一的能量来源。生态系统中的消费者和分解者是直接或间接依赖生产者为生的，没有生产者也就不会有消费者和分解者。可见，生产者是生态系统中最基本和最关键的生物成分。太阳能只有通过生产者的光合作用才能源源不断地输入生态系统，然后再被其他生物所利用。

2. 消费者

消费者（consumer）是针对生产者而言的，即它们不能把无机物质制造成有机物质，而是直接或间接地依赖于生产者所制造的有机物质，因此属于异养生物。

消费者归根结底都是依靠植物为食（直接取食植物或间接取食以植物为食的动物）。直接以植物为食的动物叫作植食动物，又叫一级消费者，如蝗虫、兔、马等；以植食动物为食的动物叫肉食动物，也叫二级消费者，如捕食野兔的狐和猎捕羚羊的猎豹等；此外还有三级消费者（即二级肉食动物）、四级消费者（即三级肉食动物），直到顶级肉食动物。消费者也包括那些既吃植物也吃动物的杂食动物。有些鱼类是杂食性的，它们既吃水藻、水草，也吃水生无脊椎动物。也有许多动物的食性是随着季节和年龄而变化的，麻雀在秋季和冬季以吃植物为主，但是到了夏季的生殖季节就以吃昆虫为主。食碎屑者也属于消费者，它们的特点是只吃死的动植物残体。另外，消费者还包括寄生生物。寄生生物靠取食其他生物的组织、营养物和分泌物为生。因此，消费者主要是指以其他生物为食的各种动物，包括植食动物、肉食动物、杂食动物和寄生动物等。

3. 分解者

分解者（decomposer）是异养生物，它们分解动植物的残体、粪便和各种复杂的有机化合物，吸收某些分解产物，最终将有机物分解为简单的无机物，而这些无机物参与物质循环后可被自养生物重新利用。分解者主要是细菌和真菌，也包括某些原生动物和蚯蚓、白蚁、秃鹫等大型腐食性动物。

分解者在生态系统中的基本功能是把动植物死亡后的残体分解为比较简单的化合物，最终分解为最简单的无机物并把它们释放到环境中去，供生产者重新吸收和利用。由于分解过程对于物质循环和能量流动具有非常重要的意义，所以分解者在任何生态系统中都是不可缺少的组成成分。如果生态系统中没有分解者，动植物遗体和残遗有机物很快就会堆积起来，影响物质的再循环过程，生态系统中的各种营养物质很快就会发生短缺并导致整个生态系统的瓦解和崩溃。由于有机物质的分解过程是一个复杂的逐步降解的过程，因此除了细菌和真菌两类主要的分解者之外，其他大大小小以动植物残体和腐殖质为食的各种动物在物质分解的总过程中都在不同程度地发挥着作用。

生态系统中的无生命成分和生命成分是密切交织在一起、彼此相互作用的，土壤系统就是这种相互作用的一个很好实例。土壤的结构和化学性质决定着什么植物能够在它上面生长、什么动物能够在它里面居住。但是植物的根系对土壤也有很大的固定作用，并能大大减缓土壤的侵蚀过程。动植物的残体经过细菌、真菌和无脊椎动物的分解作用而变为土壤中的腐殖质，增加了土壤的肥力，反过来又为植物根系的发育提供了各种营养物质。缺乏植物保护的土壤（包括那些受到人类破坏的土壤）很快就会遭到侵蚀和淋溶，变为不毛之地。

当然，不同类型的生态系统其具体的组成成分各不相同。例如，陆生生态系统中生产者是各种陆生植物，消费者是各种陆生动物，分解者主要是土壤微生物；而水生生态系统中的生产者是各种浮游植物和水生植物，包括沉水植物、浮水植物、挺水植物，消费者是各种水生动物，包括浮游动物和底栖动物，分解者则是各种水生微生物。不同类型生态系统的无生命成分也存在较大的差异。

二、生态系统的结构

（一）生态系统的形态结构

生态系统中生物种类及各种生物的种群数量均有时间分布和空间配置，在一定时期内处于相对稳定的状态，从而使得生态系统能保持一个相对稳定的形态结构。

1.空间配置

在生态系统中，各种动物、植物和微生物的种类和数量在空间上的分布构成垂直结构和水平结构。

在各种类型的生态系统中，森林生态系统的垂直结构最为典型，具有明显的成层现象。在地上部分，自上而下有乔木层、灌木层、草本植物层和苔藓地衣层。乔木层上部的叶片受到全量的光照，灌木层只能利用从乔木层透射下来的残余光照。通过灌木层再次减弱的太阳光，被草本层利用的只相当于入射光的 1% ~ 5%。透过草本层到达苔藓地衣层的阳光，一般只占入射光的 1% 左右。在地下部分，有浅根系、深根系及根际微生物。动物具有空间活动能力，但是它们的生活直接或间接地依赖于植物，因此，在生态系统中，动物也依附于植物的各个层次而呈现出成层分布现象。

水平分布构成生态系统的水平结构。由于光照、土壤、水分、地形等生态因子的不均匀性及生物间生物学特性的差异，各种生物在水平方向上呈镶嵌分布。例如，在森林生态系统中，森林边缘与森林内部分布着明显不同的动植物种类。

2.时间配置

同一个生态系统，在不同时期或不同季节，表现出一定的周期性时间变化。例如，我国长白山森林生态系统，冬季满山白雪皑皑；春季冰雪消融，绿草如茵；夏季鲜花遍野，争芳斗艳；秋季硕果累累，一片金色。这一年四季有规律的变化，就构成了长白山森林生态系统的"季相"。

生态系统的时间配置，除表现在季节周期性变化外，还表现为月相变化和昼夜周期性变化，如蝶类和蛾类在昼夜间的交替出现、鱼类在昼夜间的垂直迁移等。

（二）生态系统的营养结构

生态系统的营养结构是指生态系统的各组成成分以营养为纽带、通过营养联系构成的结构。生态系统的生产者分别向消费者和分解者提供营养，消费者也可向分解者提供营养，分解者分解生物残体把营养物质输送给环境，由环境再供给生产者吸收利用。不同生态系统因组成成分不同，其营养结构的具体表现形式也不尽相同。

1.食物链

食物链是指各种生物之间存在着取食和被取食的关系。通过食物链，实现能量在生态系统内传递。

按照生物与生物之间的关系，可将食物链分成四种类型：

第一，捕食食物链，是指一种活的生物取食另一种活的生物所构成的食物链。捕食食物链都以生产者为食物链的起点。例如，植物—植食性动物—肉食性动物，这种食物链既存在于水域，也存在于陆地环境。

第二，碎食食物链，是指以碎食（植物的枯枝落叶等）为食物链起点的食物链。这种食物链的最初食物源是碎食物。高等植物叶子的碎片，经细菌与真菌的作用后，再加入微小的藻类，就构成碎屑性食物。其构成形式是：碎食物→碎食物消费者→小型肉食性动物→大型肉食性动物。在森林中，有90%的净生产是以食物碎食方式被消耗的。

第三，寄生性食物链，由宿主和寄生物构成。它是由较大的生物逐渐到较小的生物，以大型动物为食物链的起点，继之为小型动物、微型动物、细菌和病毒。后者与前者是寄生性关系。例如：哺乳动物或鸟类→跳蚤→原生动物→细菌→病毒。

第四，腐生性食物链，以动、植物的遗体为食物链的起点，腐烂的动、植物遗体被土壤或水体中的微生物分解利用，后者与前者是腐生性关系。

在生态系统中，各类食物链具有以下特点：

其一，在同一条食物链中，常包含有食性和其他生活习性极不相同的多种生物。

其二，在同一个生态系统中，可能有多条食物链，它们的长短不同，营养级数目不等。由于在一系列取食与被取食的过程中，每一次转化都有大量化学能变为热能消散。因此，自然生态系统中营养级的数目是有限的。在人工生态系统中，食物链的长度可以人为调节。

其三，在不同的生态系统中，各类食物链的比重不同。

其四，在任一生态系统中，各类食物链总是协同起作用。

2. 食物网

生态系统中的食物营养关系是很复杂的。由于一种生物常常以多种食物为食，而同一种食物又常常被多种消费者取食，于是食物链交错起来，多条食物链相连，形成了食物网。食物网不仅维持着生态系统的相对平衡，还推动着生物的进化，成为自然界发展演变的动力。

一般来说，食物网越复杂，生态系统越稳定；食物网越简单，生态系统越不稳定。

3. 营养级和生态金字塔

营养级即食物链中的一个环节。它是指处于食物链同一环节上所有生物的总和。食物链指明了生物之间的纵向营养关系；而营养级则进一步指出了食物链各个环节的横向联系。所以，营养级与生产者、各级消费者是不同的概念，是从不同的角度划分的。营养级概念的建立，为生态系统中生物之间营养关系的研究和能量流分析提供了方便。

绿色植物和所有的自养生物都位于食物链的起点，即第一环节，它们构成了第一营养级。所有以植物为食的动物，如初级消费者—牛、兔、鼠、蜡嘴雀和蝗虫等都属于第二营养级，也称植食动物营养级。以植食动物为食的小型肉食动物，如次级消费者—吃兔子的狐狸、捕食蜡嘴雀的雀鹰等为第三营养级。大型食肉动物，如三级消费者为第四营养级，以此类推。食物链有几个环节，就有几个营养级。

由于环节数目是受到限制的，所以营养级的数目也不可能很多，一般限于 3 ~ 5 个。营养级的位置越高，归属于这个营养级的生物种类和数量就越少，当少到一定程度的时候，就不可能再维持另一个营养级中生物的生存了。

有很多动物，往往难以依据它们的营养关系而把它们放在某一个特定的营养级中，因为它们可以同时在几个营养级取食或随着季节的变化而改变食性，如螳螂既捕食植食性昆虫又捕食肉食性昆虫；野鸭既吃水草又吃螺虾。有些动物雄性个体和雌性个体的食性不同，如雌蚊是吸血的，而雄蚊只吃花蜜和露水。还有一些动物，幼虫和成虫的食性也不一样，如大多数寄生昆虫的幼虫是肉食性的，而成虫则主要是植食性的。但为了分析的方便，生态学家常常依据动物的主要食性判定它们的营养级，因为在进行能流分析的时候，每一种生物都必须置于一个确定的营养级中。一般来说，离基本能源（即第一营养级中的绿色植物）越远的动物就越有可能对两个或更多的营养级中的生物捕食。离基本能源越近的营养级，其中的生物受到取食和捕食的压力也越大，因而这些生物的种类和数量也就越多、生殖能力也越强，这样可以补偿因遭强度捕食而受到的损失。

在每一个生态系统中，从绿色植物开始，能量沿着营养级转移流动时，每经过一个营养级数量都要大大减少。这是因为对各级消费者来说，其前一级的有机物中有一部分不适于食用或已被分解等原因未被利用。在吃下去的有机物中，一部分又作为粪便排泄掉，另一部分才被动物吸收利用。而在被吸收利用的那部分中，大部分用于呼吸代谢，维持生命，并转化成热量损失掉，只有少部分留下来用于同化，形成新的组织。由于这些原因，第二营养级，即植食性动物的产量，必然远小于第一营养级植物的产量。以此类推，第三营养级的产量远小于第二营养级的产量，第四营养级的产量远小于第三营养级的产量。后一营养级上的生产量远小于前一级，其能量转化效率大约为 10%，这就是林德曼（Lindeman）的百分之十率。于是，顺着营养级序列向上，生产量即能量急剧地、梯级般地递减，用图表示则得到生产力金字塔；有机体的个体数目一般也向上急剧递减构成数目金字塔；各营养级的生物量顺序向上递减构成生物量金字塔。总称生态金字塔。

第三节 生态系统的功能

生态系统具有三大功能：能量流动、物质循环、信息传递。

一、能量流动

能量是生态系统的动力，是一切生命活动的基础。一切生命活动都伴随着能量的变化，没有能量的转化，也就没有生命和生态系统。生态系统的重要功能之一就是能量流动，能量在生态系统内的传递和转化规律服从热力学的两个定律。

热力学第一定律可以表述如下：在自然界发生的所有现象中，能量既不能消灭也不能凭空产生，它只能以严格的当量比例由一种形式转变为另一种形式。因此，依据这个定律可知，一个体系的能量发生变化，环境的能量也必定发生相应的变化，如果体系的能量增加，环境的能量就要减少，反之亦然。对生态系统来说也是如此，生态系统通过光合作用所增加的能量等于环境中太阳所减少的能量，总能量不变，所不同的是太阳能转化为潜能输入了生态系统，表现为生态系统对太阳能的固定。

热力学第二定律是对能量传递和转化的一个重要概括，通俗地说就是：在能量的传递和转化过程中，除了一部分可以继续传递和做功的能量（自由能）外，总有一部分不能继续传递和做功而以热的形式消散的能量，这部分能量使熵和无序性增加。以蒸汽机为例，煤燃烧时一部分能量转化为蒸汽能推动机器做了功，另一部分能量以热的形式消散在周围空间而没有做功，只是使熵和无序性增加。对生态系统来说也是如此，当能量以食物的形式在生物之间传递时，食物中相当一部分能量被降解为热量而消散掉（使熵增加），其余则用于合成新的组织作为潜能储存下来。所以一个动物在利用食物中的潜能时常把大部分转化成了热量，只把一小部分转化为新的潜能。因此能量在生物之间每传递一次，一大部分的能量就被降解为热量而损失掉，这也就是为什么食物链的环节和营养级的级数一般不会多于 5 ～ 6 个以及能量金字塔必定呈尖塔形的热力学解释。

任何生态系统要正常运转都需要不断地输入能量。生态系统中的能量来源于太阳，它通过绿色植物的固定而输入到系统中，并保存在有机物质里。当植食动物摄取植物时，能量转移到第二营养级动物体中；当肉食动物捕食植食动物时，能量又转移到第三营养级的动物中，以此类推。最后，由腐生生物分解死亡的动、植物残体，将有机物中的能量释放到环境中。与此同时，各营养级由于生物呼吸作用都有一部分能量损失。所以，能量只是一次穿过生态系统，不能再次被生产者利用而进行循环。因此，生态系统的能量流动是单向流动。

二、物质循环

生命的维持不仅依赖于能量的供应，而且也依赖于各种化学元素的供应。对于大多数生物来说，有 20 多种元素是它们生命活动所不可缺少的，另外大约还有 10 种元素虽然通常只需要很少的数量就够了，但是对某些生物来说却是必不可少的。生物体所需要的大量元素包括其含量超过生物体干重 1% 以上的碳、氧、氢、氮和磷等，也包括含量占生物体干重 0.2% ～ 1% 的硫、氯、钾、钠、钙、镁、铁和铜等，以及在生物体内的含量一般不超过生物体干重 0.2% 的微量元素铝、硼、溴、铬、钴、氟、稼、碘、锰、钼、硒、硅、银、锡、锑、钒和锌等。在生态系统中，存在着物质循环，这对于生态系统的生命活动起着重要作用。

生态系统中的物质循环又称为生物地球化学循环。能量流动和物质循环是生态系统的两个基本过程，正是这两个基本过程使生态系统各个营养级之间和各种成分（非生物成分和生物成分）之间组成一个完整的功能单位。但是能量流动和物质循环的性质不同，能量流经生态系统最终以热的形式消散，能量流动是单向的，因此生态系统必须不断地从外界获得能量。而物质的流动是循环式的，各种物质都能以可被植物利用的形式重返环境。能量流动和物质循环都是借助于生物之间的取食过程而进行的，但这两个过程是密切相关不可分割的，因为能量是储存在有机分子内，当能量通过呼吸过程被释放出来用以做功的时候，该有机化合物就被分解并以较简单的物质形式重新释放到环境中去。

生物地球化学循环可分为三大类型，即水循环、气相型循环和沉积型循环。

（一）水循环

水和水的循环对于生态系统具有特别重要的意义，不仅生物体的大部分（约 70%）是由水构成的，而且各种生命活动都离不开水。水在一个地方将岩石侵蚀，而在另一个地方又将侵蚀物沉降下来，久而久之就会带来明显的地理变化。水中携带着大量的多种化学物质（各种盐和气体）周而复始地循环，极大地影响着各类营养物质在地球上的分布。除此之外，水对于能量的传递和利用也有着重要影响。地球上大量的热能用于将冰融化为水、使水温升高和将水化为蒸气。因此，水有防止温度发生剧烈波动的重要生态作用。

水的主要循环路线是从地球表面通过蒸发进入大气圈，同时又不断从大气圈通过降水而回到地球表面。每年地球表面的蒸发量和全球降水量是相等的，因此这两个相反的过程就达成了一种平衡状态。蒸发和降水的动力都是来自太阳，太阳是推动水在全球进行循环的主要动力。地球表面是由陆地和海洋组成的，陆地的降水量大于蒸发量，而海洋的蒸发量大于降水量。因此，陆地每年都把多余的水通过江河源源不断地输送给大海，以弥补海洋每年因蒸发量大于降水量而产生的亏损。生物在全球水循环过程中所起的作用很小，虽然植物在光合作用中要吸收大量的水，但是植物通过呼吸和蒸腾作用又把大量的水送回了大气圈。

地球表面及其大气圈的水只有大约 5% 是处于自由的可循环状态。地球全年降水量约等于大气圈含水量的 35 倍，这说明大气圈含水量足够 11 天降水用，平均每过 11 天，大气圈中的水就得周转一次。降水和蒸发的相对数量和绝对数量及其周期性对生态系统的结构和功能有着极大影响，世界降水的一般格局与主要生态系统类型的分布密切相关。而降水分布的特定格局又主要是由大气环流和地貌特点所决定的，具有显著的区域性特点。

水循环另一个重要特点是，每年降到陆地上的雨雪大约有 35% 又以地表径流的形式流入了海洋。特别值得注意的是，这些地表径流能够溶解和携带大量的营养物质，因此它常常把各种营养物质从一个生态系统搬运到另一个生态系统，这对补充某些生态系统营养物质的不足起着重要作用。由于携带着各种营养物质的水总是从高处往低处流动，所以高地往往比较贫瘠，而低地比较肥沃，例如，沼泽地和大陆架就是这种最肥沃的低地，也是地球上生产力最高的生态系统之一。

水的全球循环也影响地球热量的收支情况，地球上最大的热量收支是在低纬度地区，而最小的热量收支是在北极地区。在纬度 38° 至 39° 地带，冷和热的进出达到一种平衡状态。高纬度地区的过冷会由于大气中热量的南北交流和海洋暖流而得以缓和。从全球观点看，水的循环表明了地球上物理和地理环境之间的相互密切作用。因此，在局部范围内考虑的水的问题实际上是一个全球性的问题。局部地区水的管理计划可以影响整个地球。问题的产生不是由于降落到地球上的水量不足，而是水的分布不均衡，这尤其与人类人口的集中有关。因为人类已经强烈地参与了水的循环，致使自然界可以利用的水资源已经减少，水的质量也已下降。现在，水的自然循环已不足以补偿人类对水资源的有害影响。

（二）气相型循环

在气相型循环中，物质的主要储存库是大气和海洋，其循环与大气和海洋密切相连，具有明显的全球性，循环性能最为完善。凡属于气相型循环的物质，其分子或某些化合物常以气体形式参与循环过程，属于这类的物质有氧、二氧化碳、氮、氯、臭和氟等。

1.碳循环

碳是构成生物有机体的最重要元素，在生态系统中碳循环对生态系统的稳定起着非常重要的作用。

人类活动通过化石燃料的大规模使用，对碳循环造成了重大影响，这可能是引起当代气候变化的重要原因。大量的碳被固结在岩石圈中，在化石燃料中，煤和石油是地球上两个最大的碳储存库，约占碳总量的99.9%，仅煤和石油中的含碳量就相当于全球生物体含碳量的50倍。在生物学上有积极作用的两个碳库是水圈和大气圈（主要以二氧化碳的形式存在）。很多元素都与碳相似，有着巨大的不活动的地质储存库（如岩石圈等）和较小的但在生物学上积极活动的大气圈库、水圈库和生物库。物质的化学形式常随所在库而不同。例如，碳在岩石圈中主要以碳酸盐的形式存在，在大气圈中以二氧化碳和一氧化碳的形式存在，在水圈中以多种形式存在，在生物库中则存在着几百种被生物合成的有机物质。这些物质的存在形式受到各种因素的调节。

岩石圈中的碳借助于岩石的风化和融解、化石燃料的燃烧和火山爆发等作用，重返大气圈和水圈。

植物通过光合作用从大气中摄取碳的速率，与通过呼吸和分解作用把碳释放给大气的速率大体相等。大气中二氧化碳是含碳的主要气体，也是碳参与循环的主要形式。碳循环的基本路线是从大气储存库到植物和动物，再从动植物通向分解者，最后又回到大气中去。在这个循环路线中，大气圈是碳（以二氧化碳的形式存在）的储存库。由于有很多地理因素和其他因素影响植物的光合作用（摄取二氧化碳的过程）和生物的呼吸（释放二氧化碳的过程），所以大气中二氧化碳的含量有着明显的日变化和季节变化。如，夜晚由于生物的呼吸作用，可使地面附近大气中二氧化碳的含量上升到0.05%；而白天由于植物在光合作用中大量吸收二氧化碳，可使大气中二氧化碳的含量降到平均浓度0.032%以下。夏季，植物的光合作用强烈，因此从大气中所摄取的二氧化碳超过了在呼吸和分解过程中所释放的二氧化碳；冬季则刚好相反。结果每年4～9月北方大气中二氧化碳的含量最低，冬季和夏季大气中二氧化碳的含量可相差0.002%，即相差20 mg/m³。

除了大气以外，海洋是另一个重要的碳储存库，它的含碳量是大气含碳量的50倍。更重要的是，海洋对于调节大气中的含碳量起着非常重要的作用。在植物光合作用中被固定的碳，主要是通过生物的呼吸（包括植物、动物和微生物）以二氧化碳的形式又回到了大气。除此之外，非生物的燃烧过程也使大气中二氧化碳的含量增加，如人类燃烧木材、煤炭以及森林和建筑物的偶然失火等。

碳在生态系统中的含量过高或过低，都能通过碳循环的自我调节机制而得到调整，并恢复到原有的平衡状态。如果大气中的二氧化碳发生局部短缺，就会引起一系列的补偿反应，水圈里的溶解态二氧化碳就会更多地进入大气圈。大气中二氧化碳的含量在人类干扰以前是相当稳定的，但人类生产力的发展水平已达到了可以有意识地影响气候的程度。从长远来看，大气中二氧化碳含量的持续增长将会给地球的生态环境带来什么后果，是当前科学家最关心的问题之一。

2. 氮循环

氮是构成生物蛋白质和核酸的主要元素，因此它与碳、氢、氧一样在生物学上具有重要的意义。氮以多种形式存在于地球环境中，这些形式的转化过程便构成了氮的循环。氮的生物地球化学循环过程非常复杂，循环性能极为完善。氮的循环与碳的循环大体相似，但也有明显差别。

大气中有 79% 的氮，但一般生物不能直接利用，必须通过固氮作用将氮与氧结合成硝酸盐和亚硝酸盐，或者与氢结合形成氨以后，植物才能利用。

工业上，在高温高压下，将 N_2 和 H_2 合成为 NH_3，每年以工业方法固定的氮大约有 $2.5 \times 10^7 T$。

自然界同样可以固氮，每年全球自然界的固氮量达 4×10^8 多吨，为工业固氮的四倍。自然界中的固氮作用 10% 是通过闪电或火山活动、工业燃烧、森林火灾等完成的，90% 是通过微生物作用来完成的。某些微生物把空气中的游离氮固定转化为含氮化合物的过程，称为生物固氮作用。植物吸收铵盐或硝酸盐后将它们转变为许多含氮有机物（主要是蛋白质）。动植物和微生物的残骸及粪便是土壤中氮素的主要来源。不过，植物并不能直接利用这些占土壤含氮量 90% 的含氮有机物。土壤中含有少量的各种氨基酸，它们来源于某些微生物的腐败或植物根的分泌。植物根可以吸收这些氨基酸。土壤有机氮通过土壤微生物的氨化作用转化成 NH^{4+}。氨又可以通过细菌的硝化作用氧化成硝酸盐（NO^{3-}）。NH^{4+} 和 NO^{3-} 都可以被植物根系吸收和利用。土壤中的硝酸盐可以由某些嫌气细菌的反硝化作用转化成 N_2 而从土壤中逸出。

据估计，全球每年的固氮量为 92 吨（其中生物固氮 54、工业固氮 30、光化学固氮 7.6、火山活动固氮 0.2）。但是，借助于反硝化作用，全球的产氮量只有 83 吨（其中陆地 43、海洋 40、沉积层 0.2）。两个过程的差额约为 9 吨。这种不平衡主要是由工业固氮量的日益增长所引起的，所固定的这些氮是造成水生生态系统污染的主要因素。大量有活性的含氮化合物进入土壤和各种水体以后对于环境产生的影响，其范围可能从局域环境到全球变化，深至地下水，高达同温层，引起水体富营养化、藻类和蓝细菌种群大爆发，其尸体分解过程中大量掠夺其他生物所必需的氧，造成鱼类、贝类大规模死亡。

3. 硫循环

硫是蛋白质和氨基酸的基本成分，对于大多数生物的生命至关重要。人类使用化石燃料大大改变了硫循环，其影响远大于对碳和氮的影响，最明显的就是酸雨。

硫循环是一个复杂的元素循环，既属沉积型，也属气相型。硫的气态化合物（如二氧化硫）对硫的循环所起的作用很小，在硫的循环过程中，比气相型循环有更多的停滞阶段，其中海洋和大陆深水湖的沉积层就是最明显的停滞阶段。虽然少数生物可以从氨基酸（有机硫）中获得它们所需要的硫，但大多数生物都是从无机的硫酸盐中获得它们所需要的硫。化石燃料的不完全燃烧可使二氧化硫进入大气圈，这是大气遭受污染的一个主要原因。大气中的氧化硫、二氧化硫和元素硫可被进一步氧化形成三氧化硫，它与水结合便形成了硫酸，雨水中含有硫酸就会形成酸雨。

三、信息传递

生态系统中的各个组成成分相互联系成为一个统一体，它们之间的联系除了能量流动和物质交换之外，还有一种非常重要的联系，那就是信息传递。生物之间交流的信息是生态系统中的重要内容，通过它可以把同一物种之间以及不同物种之间的"意愿"表达给对方，从而在客观上达到自己的目的。

生态系统中的信息形式主要有以下四种：

（一）物理信息

物理信息包括声、光、颜色等。这些物理信息往往表达了吸引异性、种间识别、威吓和警告等作用。例如，毒蜂身上斑斓的花纹、猛兽的吼叫都表达了警告、威胁的意思；萤火虫通过闪光来识别同伴；红三叶草花的色彩和形状就是传递给当地土蜂和其他昆虫的信息。

（二）化学信息

生物依靠自身代谢产生的化学物质，如酶、生长素、性诱激素等来传递信息。非洲草原上的豺用小便划出自己的领地范围，正是其小便中独有的气味警告同类：小心，别进来，这是我的地盘。许多动物平常都是分散居住，在繁殖期依靠雌性动物身上发出的特别气息——性诱激素聚集到一起繁殖后代。值得一提的是有些肉食性植物也是这样，如生长在我国南方的猪笼草就是利用叶子中脉顶端的"罐子"分泌蜜汁，来引诱昆虫进行捕食的。

（三）营养信息

食物和养分的供应状况也是一种信息。每一条食物链就是一个营养信息系统。例如，在食物链"草本植物→田鼠→老鹰"中，老鹰以田鼠为食，田鼠便是老鹰的营养信息。田鼠多的地方，老鹰也多，当田鼠少时，饥饿的老鹰便会飞到其他地方觅食。

（四）行为信息

行为信息是动物为了表达识别、威吓、挑战和传递情况，采用特有的动作行为表达的信息。例如，地甫鸟发现天敌后，雄鸟急速起飞，扇动翅膀为雌鸟发出信号。蜜蜂可用独特的"舞蹈动作"将食物的位置、路线等信息传递给同伴等。

信息传递对于生物种群和生态系统的调节具有重要作用。

第四节 生态平衡

一、生态平衡的概念

生态系统并不是静止的，而是处于不断地发展变化之中。任何一个生态系统都是结构和功能相互依存、相互完善，从而使生态系统在一定时间内各组分通过制约、转化、补偿、反馈等处于最优化的协调状态，表现出高的生产力，能量和物质的输入和输出接近相等，物质的储存量相对稳定，信息的控制自如且传递畅通，在外来干扰下，通过自我调节可以恢复到原初的稳定状态，这就是生态平衡。

由于生态系统中的能量流动和物质循环不停地进行，生态系统的各个组分及其所处的环境不断地变化，而且，任何自然因素和人类活动都会对生态系统的平衡产生影响，所以，生态平衡是相对的、暂时的动态平衡。

一个生态系统的发展过程可以呈现出三种系统状态：初期的生态系统，输入大于输出，系统内部的物质不断增加，这是增长系统；成熟的生态系统，处于稳定状态；衰老的生态系统，输入小于输出，生物量下降，生产力衰退，环境变恶劣，从而引起某些生物种群迁出或消亡，原有的平衡被打破，导致生态系统进行逆行演替甚至瓦解。

二、生态系统的自我调节

生态系统具有一定的弹性，故有一定的调节能力。生态系统内某一环节，在允许的限度内，如果产生变化，则整个系统可以进行适当调节，维持相对稳定的状态，受到轻度破坏后也可以自我修复。

一般来讲，人工建造的生态系统，组分单纯，结构简单，自我调节能力较差，对于剧烈的干扰比较敏感，生态平衡通常是脆弱的，容易遭到破坏。反之，生物群落中的物种多样，食物链（网）复杂，能流和物流多渠道运行，则系统的自我调节能力就强，生态平衡就容易维护。

三、生态阈限

生态系统虽然具有自我调节能力，但只能在一定范围内、一定条件下起作用，如果外界干扰很大，超出了生态系统本身的调节能力，生态平衡就会被破坏，这个临界限度称为生态阈限。

生态阈限决定环境的质量和生物的数量。在阈限内，生态系统能承受一定程度的外界压力和冲击，具有一定程度的自我调节能力。超过阈限，自我调节不再起作用，系统也就难以回到原初的生态平衡状态。生态阈限的大小决定生态系统的成熟程度。生态系统越成熟，它的种类组成越多，营养结构越复杂，稳定性越大，对外界的压力或冲击的抵抗能力也越大，即阈值高；相反，一个简单的人工的生态系统，则阈值低。

人是生态系统中最活跃、最积极的因素，人类活动越来越强烈地影响着生态系统的相对平衡。

人类用强大的技术力量，改变着生态系统的面貌，其目的是为了索取更多的资源，并且常常获得胜利。可是在不合理的开发和利用下，"对于每一次这样的胜利，自然界都报复了我们。每一次胜利，在第一步都确实取得了我们预期的结果，但是在第二步和第三步却有了完全不同的、出乎预料的影响，常常把第一个结果又取消了"。

当外界干扰远远超过了生态阈限，生态系统的自我调节能力已不能抵御，从而不能恢复到原初状态时，则称为"生态失调"。

生态失调的基本标志，可以在生态系统的结构和功能这两方面的不同水平上表现出来，例如一个或几个组分缺损，生产者或消费者种群结构变化，能量流动受阻，食物链中断等。

总之，我们经营管理生态系统，虽然不是原封不动地保持生态系统的自然状态，但是也要严格地注意生态阈限，必须以阈值为标准，使具有再生能力的生物资源得到最好的恢复和发展。

第三章 生态环境影响与污染控制

第一节 环境污染

在环境中发生有害物质的积聚状态称为污染。具体地说，环境污染是指有害物质对大气、水体、土壤和动物、植物的污染，并达到了致害的程度。

一、环境污染的分类

造成环境污染的因素大致可分为化学污染、物理污染、生物污染和广义范围内的环境污染及生态系统的失调。

（一）化学污染

某些单质及有机或无机化合物被引入环境而发生了化学破坏作用。如农药污染、化肥污染等。

（二）物理污染

粉尘及各种固体废弃物、噪声、恶臭、废热、震动、各种破坏性辐射线、地面沉降等。如烟尘污染、交通噪声污染、温排水污染等。

（三）生物污染

各种病菌或霉菌对环境的侵袭。如医院废水污染等。

（四）生态系统失调

即生态系统自我调节能力丧失。在这些污染中，化学污染是造成环境污染的主要原因。

根据污染对象的不同，环境污染可以划分为水体污染、大气污染、土壤污染、声环境污染等种类。

二、水体污染

天然洁净水由于人类活动而被污染的现象叫作水污染。造成水污染的原因有：工业废水、居民生活污水、农业生产污染物、畜牧业废弃物等。

水在被使用后丧失其使用价值，于是被废弃外排，这种被废弃外排的水就叫作废水。废水的基本特征就是被废弃了，它可能包含污染物，也可能不包含污染物。按照不同的分类方法，可对废水进行不同的分类。

根据水污浊程度可分为净废水和污水。例如，水电站尾水就是净废水，而生活污水就是被污染了的废水。

根据来源分类，可分为生活污水和生产废水。生活污水是日常居民生活中所产生的废水，而生产废水则是农业生产中产生的废水以及工业生产过程中产生的废水和废液，其中含有随水流失的工业生产用料、中间产物以及生产过程中产生的污染物。工业废水可按不同分类方法进行分类：按工业废水中所含主要污染物的化学性质分类，有含无机污染物为主的无机废水和含有机污染物为主的有机废水。例如，电镀废水和矿物加工过程的废水是无机废水，食品或石油加工过程的废水是有机废水。按工业企业的产品和加工对象可分为造纸废水、纺织废水、制革废水、农药废水、冶金废水、炼油废水等。按废水中所含污染物的主要成分可分为酸性废水、碱性废水、含酚废水、含铬废水、含有机磷废水和放射性废水等。

（一）废水中的污染物质

在水体的自然循环中，没有遭受污染条件下的质量指标值叫作本底值。本底值中所包含的杂质叫作本底杂质，它是由非污染环境混入的物质。

废水中包含的污染物的种类和性质同废水的来源密切相关。废水中所含污染物不同，其对环境造成的污染危害也不同。

一般来说，废水中包含以下五类污染物：

1. 固体污染物

固体物质在废水中以三种状态存在：溶解态、胶体态和悬浮态。

其粒径范围为：溶解态 $d < 1nm$，胶体态 $1nm < d < 100nm$，悬浮态 $d > 100nm$。

2. 有机污染物

绝大多数工业废水和全部生活污水都包含大量的有机污染物。

有机物种类繁多，一般采用综合指标来间接表达废水中的有机物含量。常用的指标有生化需氧量和化学需氧量。生化需氧量（BOD）是指微生物氧化分解有机物过程中所消耗的溶解氧量。化学需氧量（COD）是指使用化学氧化剂分解有机物过程中所消耗的氧量。

3. 有毒污染物

有毒污染物是指对生物能引起毒性反应的化学物质。废水的毒物包含无机毒物、有机毒物和放射性物质。

无机化学毒物包含重金属离子、氰化物、氟化物和亚硝酸盐等。

有机化学毒物种类繁多，常见的有酚、醛、苯、硝基化合物、多氯联苯和有机农药等。

放射性物质是指具有原子裂变而释放射线的物质属性的物质。对人体有害的射线有 X 射线、α射线、β射线和γ射线及质子束等。

4. 营养性污染物

氮和磷是植物和微生物的主要营养物质。废水中的氮和磷含量超过一定量（氮 > 0.2mg/L，磷＞0.02mg/L）就会引起水体的富营养化。

当湖泊富营养化时，藻类会大量繁殖。当海湾富营养化时，在海面上会出现赤潮，这对鱼类是极其不利的。

5. 生物污染物

生物污染物指废水中的致病微生物和其他有害有机物。生物污染物可来源于生活污水、制革厂废水、医院废水、生物制品厂等。其他还有感官污染物、热污染等。

（二）水体污染的危害

水体污染可产生的危害有：

水污染对人体健康的影响主要表现在以下几方面：

1. 危害人体健康

（1）引起急性或慢性中毒

水体受化学有毒物质污染后，通过饮水和食物链便可造成中毒，如甲基汞中毒（水保病）、镉中毒（骨痛病）、砷中毒、铬中毒、农药中毒、多氯联苯中毒等。这是水污染对人体健康危害的主要方面。

（2）致癌作用

某些有致癌作用的化学物质，如砷、铬、镍、铍、苯胺、苯并[α]芘和其他多环芳烃等污染水体后，可在水中悬浮物、底泥和水生生物内蓄积。长期饮用这类水或食用这类生物就可能诱发癌症。

（3）发生以水为媒介的传染病

生活污水以及制革、屠宰、医院等废水污染水体，可引起细菌性肠道传染病和某些寄生虫病，如伤寒、痢疾、霍乱、肠炎、传染性肝炎和血吸虫病等。

（4）间接影响

水体受污染后

其一，常可引起水的感官性状恶化，发生异臭、异味、异色、呈现泡沫和油膜等，抑制水体天然自净能力，影响水的利用与卫生状况。

2. 影响农业灌溉及农作物产量和品质

农田灌溉必须符合国家《农田灌溉水质标准》的要求。如果采用污水灌溉，那么污水中包含的污染物就可能通过农作物根系的吸收，进入到农作物体内和果实内，有可能使农作物的产量大幅度下降和品质发生显著改变。

3. 影响渔业生产的产量和品质

废水中的污染物进入到水体后，将污染水质及水体中的植物及微生物，通过食物链进入到鱼类、虾类和贝壳类动物体内，并可能在其中富集，从而影响水产品品质和产量。

4. 制约了以水为原料的工业生产

废水进入到自然水域后，会影响水体的水质，特别是水的硬度、色度等，对造纸、酿酒、印染、漂染等以水为原料的工业生产产生不利影响。

5. 加速了生态环境的退化

水污染可造成水体或土壤的污染，特别是废水中可能存在的重金属对生物有着毒性污染的影响，使植物和动物遭受毒害，从而加速生态系统的退化。

6. 造成经济损失

水污染由于污染水体、土壤，影响工农业和渔业生产的产品产量和品质，可造成巨大的经济损失。据有关部门统计，黄河水污染每年造成了百余亿元的经济损失；珠江流域水污染每年也造成几十亿元经济损失。

三、大气污染

大气污染是指在空气的正常组分外，增加了新的组分，或者原有的组分骤然增加，使空气中的污染物的数量超过了环境的自净能力，引起空气质量恶化，从而危害人体健康和动植物生长，甚至引起自然界某些变化的现象。

（一）大气污染源

大气污染的发源地称为大气污染源。

按污染物产生的原因，可分为天然污染源和人为污染源。

天然污染源是自然灾害造成的，如火山爆发喷出的大量火山灰和二氧化硫；有机物分解产生的碳、氮和硫的化合物；森林火灾时产生的大量的二氧化硫、二氧化氮、二氧化碳及碳氢化合物；大风刮起的沙土以及散布于空气中的细菌、花粉等。天然污染源目前还不能控制，但它所造成的污染是局部的、暂时的，通常在大气污染中起次要作用。

人为污染源是人类生产和生活所造成的污染。一般所说的大气污染问题主要是指人为因素引起的污染。人为污染源可分为以下四类：

1. 生活污染源、工业污染源和交通污染源

生活污染源是人类生活过程中排放污染物的设施。例如燃煤、燃油、燃气炉灶。在我国这是一种排放量大、分布广、排放高度低、危害性大的大气污染源。

工业污染源是人类生产过程中产生大气污染的污染源。大多数工业生产都排放污染大气的有害物质。工业对大气的污染主要来自燃料的燃烧和生产过程中排放的烟尘、毒气和其他有害物质。

交通污染源是指汽车、飞机、火车和船舶等交通工具排放的尾气中含有碳氧化物、氮氧化物、碳氢化合物、铅等污染物而造成大气污染。

2. 固定污染源和移动污染源

固定污染源主要指排放污染物的固定设施。如工矿企业的烟囱、民用炉灶等。生活污染源和工业污染源也属于固定污染源。

移动污染源主要指交通污染源。如机动车尾气。

3. 点污染源、线污染源和面污染源

点污染源是指一个或多个相距很近的固定污染源，其排放的污染物只构成小范围内的环境污染，可把这些污染源看成是点污染源。

线污染源是指沿确定的线状路径排放污染物的污染源，如汽车、飞机等。面污染源是指可造成大范围污染的污染源。例如，就一个城市、大工业区来看，工业生产烟囱和交通运输工具排出的废气，可构成较大范围的大气污染，故可看作是面污染源。

4. 一次污染源和二次污染源

一次污染源是指直接向大气排放一次污染物的设施。主要的一次污染物有微粒物质、一氧化碳、氮氧化物、硫氧化物和碳氢化合物等。

二次污染源是可产生二次污染物的发生源。所谓二次污染物，是指不稳定的一次污染物与空气中原有成分发生反应，或在各种污染物之间相互反应而生成的一系列新的污染物质。常见的二次污染物有臭氧、过氧乙酰硝酸酯（PAN）、醛类、硝酸烷基酯、酮等。被称为"杀人烟雾"的光化学烟雾就是一大类一次污染物和二次污染物混合物的总称。

（二）大气污染的类型

大气污染主要来自能源（煤、石油）。根据能源类型的不同，大气污染可分为煤炭型、石油型、混合型和特殊型四类。

1. 煤炭型污染

污染物是由煤炭燃烧时排放的烟气、粉尘、二氧化硫等所构成的一次污染物以及由这些污染物发生化学反应而生成的硫酸及其盐类所构成的气溶胶等二次污染物。

2. 石油型污染

主要污染物来自汽车、油田及石油化工厂的排气等。主要的一次污染物是烯烃、二氧化氮、一氧化氮以及碳基化合物等。这些污染物在阳光照射下发生光化学反应，产生臭氧等污染物质。臭氧是形成光化学烟雾的氧化剂。二氧化氮是阳光中主要的吸光物质，也是形成光化学烟雾的引发剂。

3. 混合型污染

混合型污染既包括以煤炭为主要污染源而排出的污染物及其氧化物所形成的气溶胶，又包括以石油为燃料的污染源而排出的污染物体系。

4. 特殊型污染

特殊型污染是指有关工业企业排放的特殊气体所造成的污染，如某些工厂排放氯气、金属蒸气、酸雾、氟化氢等气体。

前三种类型的污染往往在大范围内造成空气质量下降，而特殊型污染涉及范围小，主要发生

在工厂附近的局部地区内。

（三）大气中的主要污染物

大气中的主要污染物有：粉尘、硫氧化物、氮氧化物、碳氧化物、碳氢化合物和光化学烟雾等。

1. 粉尘

粉尘分落尘和飘尘两种。其中粒径 > $10\mu m$、能在本身重力作用下很快降落到地面的粉尘叫作落尘；而粒径小于 $10\mu m$、能长时间在空中飘浮的粉尘叫作飘尘。飘尘的危害最大。

粉尘来源于工业用煤排放的粉尘、民用烧煤排放的粉尘和其他一些容易产生粉尘的工厂，如水泥厂、石棉厂、金属冶炼厂和炭黑厂等。

2. 硫氧化物

主要指 SO_2 和 SO_3。大气中的硫氧化物主要来自燃烧含硫的煤和石油等燃料产生的，此外，金属冶炼厂、硫酸厂等也排放出相当数量的硫氧化物气体。

当受二氧化硫污染的大气中混入一定量的烟尘，两者协同作用的结果会加剧危害。据报道，当大气中的二氧化硫浓度达到 $0.21mg/m^3$、烟尘浓度达到 $0.3mg/m^3$ 时，可使呼吸道疾病的发病率增高，慢性患者的病情迅速恶化。受二氧化硫污染的地区很容易发生酸性雨雾，其腐蚀性强。

3. 氮氧化物

包括 NO、NO_2、N_2O_4、N_2O_5 等，但是造成大气污染的主要是一氧化氮和二氧化氮。

氮氧化物主要来源于重油、汽油、煤炭、天然气等矿物燃料在高温下的燃烧。此外，生产和使用硝酸的工厂，如氮肥厂、金属冶炼厂等也排放一定数量的氮氧化物。

高浓度的氮氧化物气体呈棕黄色，排放时像一条黄龙腾空，故老百姓称之为"黄龙"。

4. 碳氧化物

包括 CO、CO_2。一氧化碳就是人们所共知的"煤气"，是一种无色、无臭的有毒气体。它主要来自燃料的不完全燃烧和汽车尾气。二氧化碳是无色、无臭的气体，是植物的"粮食"。它来自人类和动物的呼吸作用以及燃料的燃烧过程。据称，二氧化碳对人体无直接危害，但对大气环境有影响。

大气中二氧化碳含量增大，虽然并不影响太阳辐射热透过大气，但二氧化碳能吸收来自地球外的红外辐射，引起近地面层温度增高，使地面的蒸发增强，从而使大气中水蒸气增多，这又使低层大气对红外辐射的吸收增强，从而使近地面气温进一步升高。因此，大气中的二氧化碳就好像是防止近地层的热能散射到宇宙中的一个屏障。通常，把大气中的二氧化碳对环境影响所产生的热效应叫作二氧化碳的"温室效应"。

5. 碳氢化合物与光化学烟雾

碳氢化合物又叫作烃，气态的碳氢化合物有甲烷、乙烯、乙炔、丙烷和丁烷等。来源于炼油厂、石油化工厂以及汽车、柴油车等。污染大气的碳氢化合物主要是以乙烯为代表的不饱和烯烃类。低浓度的碳氢化合物基本上是无毒或毒性较小，但当其进入大气后遇阳光会发生光化学反应，产生毒性很大、危害性极大的光化学烟雾。

光化学烟雾的主要成分是臭氧，占 90% 左右。它对人体有强烈的刺激和毒害作用：当浓度达到 0.1mg/m 时，会刺激眼睛，引起流泪；当浓度达到 1mg/m 时，眼睛发痛难睁，并伴有头痛，中枢神经发生障碍；如果浓度达到 50mg/m 时，人会立即死亡。因此，光化学烟雾被称作"杀人烟雾"。

四、土壤污染

水体、大气和土壤是地球三大环境要素。土壤污染的危害在于导致土壤的组成、结构和功能的变化，进而影响到植物的正常生长，并造成有害物质在植物体内积累，然后通过食物链影响到人类的健康。

土壤污染最大的特点是一旦土壤受到污染，特别是受到重金属或有机农药的污染后，其污染物很难消除。

（一）土壤污染源

土壤污染源主要有：工业废水和城市生活污水以及固体废弃物；农药和化肥；牲畜排泄物和生物残体；大气沉降物；二氧化硫、氮氧化物和颗粒物。

（二）土壤污染物

按照污染物的性质，土壤污染物可划分为：①有机污染物：主要是化学农药，有 50 多种；②重金属：Hg、Cd、Cu、Zn、Cr、Pb、As、Ni、CO、Se 等；③放射性元素：来源于核试验、核利用等排放的废弃物；④病原微生物。

五、固体废物及化学品污染

固体废物是指人类在生产、流通、消费以及生活等过程中产生的，在一定的时间和地点无法利用而被废弃的固态或泥浆状的物质。

（一）固体废物的来源与分类

根据来源，固体废物可以划分为：①矿业废物：来源于矿山、选冶；②工业废物：来源于各类工业生产；③城市垃圾：来源于居民生活、商业、机关和市政维护、管理部门；④农业废物：来源于农业、林业、水产；⑤放射性废物：来源于核工业、核电站、放射性医疗和科研单位。

按照对固体废物管理的需要出发，固体废物可划分为：①城市固体废物：包括城市生活垃圾、城建渣土、商业垃圾、办公垃圾等；②工业固体废物：包括各类工业固体废物；③有害废物：包括易燃、易爆、腐蚀性、有毒性、反应性、传染疾病性、放射性等物品，又叫作危险废物。

（二）固体废物对环境的危害

固体废物对环境的危害主要表现在：侵占土地、污染土壤、污染水体、污染大气、影响环境卫生和景观。

六、噪声污染与其他物理性污染

（一）噪声污染

凡是不需要的、使人烦厌并干扰人的正常生活、工作和休息的声音都叫作噪声。

噪声也是声音，具有声音的一切物理特性。在物理学上，可用频率、声强、声压、声强级等几个物理量来定量描述声音。噪声的强度可用声级表示，单位是分贝（dB）。

噪声主要来源于交通运输、工业生产、建筑施工和日常生活。

（二）电磁污染

电磁辐射对周围生物造成的危害叫作电磁污染。

电磁污染的危害主要有：高强度的电磁辐射以热效应和非热效应方式作用于人体，使人体组织温度升高，导致身体技能障碍和功能紊乱；电磁辐射对电器设备、电子设备、飞机、构筑物可造成直接破坏；引燃易爆物品。

（三）光污染

光污染是指光辐射过量而对生活、生产环境以及人体健康产生不良的影响。光污染的直接危害是导致视力下降，人工白昼污染可使生物节律受到破坏。

（四）热污染

热污染主要指排放热气、热水对周围环境造成的危害。

第二节 生态破坏

生态破坏是指由于人类不合理地开发、利用自然资源和兴建工程项目而引起的生态环境的退化及由此而衍生的有关环境效应，从而对人类的生存环境产生不利影响的现象。如水土流失、土地荒漠化、土壤盐碱化、生物多样性减少等。

生态破坏就是生态平衡的破坏，或者说是生态失衡。影响生态平衡的因素有自然的，也有人为的。人为因素包括人类有意识的行动和无意识的造成对生态系统的破坏，例如砍伐森林、疏干沼泽、围湖围海和环境污染等。植被破坏是生态破坏的最典型特征之一。因为植被破坏不仅极大地影响了该地区的自然景观，而且由此带来了一系列的严重后果，例如生态系统恶化、环境质量下降、水土流失、土地沙化以及自然灾害加剧，进而可能引起土壤荒漠化，造成巨大的经济损失。例如，我国西部每年因生态环境破坏所造成的直接经济损失达 1500 亿元，占到当地同期国内生产总值的 13%。

一、植被破坏

植被是全球或某一地区对所有植物群落的泛称。植被是生态系统的基础，为动物和微生物提供了特殊的栖息环境，为人类提供食物和多种有用物质材料。植被还是气候和无机环境条件的调节者，无机和有机营养的调节和储存者，空气和水源的净化者。植被在人类环境中起着极其重要的作用。

植被破坏包括森林破坏和草场退化。

（一）森林破坏

森林破坏造成的危害有：产生气候异常；增加二氧化碳的排放量；引起物种灭绝和生物多样性减少；加剧水土侵蚀；减少水源涵养，加剧洪涝灾害。

造成森林破坏的主要原因有以下五种：

1. 砍伐林木

在工业化过程中，欧洲、北美等地的温带森林有1/3被砍伐掉了。全球丧失了4.5亿hm^2的热带森林。

2. 毁林开荒

为了满足人口增长对粮食的需求，在发展中国家开垦了大量的林地，特别是农民非法烧荒耕作，造成了对森林的严重破坏。

3. 采集薪材

全世界约有一半人口用薪柴作炊事的主要燃料，每年有1亿多立方米的林木从热带森林中运出用作燃料。

4. 大规模放牧

为了满足美国等国对牛肉的需求，中南美地区，特别是南美亚马孙地区，砍伐和烧毁了大量森林，使之变为大规模的牧场。

5. 空气污染

在欧美等国，空气污染对森林退化也产生了显著影响。

（二）草场退化

草场退化即草场植被衰退。主要表现为优良牧草种类减少，各类牧草质量变劣，单位面积产草量下降等。

造成草场退化的原因：其一，自然因素，如水、热、土条件变劣，草场病虫害严重。其二，人为因素，如毁草开荒，樵采滥伐，超载放牧等。

草场退化是草场系统中能量流动和物质循环的输出和输入之间失去平衡的结果。因草场类型不同，引起退化的原因各异，草场植被演变的趋向也有很大差别。如干旱草原由于气候干燥，放牧过度，易造成牧草生长不良，覆盖率降低，甚至引起沙化；草甸、草原因水分过多，易产生沼泽化等。草场退化可使载畜量降低，影响和限制畜牧业的发展。

二、水土流失

水土流失是指地表植被与表层土壤被水流或者降雨冲蚀破坏的一种现象。中国是世界上水土流失最严重的国家之一。目前，全国水土流失面积达到1 790 000km，每年土壤流失量达50亿吨。其中以黄土高原地区最为严重。水土流失的危害有：造成土地严重退化、导致流域大洪灾，破坏生态系统。

造成水土流失的主要人为原因包括：破坏森林、陡坡开荒、不合理的耕作方式、过度放牧、清耕、清园、除草积肥、全垦整地和炼山整地造林、工矿、交通及基本建设工程。

水土流失的危害有：其一，由于水土流失造成土壤肥力下降，可使大量肥沃的表层土壤丧失；其二，水库淤积，河床抬高，通航能力降低，洪水泛滥成灾；其三，威胁工矿交通设施安全，特别是在高山深谷，水土流失常引起泥石流灾害，危及工矿交通设施安全；其四，水土流失恶化生态环境。

三、荒漠化

荒漠化是指包括气候变异和人类活动在内的种种因素所造成的干旱、半干旱和亚湿润干旱地区的土地退化。荒漠化既包括非沙漠环境向沙漠环境和类似沙漠环境的转移，也包括沙质环境的进一步恶化。

土地荒漠化是自然因素和人为因素综合作用的结果。自然因素主要是指异常的气候条件，特别是严重的干旱条件，由此造成植被退化，风蚀加快，引起荒漠化。人为因素主要指过度放牧、乱砍滥伐、开垦草地并进行连续耕作等，由此造成植被破坏，地表裸露，加快风蚀或雨蚀。就全世界而言，过度放牧和不适当的旱作农业是干旱和半干旱地区发生荒漠化的主要原因。

荒漠化的危害表现为：其一，土地生产潜力衰退；其二，土地生产力下降和随之而来的农牧业减产，相应带来巨大的经济损失和一系列社会恶果；其三，草场质量下降；其四，大面积沙漠化土地，直接加速了沙尘暴的形成和孕育。

第三节 生态环境保护的基本原理、原则和措施

一、生态环境保护的基本原理

（一）保护生态系统结构的完整性

生态系统的功能是以系统完整的结构和良好的运行为基础的，因此生态环境保护必须从功能保护着眼，从系统结构保护入手。生态系统结构的完整性包括：地域连续性、物种多样性、生物组成的协调性、环境条件匹配性。

（二）保护生态系统的再生产能力

生态系统都有一定的再生和恢复功能。一般来说，生态系统的层次越多，结构越复杂，系统越趋于稳定，受到外力干扰后，恢复其功能的自我调节能力也越强。相反，越是简单的系统越是显得脆弱，受到外力作用后，其恢复能力也越弱。

保护生态系统的再生能力一般应遵循以下基本原理：

第一，保护一定的生境范围或者寻求条件类似的替代生境，使生态系统得以恢复或者易地重建。

第二，保护生态系统恢复或者重建所必需的环境条件。

第三，保护尽可能多的物种和生境类型，使重建或者恢复后的生态系统趋于稳定。

第四，保护优势种群。

第五，保护居于食物链顶端的生物及其生境。

第六，对于退化中的生态系统，应当保证主要生态条件的改善。

（三）以生物多样性保护为核心

生物多样性对于人类的生存与发展有着不可替代的意义，为保护生物多样性应当遵循的原则有：①避免物种濒危和灭绝；②保护生态系统完整性；③防止生境损失和干扰；④保持生态系统的自然性；⑤持续利用生态资源；⑥恢复被破坏的生态系统和生态环境。

二、我国生态环境保护的指导思想和基本原则

生态环境保护是功在当代、惠及子孙的伟大事业和宏伟工程。坚持不懈地搞好生态环境保护是保证经济社会健康发展，实现中华民族伟大复兴的需要。

（一）我国生态环境保护的指导思想

以实施可持续发展战略和促进经济增长方式转变为中心，以改善生态环境质量和维护国家生态环境安全为目标，紧紧围绕重点地区、重点生态环境问题，统一规划，分类指导，分区推进，加强法治，严格监管，坚决打击人为破坏生态环境行为，动员和组织全社会力量，保护和改善自然恢复能力，巩固生态建设成果，努力遏制生态环境恶化的趋势，为实现祖国秀美山川的宏伟目标打下坚实的基础。

（二）我国生态环境保护的基本原则

坚持生态环境保护与生态环境建设并举。在加大生态环境建设力度的同时，坚持保护优先、预防为主、防治结合，彻底扭转一些地区边建设边破坏的被动局面。

坚持污染防治与生态环境保护并重。应充分考虑区域和流域环境污染与生态环境破坏的相互影响和作用，坚持污染防治与生态环境保护统一规划，同步实施，把城乡污染防治与生态环境保护有机地结合起来，努力实现城乡环境保护一体化。

坚持统筹兼顾，综合决策，合理开发。正确处理资源开发与环境保护的关系，坚持在保护中开发，在开发中保护。经济发展必须遵循自然规律，近期与长远统一、局部与全局兼顾。进行资源开发活动必须充分考虑生态环境的承载能力，绝不允许以牺牲生态环境为代价，换取眼前的和局部的经济利益。

坚持谁开发谁保护，谁破坏谁恢复，谁使用谁付费的制度。要明确生态环境保护的权、责、利，充分运用法律、经济、行政和技术手段保护生态环境。

三、我国生态环境保护的主要内容与要求

我国生态环境保护的主要内容及其要求如下：

（一）重要生态功能区的生态环境保护

第一，建立生态功能保护区。江河源头区、重要水源涵养区、水土保持的重点预防保护区和重点监督区、江河洪水调蓄区、防风固沙区和重要渔业水域等重要生态功能区，在保持流域、区域生态平衡，减轻自然灾害，确保国家和地区生态环境安全等方面具有重要作用。对这些区域的现有植被和自然生态系统应严加保护，通过建立生态功能保护区，实施保护措施，防止生态环境的破坏和生态功能的退化。在跨省域和重点流域、重点区域的重要生态功能区，建立国家级生态功能保护区；在跨地（市）和县（市）的重要生态功能区，建立省级和地（市）级生态功能保护区。

第二，对生态功能保护区采取以下保护措施：停止一切导致生态功能继续退化的开发活动和其他人为破坏活动；停止一切产生严重环境污染的工程项目建设；严格控制人口增长，区内人口已超出承载能力的应采取必要的移民措施；改变粗放生产经营方式，走生态经济型发展道路；对已经破坏的重要生态系统，要结合生态环境建设措施，认真组织重建与恢复，尽快遏制生态环境的恶化趋势。

第三，各类生态功能保护区的建立，由各级环保部门会同有关部门组成评审委员会评审，报同级政府批准。生态功能保护区的管理以地方政府为主，国家级生态功能保护区可由省级政府委派的机构管理，其中跨省域的由国家统一规划批建后，分省按属地管理；各级政府对生态功能保护区的建设应给予积极扶持；农业、林业、水利、环保、国土资源等有关部门要按照各自的职责加强对生态功能保护区管理、保护与建设的监督。

（二）重点资源开发的生态环境保护

第一，切实加强对水、土地、森林、草原、海洋、矿产等重要自然资源的环境管理，加强资源开发利用中的生态环境保护工作。各类自然资源的开发，必须遵守相关的法律法规，依法履行生态环境影响评价手续；资源开发重点建设项目，应编报水土保持方案，否则一律不得开工建设。

第二，水资源开发利用的生态环境保护。水资源的开发利用要全流域统筹兼顾，生产、生活和生态用水综合平衡，坚持开源与节流并重，节流优先，治污为本，科学开源，综合利用。建立缺水地区高耗水项目管制制度，逐步调整用水紧缺地区的高耗水产业，停止新上高耗水项目，确保流域生态用水。在发生江河断流、湖泊萎缩、地下水超采的流域和地区，应停止新的加重水平衡失调的蓄水、引水和灌溉工程；合理控制地下水开采，做到采补平衡；在地下水严重超采地区，划定地下水禁采区，抓紧清理不合理的抽水设施，防止出现大面积的地下漏斗和地表塌陷。继续加大二氧化硫和酸雨控制力度，合理开发利用和保护水资源；对于擅自围垦的湖泊和填占的河道，要限期退耕还湖还水。通过科学的监测评价和功能区划，规范排污许可证制度和排污口管理制度。严禁向水体倾倒垃圾和建筑、工业废料，进一步加大水污染特别是重点江河湖泊水污染治理力度，加快城市污水处理设施、垃圾集中处理设施建设。加大农业面源污染控制力度，鼓励畜禽粪便资源化，确保养殖废水达标排放，严格控制氮、磷严重超标地区的氮肥、磷肥施用量。

第三，土地资源开发利用的生态环境保护。依据土地利用总体规划，实施土地用途管制制度，明确土地承包者的生态环境保护责任，加强生态用地保护，冻结征用具有重要生态功能的草地、林地、湿地。建设项目确需占用生态用地的，应严格依法报批和补偿，并实行"占一补一"的制度，确保恢复面积不少于占用面积。加强对交通、能源、水利等重大基础设施建设的生态环境保护监管，建设线路和施工场址要科学比选，尽量减少占用林地、草地和耕地，防止水土流失和土地沙化。加强非牧场草地开发利用的生态监管。大江大河上中游的陡坡耕地要按照有关规划，有计划、分步骤地实行退耕还林还草，并加强对退耕地的管理，防止复耕。

第四，森林、草原资源开发利用的生态环境保护。对具有重要生态功能的林区、草原，应划为禁垦区、禁伐区或禁牧区，严格管护；已经开发利用的，要退耕退牧、育林育草，使其休养生息。启动天然林保护工程，最大限度地保护和发挥好森林的生态效益；要切实保护好各类水源涵养林、水土保持林、防风固沙林、特种用途林等生态公益林；对毁林、毁草开垦的耕地和造成的废弃地，要按照"谁批准谁负责，谁破坏谁恢复"的原则，限期退耕还林还草。加强森林、草原防火和病虫鼠害防治工作，努力减少林草资源灾害性损失；加大火烧迹地、采伐迹地的封山育林育草力度；加速林区、草原生态环境的恢复和生态功能的提高。大力发展风能、太阳能、生物质能等可再生能源技术，减少樵采对林草植被的破坏。

第五，生物物种资源开发利用的生态环境保护。生物物种资源的开发应在保护物种多样性和确保生物安全的前提下进行。依法禁止一切形式的捕杀、采集濒危野生动植物的活动。严厉打击濒危野生动植物的非法贸易。严格限制捕杀、采集和销售益虫、益鸟、益兽。鼓励野生动植物的驯养、繁育。加强野生生物资源开发管理，逐步划定准采区，规范采挖方式，严禁乱采滥挖。严格禁止采集和销售发菜，取缔一切发菜贸易。坚决制止在干旱、半干旱草原滥挖具有重要固沙作用的各类野生药用植物。切实搞好重要鱼类的产卵场、索饵场、越冬场、洄游通道和重要水生生物及其生境的保护。加强生物安全管理，建立转基因生物活体及其产品的进出口管理制度和风险评估制度。对引进外来物种必须进行风险评估，加强进口检疫工作，防止国外有害物种进入国内。

第六，海洋和渔业资源开发利用的生态环境保护。海洋和渔业资源开发利用必须按功能区划进行，做到统一规划，合理开发利用。切实加强海岸带的管理，严格围垦造地建港、海岸工程和旅游设施建设的审批，严格保护红树林、珊瑚礁、沿海防护林。加强重点渔场、江河出海口、海湾及其他渔业水域等重要水生资源繁育区的保护，严格渔业资源开发的生态环境保护监管。加大海洋污染防治力度，逐步建立污染物排海总量控制制度；加强对海上油气勘探开发、海洋倾废、船舶排污和港口的环境管理，逐步建立海上重大污染事故应急体系。

第七，矿产资源开发利用的生态环境保护。严禁在生态功能保护区、自然保护区、风景名胜区、森林公园内采矿。严禁在崩塌滑坡危险区、泥石流易发区和易导致自然景观破坏的区域采石、采砂、取土。矿产资源的开发利用必须严格规划管理，开发应选取有利于生态环境保护的工期、区域和方式，把开发活动对生态环境的破坏减少到最低限度。矿产资源开发必须防止次生地质灾害的发生。在沿江、沿河、沿湖、沿库、沿海地区开采矿产资源，必须落实生态环境保护措施，尽量避免和减少对生态环境的破坏。已造成破坏的，开发者必须限期恢复。已停止采矿或关闭的矿山、坑口，必须及时做好土地复垦。

第八，旅游资源开发利用的生态环境保护。旅游资源的开发必须明确环境保护的目标与要求，确保旅游设施建设与自然景观相协调。科学确定旅游区的游客容量，合理设计旅游线路，使旅游基础设施建设与生态环境的承载能力相适应。加强自然景观、景点的保护，限制对重要自然遗迹的旅游开发，从严控制重点风景名胜区的旅游开发，严格管制索道等旅游设施的建设规模与数量，对不符合规划要求建设的设施，要限期拆除。旅游区的污水、烟尘和生活垃圾处理，必须实现达标排放和科学处置。

（三）生态良好地区的生态环境保护

第一，生态良好地区特别是物种丰富区是生态环境保护的重点区域，要采取积极的保护措施，保证这些区域的生态系统和生态功能不被破坏。在物种丰富、具有自然生态系统代表性、典型性、未受破坏的地区．应抓紧抢建一批新的自然保护区。要把横断山区、新青藏接壤高原山地、湘黔川鄂边境山地、浙闽赣交界山地、秦巴山地、滇南西双版纳、海南岛和东北大小兴安岭、三江平原等地区列为重点，分期规划建设为各级自然保护区。对西部地区有重要保护价值的物种和生态系统分布区，特别是重要荒漠生态系统和典型荒漠野生动植物分布区，应抢建一批不同类型的自然保护区。

第二，重视城市生态环境保护。在城镇化进程中，要切实保护好各类重要生态用地。大中城市要确保一定比例的公共绿地和生态用地，深入开展园林城市创建活动，加强城市公园、绿化带、片林、草坪的建设与保护，大力推广庭院、墙面、屋顶、桥体的绿化和美化。严禁在城区和城镇郊区随意开山填海、开发湿地，禁止随意填占溪、河、渠、塘。继续开展城镇环境综合整治，进一步加快能源结构调整和工业污染源治理，切实加强城镇建设项目和建筑工地的环境管理，积极推进环保模范城市和环境优美城镇的创建工作。

第三，加大生态示范区和生态农业县建设力度。鼓励和支持生态良好地区，在实施可持续发展战略中发挥示范作用。进一步加快县（市）生态示范区和生态农业县建设步伐。在有条件的地区，应努力推动地级和省级生态示范区的建设。

四、生态环境保护的对策与措施

（一）加强领导和协调，建立生态环境保护综合决策机制

包括：①建立和完善生态环境保护责任制；②积极协调和配合，建立行之有效的生态环境保护监管体系；③保障生态环境保护的科技支持能力；④建立经济社会发展与生态环境保护综合决策机制。

（二）加强法制建设，提高全民的生态环境保护意识

加强立法和执法，把生态环境保护纳入法治轨道。严格执行环境保护和资源管理的法律、法规，严厉打击破坏生态环境的犯罪行为。抓紧有关生态环境保护与建设法律法规的制定和修改工作，制定生态功能保护区生态环境保护管理条例，健全、完善地方生态环境保护法规和监管制度。

认真履行国际公约，广泛开展国际交流与合作。认真履行《生物多样性公约》《国际湿地公约》《联合国防治荒漠化公约》《濒危野生动植物国际贸易公约》和《保护世界文化和自然遗产公约》等国际公约，维护国家生态环境保护的权益，承担与我国发展水平相适应的国际义务，为全球生态环境保护做出贡献。广泛开展国际交流与合作，积极引进国外的资金、技术和管理经验，推动我国生态环境保护的全面发展。

加强生态环境保护的宣传教育，不断提高全民的生态环境保护意识。深入开展环境国情、国策教育，分级开展生态环境保护培训，提高生态环境保护与经济社会发展的综合决策能力。重视生态环境保护的基础教育、专业教育，积极搞好社会公众教育。在城市动物园、植物园等各类公园，要增加宣传设施，组织特色宣传教育活动，向公众普及生态环境保护知识。进一步加强新闻舆论监督，表扬先进典型，揭露违法行为，完善信访、举报和听证制度，充分调动广大人民群众和民间团体参与生态环境保护的积极性，为实现祖国秀美山川的宏伟目标而努力奋斗。

第四章 水污染的危害及控制措施

第一节 水污染的危害

我国的多项研究结果显示，水污染造成的经济损失占 GDP 的比率在 1.46% ~ 2.84% 之间。水污染危害主要体现在以下几方面。

一、降低饮用水的安全性，危害人的健康

长期饮水水质不良，必然会导致体质不佳、抵抗力减弱，引发疾病。伤寒、霍乱、胃肠炎、痢疾等人类疾病，均由水的不洁引起。当水中含有有害物质时，对人体的危害就更大。

饮用水的安全性与人体健康直接相关。安全饮用水的供给是以水质良好的水源为前提的。但是，我国近 90% 的城镇饮用水源已受到城市污水、工业废水和农业排水的威胁。水源受到的污染使原有的水处理工艺受到前所未有的挑战，有的已不可能生产出安全的饮用水，甚至不能满足冷却水及工艺用水的水质要求。

水污染后，通过饮水或食物链，污染物进入人体，使人急性或慢性中毒。水环境污染对人体健康的危害最为严重，特别是水中的重金属、有害有毒有机污染物及致病菌和病毒等。

重金属毒性强，对人体危害大，是当前人们最关注的问题之一。重金属对人体危害的特点：

第一，饮用水含微量重金属，即可对人体产生毒性效应。一般重金属产生毒性的浓度范围是 1 ~ 10mg/L，毒性强的汞、镉产生毒性的浓度为 0.01 ~ 0.01mg/L。

第二，重金属多数是通过食物链对人体健康造成威胁。

第三，重金属进入人体后不容易排泄，往往造成慢性累积性中毒。

日本的"水俣病"是典型的甲基汞中毒引起的公害病，是通过鱼、贝类等食物摄入人体引起的；日本的"骨痛病"则是由于镉中毒，引起肾功能失调，骨质中钙被镉取代，使骨骼软化，极易骨折。砷与铬毒性相近，砷更强些，三氧化二砷（砒霜）毒性最大，是剧毒物质。

二、影响工农业生产，降低效益

有些工业部门，如电子工业对水质要求高，水中有杂质，会使产品质量受到影响。尤其是食品工业用水要求更为严格，水质不合格，会使生产停顿。某些化学反应也会因水中的杂质而发生，使产品质量受到影响。废水中的某些有害物质还会腐蚀工厂的设备和设施，甚至使生产不能进行下去。

农业使用污水，使作物减产，品质降低，甚至使人畜受害，大片农田遭受污染，降低土壤质量。如锌的质量浓度达到 0.01 ~ 1.0mg/L 即会对作物产生危害，5mg/L 使作物致毒，3mg/L 对柑橘有害。

水质污染后，工业用水必须投入更多的处理费用，造成资源、能源的浪费，这也是工业企业效益不高、质量不好的因素之一。

三、影响农产品和渔业产品质量安全

目前，我国污水灌溉的面积比 20 世纪 80 年代增加了 1.6 倍，由于大量未经充分处理的污水被用于灌溉，已经使 1000 多万亩农田受到重金属和合成有机物的污染。长期的污水灌溉使病原体、"三致"物质通过粮食、蔬菜和水果等食物链迁移到人体内，造成污水灌溉区人群寄生虫、肠道疾病发病率、肿瘤死亡率等大幅度提高。

有机污染物分耗氧有机物和难降解有机物。耗氧有机物在水体中发生生物化学分解作用，消耗水中的氧，从而破坏水生态系统，对鱼类影响较大。在正常情况下，20℃水中溶解氧量（DO）为 9.77mg/L，当 DO 值大于 7.5mg/L 时，水质清洁；当 DO 值小于 2mg/L 时，水质发臭。渔业水域要求在 24 小时中有 16 小时以上 DO 值不低于 5mg/L，其余时间不得低于 3mg/L。

四、造成水的富营养化，危害水体生态系统

生活污水含有大量氮、磷、钾，一经排放，大量有机物在水中降解放出营养元素，引起水体的富营养化，藻类过量繁殖。在阳光和水温最适宜的季节，藻类的数量可达 100 万个 /L 以上，水面出现一片片"水花"，称为"赤潮"。水面在光合作用下溶解氧达到过饱和，而底层则因光合作用受阻，藻类和底生植物大量死亡，它们在厌氧条件下腐败、分解，又将营养素重新释放进水中，再供给藻类，周而复始，因此水体一旦出现富营养化就很难消除。水生生态系统结构、功能失调，水体使用功能受到很大影响，甚至使湖泊、水库退化、沼泽化。

富营养化水体对鱼类生长极为不利，过饱和的溶解氧会产生阻碍血液流通的生理疾病，使鱼类死亡；缺氧也会使鱼类死亡。而藻类太多堵塞鱼鳃，影响鱼类呼吸，也能致死。

含氮化合物的氧化分解会产生硝酸盐，硝酸盐本身无毒，但硝酸盐在人们体内可被还原为亚硝酸盐。研究认为，亚硝酸盐可以与仲胺作用形成亚硝胺，这是一种强致癌物质。因此，有些国家的饮用水标准对亚硝酸盐含量提出了严格要求。

五、加剧水资源短缺危机，破坏可持续发展的基础

对于一些本来就贫水的国家而言，水污染导致的问题更加严重。水污染使水体功能降低，甚至丧失，更加加重贫水地区缺水的程度，还使一些水资源丰富的地区和城市面临着大面积水质不合格而严重影响使用，形成了所谓的污染型缺水。可持续发展无从谈起。

第二节 水污染防治措施

一、加强公民的环保意识

保护环境需要每一个人共同的努力，增强公民的环保意识是一件积极而有意义的事情，为此，可以加大环保的宣传力度。只有人们增强了环保意识，才能对自己的行为更加负责，破坏环境的水污染行为也会减少一部分。

二、强化对饮用水源取水口的保护

饮用水源直接关乎人们的身体健康和生活质量，有关部门要划定水源区，在区内设置告示牌并加强取水口的绿化工作。另外，还要组织一部分人员定期进行检查，保证取水口水质。

三、加大污废水的治理力度

污水处理厂的数量与污水的排放量要保证一定的比例才能更好地实现污水处理。而目前城市人口不断增加，居民生活水平稳步提高，城市的废水排放量也随之不断地增加，在这种情况下，要建设更多的污水处理厂来帮助改善城市水环境状况。否则随着污水量的增加，会导致处理不及时，而引发更多不良后果。

四、少量创建填埋场

填埋场占地面积大，无形中造成土地资源的一种浪费，所以创建的数量不宜过多。可少量创建填埋场，让废水废气都能够经过处理，再排放至河流。这种做法也能起到一定的作用。

五、实现废水资源化利用

可以预见在未来的时间里，工业的废水排放量还会继续增加，为了改善目前水污染状况，要从各个环节做起，用的时候更加合理，末端治理更加积极，同时还可以对废水进行再利用。

六、实施清洁生产

开发实施化工清洁生产是十分复杂的综合过程，且因各化工生产过程的特点各不相同，故没有一个万能的方案可沿袭。但根据清洁生产的原理以及近年来应用清洁生产技术的实践经验，可以归纳如下一些实现化工清洁生产的途径。

（一）强化企业内部清洁生产管理

在实施过程中，对化工生产过程、原料储存、设备维修和废物处置等各个环节都可以强化企业内部清洁生产管理。

1.物料装卸、储存与库存管理

对原料、中间体和产品及废物的储存和转运设施进行检查的过程需要注意以下内容：对使用各种运输工具的操作工人进行培训，使他们了解器械的操作方式、生产能力和性能；在每排储料桶之间留有适当、清晰空间，以便直观检查其腐蚀和泄漏情况；除转移物料时，应保持容器处于密闭状态；保证储料区的适当照明。

实施库存管理，适当控制原材料、中间产品、成品以及相关的废物流，被工业部门看成是重要的废物削减技术，在很多情况下，废物就是过期的、不合规的、玷污了的或不需要的原料，泄漏残渣或损坏的制成品。这些废料的处置费用不仅包括实际处置费，而且包括原料或产品损失，这可能给公司造成很大的经济负担。

控制库存的方法可以从简单改变订货程序到实施及时制造技术，这些技术的大部分都为企业所熟悉，但是，人们尚未认为它们是非常有用的废物削减技术。许多公司通过压缩现行的库存控制计划，帮助削减废物的生产量。

在许多生产装置中，一个普遍忽视或没有适当注意的地方是物料控制，包括原料、产品和工艺废物的储存及其在工艺和装置附近的输送。适当的物料控制程序将保证进入生产工艺中的原料不会泄漏或受到玷污，以保证原料在生产过程中有效使用，防止残次品及废物的产生。

2. 改进操作方式，合理安排操作次序

这种办法可能需要调整生产操作次序和计划，也会影响到原料、成品库存和装运。

3. 实现资源和能源充分、综合利用

我国一般工业生产中原料费用约占产品成本的70%，而单位产值的能耗是世界平均水平的3～4倍，日本的8倍。足以看出生产过程中对资源的浪费很惊人。对原料和能源的充分综合利用，可以显著降低产品的生产成本，同时可以减少污染物的排放，降低"三废"处理的成本。

4. 其他

组织物料和能源循环使用系统。

（二）工艺技术改革

1. 生产工艺改革

以乙烯生产为例：从发展方面来看，乙烯生产装置趋向于大型化，某些技术落后的小型石油化工装置必须进行改造，才能降低单位乙烯产品的污染物排放量。

2. 工艺设备改进

采用高效设备，提高生产能力，减少设备的泄漏率。

3. 工艺控制过程的优化

大多数工艺设备都是使用最佳工艺参数（如温度、压力和加料量）设计的，以取得最高的操作效率。此外，采用自动控制系统监测调节工作操作参数，维持最佳反应条件，加强工艺控制，可增加生产量，减少废物和副产物的产生。

（三）废物的厂内再生利用技术

废物的厂内再生利用技术包括废物重复利用和再生回收。我国有机化工原料行业在废物再生利用与回收方面，开发推广了许多技术。例如，利用蒸馏、结晶、萃取、吸附等方法从蒸馏残液、母液中回收有价值原材料，从含铂、钯、银等废催化剂中回收贵金属等。

第三节 水污染控制的标准体系

一、水资源保护法

（一）水资源保护法的主要内容

1. 水资源权属制度

水资源属于国家所有。水资源的所有权由国务院代表国家行使。农村集体经济组织的水塘和由农村集体经济组织修建管理的水库中的水，归各该农村集体经济组织使用。

《中华人民共和国水法》在规定水资源所有权的基础上，规定了取水权，明确了有偿使用制度。取水是利用水工程或者机械取水设施直接从江河湖泊或者地下取水用水。取水权分为两种。一种是法定取水权，即少量取水包括为家庭生活畜禽饮用取水；为农业灌溉少量取水；用人工、畜力或者其他方法少量取水，农村集体经济组织使用本集体的水塘和水库中的水，不需要申请取水许可。第二种是许可取水权，除法定取水以外的其他一切取水行为，均须经过许可才能取水。取水单位和个人应缴纳水资源费，依法取得取水权。《中华人民共和国物权法》规定，依法取得的取水权受法律保护。

2. 水资源管理的基本原则

考虑到水资源的特点，《中华人民共和国水法》规定，开发、利用、节约、保护水资源和防治水害应当遵循"全面规划、统筹兼顾、标本兼治、综合利用、讲求效益、发挥水资源的多种功能，协调好生活、生产经营和生态环境用水"的基本原则。这项原则在《中华人民共和国水法》的具体条款中得到了充分体现。

3. 水资源的管理体制

《中华人民共和国水法》规定，国家对水资源实行流域管理与行政区域管理相结合的管理体制，从而确立了流域管理机构的法律地位。国务院水行政主管部门负责全国水资源的统一管理和监督工作。国务院水行政主管部门在国家确定的重要江河、湖泊设立的流域管理机构，在所管辖的范围内行使法律、行政法规规定的和国务院水行政主管部门授予的水资源管理和监督职责。县级以上地方人民政府水行政主管部门按照规定的权限，负责本行政区域内水资源的统一管理和监督工作。

此外，国务院有关部门按照职责分工，负责水资源开发、利用、节约和保护工作。县级以上地方人民政府有关部门按照职责分工，负责本行政区域内水资源开发、利用、节约和保护的有关工作。

（二）水资源保护的主要法律措施

水资源是稀缺的自然资源，是人类生存和自然生态循环不可缺少的因素。为了确保水资源的可持续利用，必须建立水资源保护制度，依法开展水资源的开发利用和保护。《中华人民共和国水法》对水资源的保护做出了明确规定，突出了在保护中开发，在开发中保护的基本特点。

二、水污染防治法

（一）水污染防治的监督管理体制

关于水污染防治的监督管理体制，《中华人民共和国水污染防治法》第四条规定："县级以上人民政府应当将水环境保护工作纳入国民经济和社会发展规划。地方各级人民政府对本行政区域的水环境质量负责，应当及时采取措施防治水污染。"第九条规定："县级以上人民政府环境保护主管部门对水污染防治实施统一监督管理。交通主管部门的海事管理机构对船舶污染水域的防治实施监督管理。县级以上人民政府水行政、国土资源、卫生、建设、农业、渔业等部门以及重要江河、湖泊的流域水资源保护机构，在各自的职责范围内，对有关水污染防治实施监督管理。"概括而言，我国对水污染防治实行的是统一主管、分工负责相结合的监督管理体制。

（二）水污染防治的标准和规划制度

水环境标准，分为水环境质量标准和水污染物排放标准两类。水环境质量标准，是指为保护人体健康和水的正常使用而对水体中的污染物和其他物质的最高容许浓度所做的规定。水污染物排放标准，是指国家为保护水环境而对人为污染源排放出废水的污染物的浓度或者总量所做的规定。水环境标准分为国家标准和地方标准两级。

防治水污染应当按流域或者按区域进行统一规划。国务院有关部门和县级以上地方人民政府开发、利用和调节、调度水资源时，应当统筹兼顾，维持江河的合理流量和湖泊、水库以及地下水体的合理水位，维护水体的生态功能。

（三）水污染防治监督管理的法律制度

《中华人民共和国水污染防治法》第三章规定了水污染防治工作的各项具体制度。国家基于环境影响评价制度、"三同时"制度、重点水污染物排放总量控制制度、排污申报登记和排污许可制度、排污收费制度、水环境质量监测与水污染物排放监测、现场检查等制度，实施水污染防治的监督管理，实行跨行政区域的水污染纠纷协商解决制度。

环境影响评价制度—命新建、改建、扩建直接或者间接向水体排放污染物的建设项目和其他水上设施，应当依法进行环境影响评价；"三同时"制度建设项目的水污染防治设施，应当与主体工程同时设计、同时施工、同时投入使用；省级、县市级人民政府应当按照上级政府规定削减和控制本行政区域的重点水污染物排放总量，并将重点水污染物排放总量控制指标逐层分解落实，直至排污单位。

三、环境标准

环境标准是国家环境保护法律、法规体系的重要组成部分，是开展环境管理工作最基本、最直接、最具体的法律依据，是衡量环境管理工作最简单、最准确的量化标准，也是环境管理的工具之一，是实施环境保护法的工具和技术依据。没有环境标准，环境保护法就难以实施。

（一）环境标准及其作用

1. 标准

国际标准化组织（International Standardized Organization，简称 ISO）对标准的定义是："标准是经公认的权威机关批准的一项特定标准化工作的成果。"中国对标准的定义是："对经济、技术、科学及管理中需要协调统一的事物和概念所做的统一技术规定。这个规定是为了获得最佳秩序和社会效益，根据科学、技术和实践经验的综合成果，经有关方面协商同意，由主管机关批准，以特定形式发布，作为共同遵守的准则。"

2. 环境标准

环境标准（Environment Standard）是为了保护人群健康、社会财富和促进生态良性循环，对环境中的污染物（或有害因素）水平及其排放源的限量阈值或技术进行规范；是控制污染、保护环境的各种标准的总称。

环境标准的制定像法规一样，要经国家立法机关的授权，由相关行政机关按照法定程序制定和颁布。

3. 环境标准的作用

环境标准具有如下作用：

第一，环境标准是环境保护法律法规制定与实施的重要依据。

环境标准用具体的数值来体现环境质量和污染物排放应控制的界限。

第二，环境标准是判断环境质量和环境保护工作优劣的准绳。

评价一个地区环境质量的优劣、一个企业对环境的影响，只有与环境标准比较才有意义。

第三，环境标准是制定环境规划与管理的技术基础及主要依据。

第四，环境标准是提高环境质量的重要手段。

通过实施环境标准可以制止任意排污，促进企业进行治理和管理，采用先进的无污染、低污染工艺，积极开展综合利用，提高资源和能源利用率，使经济社会和环境得到持续发展。

（二）环境标准体系

环境问题的复杂性、多样性反映在环境标准的复杂性、多样性中。至今，中国颁布了1000多项国家环境保护标准，按照环境标准的性质、功能和内在联系进行分级、分类，构成一个统一的有机整体，称为环境标准体系。

国家环境标准和行业标准是由国家质检总局和国务院环保行政主管部门制定，具有全国范围的共性，针对普遍的和具有深远影响的重要事物，具有战略性意义，适用于全国范围内的一般环境问题。地方环境标准适用于本地区的环境状况和经济技术条件，是对国家标准的补充和具体化。

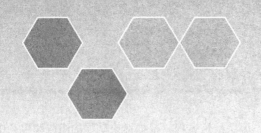

第五章 水污染治理技术

第一节 工业废水处理

一、几种常见的工业废水处理

（一）农药废水

农药废水主要来源于农药生产工程。其成分复杂，化学需氧量（COD）可达每升数万毫克。农药废水处理的目的是降低农药生产废水中污染物浓度，提高回收利用率，力求达到无害化。主要农药废水处理方法有活性炭吸附法、湿式氧化法、溶剂萃取法、蒸馏法和活性污泥法等。

（二）电泳漆废水

金属制品的表面涂覆电泳漆，在汽车车身、农机具、电器、铝带等方面得到广泛的应用。

用超滤和反渗透组合系统处理电泳漆废水，当废水通过超滤处理，几乎全部树脂涂料都可以被截住。透过超滤膜的水中含有盐类和溶剂，但很少含有树脂涂料。用反渗透处理超滤膜的透过水，透过反渗透膜的水中，总溶解固形物的去除率可以达到97%～98%。这样，透过水中总溶解固形物的浓度可以降低到13～33mg/L，符合清洗水的水质要求，就可用作最后一段的清洗水了。

（三）重金属废水

重金属废水主要来自电解、电镀、矿山、农药、医药、冶炼、油漆、颜料等生产过程。

对重金属废水的处理，通常可分为两类。

第一，可应用方法：中和沉淀法、硫化物沉淀法、上浮分离法、电解沉淀（或上浮）法、隔膜电解法等。将废水中的重金属在不改变其化学形态的条件下进行浓缩和分离。

第二，可应用方法：反渗透法、电渗析法、蒸发法和离子交换法等。可以根据具体情况单独或组合使用这些方法。

（四）电镀废水

电镀废水毒性大，量小但面广。反渗透法处理电镀废水的工艺流程，为了实现闭路循环，操作时必须注意保持水量的平衡。

（五）含稀土废水处理

稀土生产中废水主要来源于稀土选矿、湿法冶炼过程。根据稀土矿物的组成和生产中使用的化学试剂的不同，废水的组成成分也有差异。目前常用的方法有蒸发浓缩法、离子交换法和化学沉淀法等。

1. 蒸发浓缩法

废水直接蒸发浓缩回收铵盐，工艺简单，废水可以回用实现"零排放"，对各类氨氮废水均适用，缺点是能耗太高。

2. 离子交换法

离子交换树脂法仅适用于溶液中杂质离子浓度比较小的情况。一般认为常量竞争离子的浓度小于 $1.0 \sim 1.5$kg/L 的放射性废水适于使用离子交换树脂法处理，而且在进行离子交换处理时往往需要首先除去常量竞争离子。无机离子交换剂处理中低水平的放射性废水也是应用较为广泛的一种方法。比如：各类黏土矿（如蒙脱土、高岭土、膨润土、蛭石等）、凝灰石、锰矿石等。黏土矿的组成及其特殊的结构使其可以吸附水中的氢气，形成可进行阳离子交换的物质。有些黏土矿如高岭土、蛭石，颗粒微小，在水中呈胶体状态，通常以吸附的方式处理放射性废水。黏土矿处理放射性废水往往附加凝絮沉淀处理，以使放射性黏土容易沉降，获得良好的分离效果。对含低放射性的废水（含少量天然镭、钍和铀），有些稀土厂用软锰矿吸附处理（pH=7 ~ 8），也获得了良好的处理效果。

3. 化学沉淀法

在核能和稀土工厂去除废水中放射性元素一般用化学沉淀法。

（1）中和沉淀除铀和钍

向废水中加入烧碱溶液，调 pH 值在 $7 \sim 9$ 之间，铀和钍则以氢氧化物形式沉淀。

（2）硫酸盐共晶沉淀除镭

在有硫酸根离子存在的情况下，向除铀、钍后的废水中加入浓度 10% 的氯化钡溶液，使其生成硫酸钡沉淀，同时镭亦生成硫酸镭并与硫酸钡形成晶沉淀而析出。

（3）高分子絮凝剂除悬浮物

放射性废水除去大部分铀、钍、镭后，加入 PAM（聚丙烯酰胺）絮凝剂，经充分搅拌，PAM 絮凝剂均匀地分布于水中，静置沉降后，可除去废水中的悬浮物和胶状物以及残余的少量放射性元素，使废水呈现清亮状态，达到排放标准。

4. 纤维工业废水

与传统方法相比，用膜技术处理纤维工业废水，不仅能消除对环境的污染，而且经济效益和社会效益更好。

超滤法可用于回收聚乙烯醇（PVA）退浆水，一方面对环境起到一定的保护作用，另一方面回收的材料还可以再次用于生产。

5. 造纸工业废水

造纸废水主要来源于造纸行业的生产过程。造纸工业废水的处理方法多样。膜法处理造纸废水，是指造纸厂排放出来的亚硫酸纸浆废水，它含有很多有用物质，其中主要是木质素磺酸盐，还有糖类（甘露醇、半乳糖、木糖）等。过去多用蒸发法提取糖类，成本较高。若先用膜法处理，可以降低成本、简化工艺。

6. 印染工业废水

印染工业废水量大，根据回收利用和无害化处理综合考虑。

回收利用，如漂白煮炼废水和染色印花废水的分流，前者碱液回收利用，通常采用蒸发法回收，如碱液量大，可用三效蒸发回收，碱液量小，可用薄膜蒸发回收；后者染料回收，如士林染料（或称阴丹士林）可酸化成为隐色酸，呈胶体微粒，悬浮于残液中，经沉淀过滤后回收利用。

7. 冶金工业废水

冶金废水来源于冶金、化工、染料、电镀、矿山和机械等行业生产过程。冶金工业废水比较复杂，利用膜技术处理冶金工业废水应采用集成膜技术，并应注意采取恰当的预处理措施。

台湾地区某铜棒加工厂，每天排放浓度为 2% 的废硫酸（流量 17m³/h），废液含可溶性铜约 1200mg/L。用中和法处理这种废酸，会产生污水排放问题，而且其中的总抗氧化状态 TOS 含量与可溶性铜均会超标。为此设计安装了一套反渗透—纳滤—离子交换联合处理工艺。

二、工业废水处理站设计

工业废水处理站设计与污水处理厂设计基本相似，其不同的是：

第一，工业废水处理站建设为企业行为，其设计报批的过程没有污水处理厂设计这么复杂和烦琐，一般通过厂方决定、报相应建设管理部门和环保部门立项审批通过即可。

第二，工业废水处理站一般靠近工业企业建设，其设计更多的需要根据工业企业的具体情况和远期发展考虑。鉴于地价较贵，很多企业为节省占地，往往将废水处理站立体化建设。

第三，工业废水成分较生活污水成分复杂，许多行业废水中均含有重金属、油类、抗生素、难降解有机物，因而物化处理、化学处理较常见。

第四，工业废水水量较小、污染物浓度较高，且水量、水质经常波动，因而废水处理的构筑物往往与生活污水处理有一定不同，如进水管渠较小，格栅非常窄（多自制），多数要设水质或水量调节池，二沉池多为竖流式沉淀池，固液分离除沉淀池外还有气浮池等。

工业废水处理站设计的关键在于选择合适的处理工艺及其构筑物。而工艺流程选择在于如何进行生化和物化技术的优化组合，或者选择物化→生化工艺还是选择生化→物化工艺，如果废水可生化性较好，且水量很大，宜采用生化→物化；若可生化性较好，但水量很小，宜采用物化→生化；若可生化性很差，或者含有一定浓度有毒有害的物质，如重金属、石油类、难降解有机物、抗生素等，宜物化在先，生化在后。

第二节 污水处理方法

一、物理处理法

所有利用物理方法来改变污水成分的方法都可称为物理处理过程。物理处理的特点是仅仅使得污染物和水发生分离，但是污染物的化学性质并没有发生改变。常用的过程有水量与水质的调节（包括混合）、隔滤、离心分离、沉降、气浮等。目前物理处理过程已成为大多数废水和污水处理流程的基础，它们在废水处理系统中的位置分别如下。

（一）格栅与筛网

筛网广泛用于纺织、造纸、化纤等类的工业废水处理。隔栅一般斜置在废水进口处截留较粗悬浮物和漂浮物。阻力主要产生于筛余物堵塞栅条。一般当隔栅的水头损失达到 10 ~ 15cm 时就该清洗。现在一般采用机械，甚至自动清除设备。

（二）离心分离

按离心力产生的方式，离心分离设备可分为两种类型：压力式水力旋流器（或称旋流分离器）和离心机。

离心机设备紧凑、效率高，但结构复杂，只适用于处理小批量的废水、污泥脱水和很难用一般过滤法处理的废水。

（三）沉淀池

沉淀池是分离悬浮物的一种常用构筑物。沉淀池由进水区、出水区、沉淀区、污泥区及缓冲区等五部分组成。

沉淀池按构筑形式形成的水流方向可分为平流式、竖流式和在平流沉淀池内，水是沿水平方向流过沉降区并完成沉降过程的，废水由进水槽经淹没孔口进入池内。

竖流式沉淀池多用于小流量废水中絮凝性悬浮固体的分离，池面多呈圆形或正多边形。沉速大于水速的颗粒下沉到污泥区，澄清水则由周边的溢流堰溢入集水槽排出。如果池径大于 7 米，可增加辐射向出水槽。溢流堰内侧设有半浸没式挡板来阻止浮渣被水带出。池底锥体为储泥斗，它与水平的倾角常不小于 45°，排泥一般采用静水压力：污泥管直径一般用 200 毫米。

（四）过滤

污水的过滤分离是利用污水中的悬浮固体受到一定的限制，污水流动而将悬浮固体抛弃，其分离效果取决于限制固体的过滤介质。

二、化学处理法

化学处理法就是通过化学反应和传质作用来分离、去除废水中呈溶解、胶体状态的污染物或将其转化为无害物质的废水处理法。通常采用方法有：中和、化学混凝、化学沉淀、氧化还原、电解、电渗析、超滤等。

（一）中和

用化学方法去除污水中的酸或碱，使污水的 pH 值达到中性左右的过程称中和。

1. 中和法原理

当接纳污水的水体、管道、构筑物，对污水的 pH 值有要求时，应对污水采取中和处理。

酸性或碱性废水中和处理基于酸碱物质摩尔数相等，具体公式如下：

$$Q_1C_1=Q_2C_2$$

式中，Q_1 为酸性废水流量，L/h；Q_2 为碱性废水流量，L/h；C_1 为酸性废水酸的物质的量浓度，mmol/L；C_2 为碱性废水碱的物质的量浓度，mmol/L。

对酸性污水可采用与碱性污水相互中和、投药中和、过滤中和等方法。其中和剂有石灰、石灰石、白云石、苏打、苛性钠等。

对碱性污水可采用与酸性污水相互中和、加酸中和和烟道气中和等方法，其使用的酸常为盐酸和硫酸。

酸性污水中含酸量超过 4% 时，应首先考虑回收和综合利用；低于 4% 时，可采用中和处理。

碱性污水中含碱量超过 2% 时，应首先考虑综合利用，低于 2% 时，可采用中和处理。

2. 中和法工艺技术与设备

对于酸、碱废水，常用的处理方法有酸性废水和碱性废水互相中和、药剂中和和过滤中和三种。

第一，酸碱废水相互中和。酸碱废水相互中和可根据废水水量和水质排放规律确定。中和池水力停留时间视水质、水量而定，一般 1 ~ 2 小时；当水质变化较大，且水量较小时，宜采用间歇式中和池。

第二，药剂中和。在污水的药剂中和法中最常用的药剂是具有一定絮凝作用的石灰乳。石灰作中和剂时，可干法和湿法投加，一般多采用湿式投加。当石灰用量较小时（一般小于 1t/d），可用人工方法进行搅拌、消解。反之，采用机械搅拌、消解。经消解的石灰乳排至安装有搅拌设备的消解槽，后用石灰乳投配装置投加至混合反应装置进行中和。混合反应时间一般采用 2 ~ 5分钟。采用其他中和剂时，可根据反应速度的快慢适当延长反应时间。

第三，过滤中和。酸性废水通过碱性滤料时与滤料进行中和反应的方法叫过滤中和法。

（二）化学混凝

混凝是水处理的一个十分重要的方法。混凝法的重点是去除水中的胶体颗粒，同时还要考虑去除 COD、色度、油分、磷酸盐等特定成分。常用混凝剂应具备下述条件：

第一，能获得与处理要求相符的水质。

第二，能生成容易处理的絮体（絮体大小、沉降性能等）。

第三，混凝剂种类少而且用量低。

第四，泥（浮）渣量少，浓缩和脱水性能好。

第五，便于运输、保存、溶解和投加。

第六，残留在水中或泥渣中的混凝剂，不应给环境带来危害。

混凝处理流程应包括投药、混合、反应及沉淀分离等几个部分。

（三）氧化还原

污水中的有毒有害物质，在氧化还原反应中被氧化或还原为无毒、无害的物质，这种方法称氧化还原法。

常用的氧化剂有空气中的氧、纯氧、臭氧、氯气、漂白粉、次氯酸钠、三氯化铁等，可以用来处理焦化污水、有机污水和医院污水等。

常用的还原剂有硫酸亚铁、亚硫酸盐、氯化亚铁、铁屑、锌粉、二氧化硫等。如含有六价铬的污水，当通入二氧化硫后，可使污水中的六价铬还原为三价铬。

按照污染物的净化原理，氧化还原处理法包括药剂法、电解法和光化学法三类，在选择处理药剂和方法时，应遵循下述原则：

①处理效果好，反应产物无毒无害，最好不需进行二次处理；②处理费用合理，所需药剂与材料来源广、价格廉；③操作方便，在常温和较宽的 pH 范围内具有较快的反应速度。

（四）电解

电解法的基本原理就是电解质溶液在电流作用下，发生电化学反应的过程。阴极放出电子，使污水中某些阳离子因得到电子而被还原（阴极起到还原剂的作用）阳极得到电子，使污水中某些阴离子因失去电子而被氧化（阳极起到氧化剂作用）。因此，污水中的有毒、有害物质在电极表面沉淀下来，或生成气体从水中逸出，从而降低了污水中有毒、有害物质的浓度，此法称电解法，多用于含氰污水的处理和从污水中回收重金属等。

三、物理化学处理法

物理化学法是利用物理化学反应的原理来除去污水中溶解的有害物质，回收有用组分，并使污水得到深度净化的方法。常用的物理化学处理法有吸附、离子交换、膜分离等。

（一）吸附

吸附是一种物质附着在另一种物质表面上的过程，它可以发生在气－液、气－固、液－固两相之间。在污水处理中，吸附则是利用多孔性固体吸附剂的表面吸附污水中的一种或多种污染物，达到污水净化的过程。这种方法主要用于低浓度工业废水的处理。

1. 吸附原理

吸附剂与吸附质之间的作用力有静电引力、分子引力（范德华力）和化学键力。根据固体表面吸附力的不同，吸附可以分为三个基本类型。

在污水处理中，往往是以某种吸附为主，多种吸附共同作用。

2. 吸附等温式

在一定温度下，表明被吸附物的量与浓度之间的关系式称为吸附等温式。弗兰德里希吸附等温式是目前常用的公式之一。

弗里德里希吸附等温式为指数型的经验公式。其形式为：

$$\frac{Y}{m} = Kp^{\frac{1}{n}}$$

式中，K 为弗里德里希吸附系数；n 为常数，通常大于 1。

虽为经验式，但与实验数据相当吻合，通常将该式绘制在双对数坐标纸上以便确定 K 与 n 值。将上式两边取对数，可得：

$$\log \frac{Y}{m} = \log K + \frac{1}{n} \log p$$

即 $\log \dfrac{Y}{m}$ 与 $\log p$ 呈直线形式，直线的斜率为 $\dfrac{1}{n}$，截距为 $\log p$。

本式对物理吸附和化学吸附也都适用，但在高浓度时计算偏差较大，因此，在高浓度时不宜使用该式。

3. 吸附剂

活性炭是目前应用最为广泛的吸附剂。在生产中应用的活性炭一般都制成粉末状或颗粒状。活性炭的吸附能力不仅与其比表面积有关，而且还与活性炭表面的化学性质、活性炭内微孔结构、孔径及孔径分布等诸多因素有关。常用活性炭其比表面积在 500 ~ 1700m²/g，微孔有效半径在 1 ~ 1000nm，其中小孔半径在 2nm 以下，过渡孔半径在 2 ~ 100nm，大孔半径在 100 ~ 10000nm。小孔容积一般在 0.15 ~ 0.90mL/g，其比表面积应占此面积的 95% 以上，活性炭表面吸附量主要受小孔支配来完成。

活性炭又按用途分为环保治理系列活性炭、脱硫专用炭等。它们具有不同的特点，适用于不同的环境。

（二）离子交换

1. 离子交换方式

在污水处理中，吸附操作分为两种。

①静态吸附操作：污水在不流动的条件下进行的吸附操作。

②动态吸附操作：污水在流动的条件下进行的吸附操作。

2. 离子交换法在污水处理中的应用

第一，我国电镀行业多采用离子交换法回收镍。废水中的镍主要以 Ni^{2+} 形式存在，可以采用阳离子交换树脂。强酸性树脂价格低，机械强度和化学稳定性好，但交换和再生性能差，而弱酸性树脂交换容量及再生性能好，选择性也好，但价格较贵，机械强度较差，目前国内都采用弱酸性阳离子树脂，用固定床双阳柱串联全饱和流程。

第二，工业上电镀含铬废水中的主要杂质是铬酸，也含有一些其他的离子和不溶性杂质。除去铬酸根的整个处理流程分为工作流程和再生流程。

（三）膜分离

利用透膜使溶剂（水）同溶质或微粒（污水中的污染物）分离的方法称为膜分离法。其中，使溶质通过透膜的方法称为渗析；使溶剂通过透膜的方法称为渗透。

膜分离法依溶质或溶剂透过膜的推力不同，可分为三类：

第一，以电动势为推动力的方法，称电渗析或电渗透。

第二，以浓度差为推动力的方法，称扩散渗析或自然渗透。

第三，以压力差（超过渗透压）为推动力的方法有反渗透、超滤、微孔过滤等。

在污水处理中，应用较多的是电渗析、反渗透和超滤。

四、生物处理法

在自然水体中，存在着大量依靠有机物生活的微生物。它们不但能分解氧化一般的有机物并将其转化为稳定的化合物，而且还能转化有毒物质。生物处理就是利用微生物分解氧化有机物的这一功能，并采取一定的人工措施，创造有利于微生物的生长、繁殖的环境，使微生物大量增殖，以提高其分解氧化有机物效率的一种污水处理方法。

（一）活性污泥法

活性污泥是以废水中有机污染物为培养基，在充氧曝气条件下，对各种微生物群体进行混合连续培养而成的，细菌、真菌、原生动物、后生动物等微生物及金属氢氧化物占主体的，具有凝聚、吸附、氧化、分解废水中有机污物性能的污泥状褐色絮凝物。

活性污泥法主要构筑物是曝气池和二次沉淀池。由于有机物去除的同时，不断产生一定数量的活性污泥，为维持处理系统中一定的生物量，必须不断把多余的活性污泥废弃，通常从二沉池排除多余的污泥（称剩余污泥）。

活性污泥法经过长期生产实践的不断总结，其运行方式有了很大的发展，主要运行方式如下。

1. 普通活性污泥法

活性污泥几乎经历了一个生长周期，处理效果很高，特别适用于处理要求高而水质较稳定的污水。其缺点如下：排入的剩余污泥在曝气中已完成了恢复活性的再生过程，造成动力浪费；曝气池的容积负荷率低，曝气池容积大，占地面积也大，基建费用高等。因此限制了对某些工业废水的应用。

2. 阶段曝气法

又称逐步负荷法，是除传统法以外使用较为广泛的一种活性污泥法。阶段曝气法可以提高空气利用率和曝气池的工作能力，并且能够根据需要改变进水点的流量，运行上有较大的灵活性。阶段曝气法适用于大型曝气池及浓度较高的污水。传统法易于改造成阶段曝气法，以解决超负荷的问题。

3. 生物吸附法

其中，吸附池和再生池在结构上可分建，也可合建。合建时，有机物的吸附和污泥的再生是在同一个池内的两部分进行的，即前部为再生段，后部为吸附段，污水由吸附段进入池内。

生物吸附法由于污水与污泥接触的曝气时间比传统法短得多，故处理效果不如传统法，BOD_5 去除率一般在 90% 左右，特别是对溶解性较多的有机工业废水，处理效果更差。水质不稳定，如悬浮胶体性有机物与溶解性有机物的成分经常变化也会影响处理效果。

4. 完全混合法

完全混合法是目前采用较多的新型活性污泥法，混合液在池内充分混合循环流动，进行吸附和代谢活动，并代替等量的混合液至二次沉淀池。可以认为池内的混合液是已经处理而未经泥水分离的处理水。完全混合法的特点：①进入曝气池的污水能得到稀释，使波动的进水水质最终得到净化；②能够处理高浓度有机污水而不需要稀释；③推流式曝气池从池首到池尾的 F/M 值和微生物都是不断变化的；④可以通过改变 F/M 值，得到所期望的某种出水水质。

完全混合法有曝气池和沉淀池合建式和分建式两种。表面加速曝气池和曝气沉淀池是合建式完全混合法的一种池型。

完全混合法的主要缺点是由于连续进出水，可能会产生短流，出水水质不及传统法理想，易发生污泥膨胀等。

5. 延时曝气法

延时曝气法的细胞物质氧化时释放出的氮、磷，有利于缺少氮、磷的工业废水的处理。另外，由于池容积大，此法比较能够适应进水量和水质的变化，低温的影响也小。但池容积大，污泥龄长，基建费和动力费都较高，占地面积也较大。所以只适用于要求较高而又不便于污泥处理的小型城镇污水和工业废水的处理。延时曝气法一般采用完全混合式的流型。氧化渠也属此类。

6. 渐减曝气法

渐减曝气法是为改进传统法中前部供氧不足及后部供氧过剩问题而提出来的。它的工艺流程与传统法一样，只是供气量沿池长方向递减，使供气量与需氧量基本一致。具体措施是从池首端到末端所安装的空气扩散设备逐渐减少。这种供气形式使通入池内的空气得到了有效利用。

（二）生物膜法

生物膜处理法的实质是使细菌和真菌一类的微生物和原生动物、后生动物一类的微型动物于生物滤料或者其他载体上吸附，并在其上形成膜状生物污泥将废水中的有机污染物作为营养物质，从而实现净化废水。生物膜法具有以下特点：对水量、水质、水温变动适应性强；处理效果好并具良好消化功能；污泥量小，且易于固液分离；动力费用省。

1. 生物滤池的一般构造

其中，滤料作为生物膜的载体，滤料表面积越大，生物膜数量越多。生物滤池的池壁只起围挡滤料的作用，一些滤池的池壁上带有许多孔洞，用以促进滤层的内部通风。排水及通风系统用以排除处理水，支承滤料及保证通风。布水装置设在填料层的上方，用以均匀喷洒污水。目前广泛采用的连续式水装置是旋转布水器。

2. 生物接触氧化工艺流程

生物接触氧化工艺是一种于 20 世纪 70 年代初开创的污水处理技术，其技术实质是在反应器内设置填料，经过充氧的污水浸没全部填料，并以一定的流速流经填料，从而使污水得到净化。

3. 生物滤池工艺流程

生物滤池是 19 世纪末发展起来的，是以土壤自净原理为依据，在污水灌溉的实践基础上建立起来的人工生物处理技术。它是利用需氧微生物对污水或有机性污水进行生物氧化处理的方法。

（三）厌氧生物法

厌氧生物法是在无分子氧条件下，通过厌氧微生物（包括兼氧微生物）的作用，将污水中的各种复杂有机物分解转化甲烷和二氧化碳等物质的过程，也称为厌氧消化。

利用厌氧生物法处理污泥、高浓度有机污水等产生的沼气可获得生物能，如生产 1 吨酒精要排出约 14 立方米槽液，每立方米槽液可产生沼气 18 立方米，则每生产 1 吨酒精其排出的槽液可产生约 $250m^3$ 沼气，其发热量约相当于约 250kg 标准煤，并提高了污泥的脱水性，有利于污泥的运输、利用和处置。

升流式厌氧污泥床（UASB）是第二代废水厌氧生物处理反应器中典型的一种。由于在 UASB 反应器中能形成产甲烷活性高、沉降性能良好的颗粒污泥，因而 UASB 反应器具有很高的有机负荷。

UASB 反应器的结构其主体可分为两个区域，即反应区和气、液、固三相分离区。在反应区下部是厌氧颗粒污泥所形成的污泥床，在污泥床上部是浓度较低的悬浮污泥层。当反应器运行时，待处理的废水以 0.5 ~ 1.5m/h 的流速从污泥床底部进入后与污泥接触，产生的沼气以气泡的形式由污泥床区上升，并带动周围混合液产生一定的搅拌作用。污泥床区的松散污泥被带入污泥悬浮层区，一部分污泥比重加大，沉入污泥床区。悬浮层混合液的污泥松散，颗粒比重小，污泥浓度较低。积累在三相分离器上的污泥絮体滑回反应区，这部分污泥又可与进水有机物发生反应，在重力作用下泥、水分离，污泥沿斜壁返回反应区，上清液从沉淀区上部排走。

五、生态处理法

（一）生物塘净化

生物塘法，又称氧化塘法，也叫稳定塘法，是一种利用水塘中的微生物和藻类对污水和有机废水进行生物处理的方法。由于稳定塘构造简单、基建费用低，运行维护管理容易、运行费低、对污染物的去除效率高等特点而被越来越多地采用。稳定塘能够有效地用于生活污水、城市污水和各种有机工业废水的净化。

稳定塘处理过程与自然水体的自净过程相似。通常是将土地进行适当的人工修整，建成池塘，并设置围堤和防渗层，依靠塘内生长的微生物来处理污水。

对净化有机物浓度较高的城镇污水或工业废水的塘系统，可由预处理厌氧塘、兼性塘、好氧塘或曝气塘生物塘串联而成。

1. 稳定塘的优缺点

（1）稳定塘的优点

第一，基建投资低。当有旧河道、沼泽地、谷地可利用作物作为稳定塘时，稳定塘系统的基建投资低。

第二，运行管理简单、经济。稳定塘运行管理简单，动力消耗低，运行费用较低，约为传统二级处理厂的 1/3 ~ 1/5。

第三，可进行综合利用实现污水资源化。如可将稳定塘出水用于农业灌溉，充分利用污水的水肥资源；也可用于养殖水生动物和植物，组成多级食物链的复合生态系统等。

（2）稳定塘的缺点

第一，占地面积大。没有空闲余地时不宜采用。

第二，净化效果受气候影响。如季节、气温、光照、降雨等自然因素都影响稳定塘的净化效果。

第三，当设计不当时，可能形成二次污染。如污染地下水、产生臭氧和滋生蚊蝇等。

2. 稳定塘的设计要点

在稳定塘净化系统中，每一个单塘设计的最优，不能代表塘系统整体的最优，如何使稳定塘系统整体上达到净化效果最佳，经济上最合理，是稳定塘系统设计的关键。

第一，好氧塘。好氧塘（Aerobic pond）的水深较浅，一般在 0.3 ~ 0.5m，完全依靠藻类光合作用和塘表面风力搅动自然复氧供氧。阳光能直接射透到池底，藻类生长旺盛，加上塘面风力搅动进行大气复氧，全部塘水都呈现好氧状态。

第二，厌氧塘。厌氧塘的水深一般在 2.5m 以上，最深可达 4 ~ 5m，是一类高有机负荷的以厌氧分解为主的生物塘。当塘中耗氧超过藻类和大气复氧时，厌氧塘就使全塘处于厌氧分解状态。

第三，兼性塘。各种类型的氧化塘中，兼性塘是应用最广泛的一种。兼性塘的水深一般在 1.5 ~ 2m，塘内好氧和厌氧生化反应兼而有之。

（二）土地净化

水污染的土地净化技术是在人工控制下，利用土壤—微生物—植物组成的生态系统使污水中的污染物净化的方法。

土地净化技术由污水预处理设施，污水调节和储存设施，污水输送、布水及控制系统，土地净化，净化出水的收集和利用系统等五部分组成。

1. 土地处理系统

土地处理系统根据处理目标、处理对象的不同，分快速渗滤（RI）、慢速渗滤（SR）、地表漫流（OF）、地下渗滤（SWIS）、湿地系统（WL）等五种工艺类型。

（1）地表漫流（OF）系统

地表漫流是将污水有控制地投配到多年生牧草、坡度缓（最佳坡度为 2% ~ 8%）和土壤透水性差（黏土或亚黏土）的坡面上，污水以薄层方式沿坡面缓慢流动，在流动过程中得到净化，其净化机理类似于固定膜生物处理法。地表漫流系统是以处理污水为主，同时可收获作物。这种工艺对预处理的要求较低，地表径流收集处理水（尾水收集在坡脚的集水渠后可回用或排放水体），对地下水的污染较轻。

废水要求预处理（如格栅、滤筛）后进入系统，出水水质相当于传统生物处理后的出水，对BOD、SS、N 的去除率较高。

（2）快速渗滤（RI）系统

快速渗滤是采用处理场土壤渗透性强的粗粒结构的沙壤土或沙土渗滤得名的。废水以间歇方式投配于地面，在沿坡面流动的过程中，大部分通过土壤渗入地下，并在渗滤过程中得到净化。

快速渗滤水主要是补给地下水和污水再生回用。用于补给地下水时不设集水系统，若用于污水再生回用，则需设地下集水管或井群以收集再生水。

（3）慢速渗滤（SR）系统

慢速渗滤是将废水投配到种有作物的土壤表面，废水在径流地表土壤与植物系统中得到充分净化的方法。在慢速渗滤中，处理场的种植作物根系可以阻碍废水缓慢向下渗滤，借土壤微生物分解和作物吸收进行净化。

慢渗生态处理系统适用于渗水性能良好的土壤和蒸发量小、气候湿润的地区。由于污水投配负荷一般较低，渗滤速度慢，故污水净化效率高，出水水质好。

（4）地下渗滤（SWIS）系统

地下渗滤是将废水有效控制在距地表一定深度、具有一定构造和良好扩散性能的土层中，废水在土壤的毛细管浸润和渗滤作用下，向周围运动且达到处理要求的土地处理工艺。

地下渗滤系统负荷低，停留时间长，水质净化效果非常好，而且稳定；运行管理简单；氮磷去除能力强，处理出水水质好，处理出水可回用。

地下渗滤土地处理系统以其特有的优越性，越来越多地受到人们的关注。在国外，地下渗滤系统的研究和应用日益受到重视。在国内，居住小区、旅游点、度假村、疗养院等未与城市排水系统接通的分散建筑物排出的污水的处理与回用领域中有较多的应用研究。

2. 净化系统工艺和工艺参数选择

上述四种土地渗滤系统的选择应依据土壤性质、地形、作物种类、气候条件以及对废水的处理要求和处理水的出路而因地制宜，必要时建立由几个系统组成的复合系统，以提高处理水水质，使之符合回用或排放要求。

（三）人工湿地净化

人工湿地（Constructed Wetlands）处理技术是一种生物—生态治污技术，它是利用土壤和填料（如卵石等）混合组成填料床，污水可以在床体的填料缝隙中曲折地流动，或在床体表面流动的洼地中，利用自然生态系统中物理、化学和生物的共同作用来实现对污水的净化。可处理多种工业废水，后又推广应用为雨水处理，形成一个独特的动植物生态环境。

1. 人工湿地法的特点

人工湿地法与传统的污水处理法相比，其优点与特点如下。

①处理污水高效性；②系统组合具有多样性、针对性，能够灵活地进行选择；③投资少、建设与运营成本低；④行操作简便，不需复杂的自控系统；机械、电气、自控设备少，减少人力投入；⑤适合于小流量及间歇排放的废水处理，耐污及水力负荷强，抗冲击负荷性能好；⑥不仅适合于生活污水的处理，对某些工业废水、农业废水、矿山酸性废水及液态污泥也具有较好的净化能力；⑦净化污水的同时美化景观，形成良好生态环境，为野生动植物提供良好的生境，但也存在明显的不足，如下所列。

①占地面积相对较大；②受气候条件限制大，对恶劣气候条件抵御能力弱；③净化能力受作物生长成熟程度的影响大；④容易产生淤积、饱和现象，也可能需要控制蚊蝇等；⑤缺乏长期运行系统的详细资料。

2. 人工湿地的类型

人工湿地有如下几种基本类型，即表层流入工湿地和水平潜流入工湿地，垂直潜流入工湿地和复合是潜流湿地。

（1）表层流入工湿地

也称水面湿地（Water Surface Wetland）系统，向湿地表面布水，维持一定的水层厚度，一般为 10～30cm，这时水力负荷可达 200m³/（hm²·d）；污水中的绝大部分有机物的去除由长在植物水下茎秆上的生物膜来完成。表面流湿地类似于沼泽，不需要沙砾等物质作填料，因而造价较低。但占地大，水力负荷小，净化能力有限。湿地中的氧来源于水面扩散与植物根系传输，系统受气候影响大，夏季易滋生蚊蝇。

（2）水平潜流入工湿地

水平潜流入工湿地系统，污水从布水沟（管）进入进水区，以水平方式在基质层（填料层）中流动，然后从另一端出水沟流出。污染物在微生物、基质和植物的共同作用下，通过一系列的物理、化学和生物作用得以去除。

（3）垂直潜流入工湿地

垂直潜流入工湿地系统，采取湿地表面布水，污水经过向下垂直的渗滤，在基质层（填料层）得到净化，净化后的水由湿地底部设置的多孔集水管收集并排出。在垂直潜流入工湿地中污水从湿地表面纵向流向填料床的底部，床体处于不饱和状态，氧可通过大气扩散和植物传输进入人工湿地系统，该系统的硝化能力高于水平潜流湿地，可用于处理氨氮含量较高的污水。其缺点是对有机物的去除能力不如水平潜流入工湿地系统。

（4）复合式潜流湿地

为了达到更好的处理效果或者对脱氮有较高的要求，也可以采用水平流和垂直流组合的人工湿地。

第三节 污水处理工艺

现代污水治理技术，按处理程度划分，可分为一级处理、二级处理和三级处理。

三级处理常用于二级处理后，主要方法有生物脱氮除磷法、混凝沉淀法、砂滤法、活性炭吸附法、离子交换法和电渗析法等。三级处理是深度处理的同义语，但两者又不完全相同。深度处理以污水回收、再用为目的，在一级或二级处理后增加的处理工艺。

污水再用的范围很广，从工业上的重复利用、水体的补给水源到成为生活用水等。

工业废水的处理流程，随工业性质、原料、成品及生产工艺的不同而不同，具体处理方法与流程应根据水质与水量及处理的对象，经调查研究或试验后决定。

一、除磷工艺

污水中的磷一般有三种存在形态，即正磷酸盐、聚合磷酸盐和有机磷。经过二级生化处理后，有机磷和聚合磷酸盐已转化为正磷酸盐。它在污水中呈溶解状态，在接近中性的 pH 值条件下，主要以 HPO_4^{2-} 的形式存在。

（一）除磷的方法

去磷的方法主要有石灰凝聚沉淀法、投加凝聚剂法和生物除磷法三类。

（二）生物除磷

废水中磷的存在形态取决于废水的类型，最常见的是磷酸盐、聚磷酸盐和有机磷。常规二级生物处理的出水中，90% 左右的磷以磷酸盐的形式存在。

生物除磷主要由一类统称为聚磷菌的微生物完成，其基本原理包括厌氧放磷和好氧吸磷的过程。

一般认为，在厌氧条件下，兼性细菌将溶解性 BOU 转化为低分子挥发性有机酸（VFA）。聚磷菌吸收这些 VFA 或来自原污水的 VFA，并将其运送到细胞内，同化成胞内碳源存储物（PHB/PHV），所需能量来源于聚磷水解以及糖的酵解，维持其在厌氧环境生存，并导致磷酸盐的释放；在好氧条件下，聚磷菌进行有氧呼吸，从污水中大量地吸收磷，其数量大大超出其生理需求，通过 PHB 的氧化代谢产生能量，用于磷的吸收和聚磷的合成，能量以聚合磷酸盐的形式存储在细胞内，磷酸盐从污水中得到去除；同时合成新的聚磷菌细胞，产生富磷污泥，将产生的富磷污泥通过剩余污泥的形式排放，从而将磷从系统中除去。

二、除氮工艺

污水中的氮常以含氮有机物、氨、硝酸盐及亚硝酸盐等形式存在，目前采用的除氮原理有生物硝化脱氮、脱氨除氮、氯法除氮等，它们的原理及特点。

（一）生物硝化脱氮

原理：污水中的氨态氮和由有机氮分解而产生的氨态氮，在好氧条件下被亚硝酸和硝酸菌作用，氧化成硝酸氮

特点：可去除多种含氮化合物，总氮去除率可达 70% ~ 95%，处理效果稳定，不产生二次污染且比较经济；但占地面积大，低温时效率低，易受有毒物质的影响，且运行管理较麻烦。

（二）脱氨除氮

原理：以石灰为碱剂，使污水的 pH 值提高到 10 以上，使污水中的氮主要是呈游离氨的形态，逸出散到空气中特点：去除率可达 65% ~ 95%，流程简单，处理效果稳定，基建费和运行费较低，可处理高浓度含氨污水；但气温低时效率随之降低，且逸出的氨对环境产生二次污染。

（三）氯化除氮

原理：先把原水 pH 值调到 6 ~ 7，加氯或次氯酸钠，则原水中的氨变成氮。

特点：氨氮去除率可达 90% ~ 100%，处理效果稳定，不受水温影响，基建费用不高，不产生污泥，并兼有消毒作用，使氮气又回到大气中；但运行费用高，产生的氯代有机物须进行后处理。

第四节 污水再生利用

人口的增长增加了对水的需求，也加大了污水的产生量。考虑到水资源是有限的，在这种情况下，水的再生利用无疑成为储存和扩充水源的有效方法。此外，污水再生利用工程的实施，不再将处理出水排放到脆弱的地表水系，这也为社会提供了新的污水处理方法和污染减量方法。因此，正确实施非饮用性污水再生利用工程，可以满足社会对水的需求而不产生任何已知的显著健康风险，已经被越来越多的城市和农业地区的公众所接收和认可。

一、回用水源

回用水源应以生活污水为主，尽量减少工业废水所占的比重。因为生活污水水质稳定，有可预见性，而工业废水排放时污染集中，会冲击再生处理过程。

城市污水水量大，水质相对稳定。就近可得，易于收集，处理技术成熟，基建投资比远距离引水经济，处理成本比海水淡化低廉。因此当今世界各国解决缺水问题时，城市污水首先被选为可靠的供水水源进行再生处理与回用。

在保证其水质对后续回用不产生危害的前提下，进入城市排水系统的城市污水可作为回水的水源。

当排污单位排水口污水的氯化物含量 > 500mg/L，色度 > 100（稀释倍数），铵态氮含量 >

100mg/L,总溶解固体含量 > 1500mg/L时,不宜作为回用水源。其中氯离子是影响回用的重要指标,因为氯离子对金属产生腐蚀,所以应严格控制。

二、再生水利用方式

再生水利用有直接利用和间接利用两种方式。直接利用是指由再生水厂通过输水管道直接将再生水送给用户使用;间接利用就是将再生水排入天然水体或回灌到地下含水层,从进入水体到被取出利用的时间内,在自然系统中经过稀释、过滤、挥发、氧化等过程获得进一步净化,然后再取出供不同地区用户不同时期使用。

三、水资源再生利用途径

水资源再生利用到目前为止已开展60多年,再生的污水主要为城市污水。参照国内外水资源再生利用的实践经验,再生水的利用途径可分为城市杂用、工业回用、农业回用、景观与环境回用、地下水回灌以及其他回用等几个方面。

(一)城市杂用

再生水可作为生活杂用水和部分市政用水,包括居民住宅楼、公用建筑和宾馆饭店等冲洗厕所、洗车、城市绿化、浇洒道路、建筑用水、消防用水等。

在城市杂用中,绿化用水通常是再生水利用的重点。在美国的一些城市,资料表明普通家庭的室内用水量:室外用水量1:3.6,其中室外用水主要是用于花园的绿化。如果能普及自来水和杂用水分别供水的"双管道供水系统",则住宅区自来水用量可减少78%。我国的住宅区绿化用水比例虽然没有这么高,但也呈现逐年增长的趋势。在一些新开发的生态小区,绿化率可高达40%~50%,这就需要大量的绿化用水,约占小区总用水量的1/3或更高。

城市污水回用于生活杂用水可以减少城市污水排放量,节约资源,利于环境保护。城市杂用水的水质要求较低,因此处理工艺也相对简单,投资和运行成本低。因此,再生水城市杂用将是未来城市发展的重要依托。

(二)工业回用

工业用水一般占城市供水量的80%左右。自20世纪90年代以来,世界的水资源短缺和人口增长,以及关于水源保持和环境保护的一系列环境法规的颁布,使得再生水在工业方面的利用不断增加。再生水回用于工业,主要是指为以下用水提供再生水。

此外,厂区绿化、浇洒道路、消防与除尘等对再生水的品质要求不是很高,也可以使用回用水。但也要注意降低再生水内的腐蚀性因素。

其中,冷却水占工业用水的70%~80%或更多,如电力工业的冷却水占总水量的99%,石油工业的冷却水占90.1%,化工工业占87.5%,冶金工业占85.4%。冷却水用量大,但水质要求不高,用再生水作为冷却,水,可以节省大量的新鲜水。因此工业用水中的冷却水是城市污水回用的主要对象。

（三）农业回用

农业灌溉是再生水回用的主要途径之一。再生水回用于农业灌溉，已有悠久历史，到目前，是各个国家最为重视的污水回用方式。

农业用水包括食用作物和非食用作物灌溉、林地灌溉、牧业和渔业用水，是用水大户。城市污水处理后用于农业灌溉，一方面可以供给作物需要的水分，减少农业对新鲜水的消耗；另一方面，再生水中含有氮、磷和有机质，有利于农作物的生长。此外，还可利用土壤—植物系统的自然净化功能减轻污染。

农业灌溉用水水质要求一般不高。一般城市污水要求的二级处理或城市生活污水的一级处理即可满足农灌要求。除生食蔬菜和瓜果的成熟期灌溉外，对于粮食作物、饲料、林业、纤维和种子作物的灌溉，一般不必消毒。就回用水应用的安全可靠性而言，再生水回用于农业灌溉的安全性是最高的，对其水质的基本要求也相对容易达到。再生水回用于农业灌溉的水质要求指标主要包括含盐量、选择性离子毒性、氮、重碳酸盐、pH 等。

再生水用于农业应按照农灌的要求安排好再生水的使用，避免对污灌区作物、土壤和地下水带来不良影响，取得多方面的经济效益。

（四）景观和环境回用

这里所说的景观与环境回用是指有目的地将再生水回用到景观水体、水上娱乐设施等，从而满足缺水地区对娱乐性水环境的需要。用于景观娱乐和生态环境用水主要包括以下几个方面。

由再生水组成的两类景观水体中的水生动物、植物仅可观赏，不得食用；含有再生水的景观水体不应用于游泳、洗浴、饮用和生活洗涤。

（五）地下水回灌

地下回灌是扩大再生水用途的最有益的一种方式。地下水回灌包括天然回灌和人工回灌，回灌方式有三种。

城市污水处理后回用于地下水回灌的目的主要有：

第一，减轻地下水开采与补给的不平衡，减少或防止地下水位下降、水力拦截海水及苦咸水入渗，控制或防止地面沉降及预防地震，还可以大大加快被污染地下水的稀释和净化过程。

第二，将地下含水层作为储水池（储存雨水、洪水和再生水），扩大地下水资源的储存量。

第三，利用地下流场可以实现再生水的异地取用。

第四，利用地下水层达到污水进一步深度处理的目的。可见，地下回灌溉是一种再生水间接回用方法，又是一种处理污水方法。

再生水回用于地下水回灌，其水质一般应满足以下一些条件：首先，要求再生水的水质不会造成地下水的水质恶化；其次，再生水不会引起注水井和含水层堵塞；最后，要求再生水的水质不腐蚀注水系统的机械和设备。

在美国，地下水回灌已经有几十年的运行经验，投入运行的加利福尼亚州 21 世纪水厂将污水处理厂出水经深度处理后回灌入含水层以阻止海水入侵。人工地下水回灌也是以色列国家供水系统的重要组成部分，目前回灌水量超过 $8000 \times 10^4 \, m^3/a$，对这样一个缺水国家的供水保障起到了重要作用。

（六）其他回用

再生水除了上述几种主要的回用方式外，还有其他一些回用方式。

1. 回用于饮用

污水回用作为饮用水，有直接回用和间接回用两种类型。

直接回用于饮用必须是有计划的回用，处理厂最后出水直接注入生活用水配水系统。此时必须严格控制回用水质，绝对满足饮用水的水质要求。

间接回用是在河道上游地区，污水经净化处理后排入水体或渗入地下含水层，然后成为下游或当地的饮用水源。目前世界上普遍采用这种方法，如法国的塞纳河、德国的鲁尔河、美国的俄亥俄河等，这些河道中的再生水量占 13% ~ 82%；在干旱地区每逢特枯水年，再生水在河中的占比更大。

2. 建筑中水

建筑中水是指单体建筑、局部建筑楼群或小规模区域性的建筑小区各种排水，经适当处理后循环回用于原建筑物作为杂用的供水系统。

在使用建筑中水时，为了确保用户的身体健康、用水方面和供水的稳定性，适应不同的用途，通常要求中水的水质条件应满足以下几点：不产生卫生上的问题；在利用时不产生故障；利用时没有嗅觉和视觉上的不快感；对管道、卫生设备等不产生腐蚀和堵塞等影响。

四、生活污水处理及回用实例

洛阳石化总厂是一座单系列 $500 \times 10^4 t/a$ 的大型炼化企业，其生活区排放的生活污水，只经过简易的化粪池沉淀，未经任何进一步的处理就直接排放，有时则被附近农民引入鱼塘或用作农灌，对环境造成一定的污染。随着以 $20 \times 10^4 t/a$ 聚酯工程为代表的大化纤工程的建设和发展，该生活区人口数量增加，生产和生活用水量也随之增加，作为淡水水源的地下水水位明显下降，淡水资源呈现日趋紧张的局面。

为了节约水资源，保护该地区的生态环境，促进企业的可持续发展，洛阳石化总厂决定利用技改资金建设一座 10000t/d 的生活污水处理场，并将处理合格的水回用于企业生产：一是回用作循环冷却水的补充水；二是回用于中压锅炉补给水。

洛阳石化总厂生活区排放生活污水为 416t/h（计 9984t/d），污水处理场设计处理能力为1000t/d，工程规模按 12000t/d 设计。处理后的水有 100 ~ 150t/h 回用于锅炉脱盐水；其余（约250t/h）全部回用于循环冷却水系统作为补充水。

由生活区来的生活污水至集水池，经螺旋泵提升后，通过全自动机械格栅、曝气沉砂池后流入调节池。再经污水泵加压，通过一级物理化学凝聚法（LPC）和二级 LPC 法处理后，进入无阀滤池，滤后水入清水罐，经清水泵加压后分为两部分：第一部分作为循环冷却水补充水，经生物活性炭吸附后的水通过自动清洗过滤器，进入臭氧投配器进行杀菌消毒，然后再进入弱离子交换器脱盐后，流入补充水储罐储存，此时，水中总含盐量 < 250mg/L，达到循环冷却水补充水的水质指标要求，作为循环冷却水补充水使用；第二部分作为中压锅炉补充水，经生物活性炭吸附后加水通过自动清洗过滤器，进入臭氧投配器进行杀菌消毒，再进入反渗透装置，出水经除碳罐脱碳，再经钠离子软化器去除残余硬度，制成纯水，流入储水罐，作为锅炉补充水使用。

第六章 水环境水资源保护

第一节 水环境水资源保护概述

一、水资源的重要性

水是生命的源泉，是基础性的自然资源，是战略性的社会经济资源。可以说，人类的生存与发展从根本上依赖于水的获取和对水的控制。自古以来人们对水的利用从未停止过。

（一）生命之源

水是地球上分布最广、储量最大的物质，是自然资源水生命之源，水的存在和循环是地球孕育出万物的重要因素。

水是生命的摇篮，最原始的生命是在水中诞生的，水是生命存在不可缺少的物质。不同生物体内都拥有大量的水分，一般情况下，植物植株的含水率为 60% ~ 80%，哺乳类体内约有65%，鱼类75%，藻类95%，成年人体内的水占体重的65% ~ 70%。此外，生物体的新陈代谢、光合作用等都离不开水，每人每日大约需要 2 ~ 3L 的水才能维持正常生存。

水占人体重量的一大部分，是人体组织成分含量最多的物质，维持着人的正常生理活动。医学试验测定，如果人体内的水分比正常量减少，就会随着减少程度的增加而出现口渴、意识模糊直至死亡等各种表现。科学观察和灾难实例表明，成年人在断粮不断水的情况下，可以忍耐40天之久；而在断粮又断水的情况下，一般仅可忍耐 5 ~ 7 天 。

（二）文明的摇篮

没有水就没有生命，没有水更不会有人类的文明和进步，文明往往发源于大河流域，世界四大文明古国——古代中国、古代印度、古代埃及和古代巴比伦——最初都是以大河为基础发展起来的，尼罗河孕育了古埃及的文明，底格里斯河与幼发拉底河流域促进了古巴比伦王国的兴盛，恒河带来了古印度的繁荣，长江与黄河是华夏民族的摇篮。古往今来，人口稠密、经济繁荣的地区总是位于河流湖泊沿岸，沙漠缺水地带，人烟往往比较稀少，经济也比较萧条。

（三）社会发展的重要支撑

水资源是社会经济发展过程中不可缺少的一种重要的自然资源，与人类社会的进步与发展紧密相连，是人类社会和经济发展的基础与支撑。在农业用水方面，水资源是一切农作物生长所依赖的基础物质，水对农作物的重要作用表现在它几乎参与了农作物生长的每一个过程，农作物的发芽、生长、发育和结实都需要有足够的水分，当提供的水分不能满足农作物生长的需求时，农作物极可能减产甚至死亡。在工业用水方面，水是工业的血液，工业生产过程中的每一个生产环节（如加工、冷却、净化、洗涤等）几乎都需要水的参与，每个工厂都要利用水的各种作用来维持正常生产，没有足够的水量，工业生产就无法进行正常生产，水资源保证程度对工业发展规模起着非常重要的作用。在生活用水方面，随着经济发展水平的不断提高，人们对生活质量的要求也不断提高，从而使得人们对水资源的需求量越来越大，若生活需水量不能得到满足，必然会成为制约社会进步与发展的一个瓶颈。

（四）生态环境基本要素

水资源是生态环境的基本要素，是良好的生态环境系统结构与功能的组成部分。水资源充沛，有利于营造良好的生态环境，反之，水资源比较缺乏的地区，随着人口的增长和经济的发展会更加缺水，从而更容易产生一系列生态环境问题，如草原退化、沙漠面积扩大、水体面积缩小、生物种类和种群减少。

（五）关乎国家安全

水关乎着一个国家和民族的安全。有史以来各部族、区域和国家之间就经常因为争夺水而发生冲突甚至战争。历史证明，水资源的合理开发利用和保护对社会经济和稳定有着决定性的影响。

作为一种战略资源，水不仅仅关乎一个国家的发展和稳定，更与世界的和平与发展有很大关系。联合国官员预言，未来的战争是争夺水资源的战争。

如果缺乏水源，经济发展会因此而停滞不前，社会会因此而发生动荡，战争也是非常可能的事情。历史和现实都表明，水确实是保证国家社会稳定的一个重要因素。

二、水环境保护的任务和内容

水环境保护工作，是一个复杂、庞大的系统的工程，其主要任务与内容有：

第一，水环境的监测、调查与试验，以获得水环境分析计算和研究的基础资料。

第二，对排入研究水体的污染源的排污情况进行预测，称污染负荷预测，包括对未来水平年的工业废水、生活污水、流域径流污染负荷的预测。

第三，建立水环境模拟预测数学模型，根据预测的污染负荷，预测不同水平年研究水体可能产生的污染时空变化情况。

第四，水环境质量评价，以全面认识环境污染的历史变化、现状和未来的情况，了解水环境质量的优劣，为环境保护规划与管理提供依据。

第五，进行水环境保护规划，根据最优化原理与方法，提出满足水环境保护目标要求的水污染负荷防治最佳方案。

第六，环境保护的最优化管理，运用现有的各种措施，最大限度地减少污染。

三、水资源保护的内容及流程

（一）水资源保护的内容

水资源保护大体包括四个方面，如图 6-1 所示。

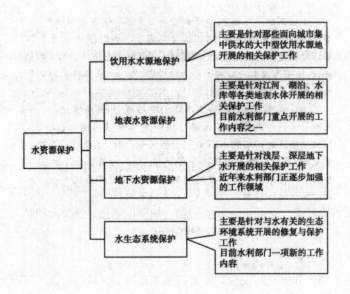

图 6-1 水资源保护的四个方面

（二）水资源保护的流程

第一，调查研究区水体的基本情况，包括了解目标水体的概况、特点及其功能，天然来水条件，水资源开发利用现状，存在的水环境问题等。

第二，对各类水体的功能进行区划，并据此拟定各水体的水质目标以及保证能达到该水质目标时应采取的工程措施的设计条件。

第三，对水功能区的污染源进行调查评价，包括了解污染源的空间分布，估算各污染源的排污量大小，识别主要污染源及污染物的类型等。

第四，根据研究区域的经济社会发展目标、经济结构调整、人口增长、科技进步等因素，同时结合当地城市规划方案、排水管网等基础设施建设的情况，预测在规划水平年陆域范围内的污染物排放量，再按照污废水的流向和排污口设置，将进入水体的污染物总量分解到各个水功能区，求出可能进入水功能区的污染物入河量。

第五，计算水功能区内各类水体的纳污能力，并将规划水平年进入水功能区的污染物入河量与相应水体的纳污能力进行比较。当水功能区的污染物入河量大于纳污能力时，计算其污染物入河削减量；当污染物入河量小于纳污能力时，计算其污染物入河控制量。根据求出的入河控制量和削减量，进一步提出水功能区所对应的陆域污染源的污染物总量控制方案。

第六，结合污染物总量控制方案，提出更具可操作性的水资源保护工程措施和非工程措施。

第二节 水环境质量监测与评价

一、水质监测

水的质量关乎每一个人的身体健康与生活质量。为了确保水的质量完全，要实时地对水质进行监测，定期采样分析有毒物质含量和动态，对水质的动态能够了解并更好地掌控。

（一）监测站系统结构及功能

对于不同的水质监测站，要结合它所处的位置以及周边的环境状况，有针对性地选择合适它的通信方式，从而建立水质监测数据通信系统。不同的站点作用各异，如果是位于枢纽位置的站点或者是其他特别重要的站点，可以选用多种通信方式，这样能够更好地保证数据传输的流畅性、可靠性、及时性。

（二）水质生物监测

为了保护水环境，需要进行水质监测。监测方法有物理方法、化学方法和生物方法。只使用化学监测可测出痕量毒物浓度，但无法测定毒物的毒性强度。污染物种类是非常之繁多的，若全部进行监测根本就是不现实的问题，不管是从技术上还是经济上都存在很大的困难。再加上多种污染物共存时会出现各种复杂的反应，以及各种污染物与环境因子间的作用，会使生态毒理效应发生各种变化。这就使理化监测在一定程度上具有局限性。

如果使用同时进行生物监测与理化监测的方法，就可以弥补理化监测的不足。生物监测是系统地根据生物反应而评价环境的质量。在进行水环境生物监测时，第一个问题就是选择要进行重点监测的生物。我国监测部门从最初选择鱼类作为试验生物到后来慢慢认识到用微型生物或大型无脊椎动物进行监测更为合理，也是进步的一个体现。微型生物群落包括藻类、原生动物、细菌、真菌等。之所以选择微型生物进行水体生物监测，具体原因如下：

①就试验而言，微型生物类群是组成水生态系统生物生产力的主要部分；②微型生物容易获得；③可在合成培养基中生存；④可多次重复试验；⑤其世代时间短，短期内可完成数个世代周期；⑥大多数微型生物在世界上分布很广泛，在不同国家有不同种类，易于对比。

二、水质评价

（一）水质评价分类

水质评价是环境质量评价的重要组成部分，其内容很广泛，工作目的和研究角度不同，分类的方法不同。

（二）水质评价步骤

水质评价步骤一般包括：提出问题、污染源调查及评价、收集资料与水质监测、参数选择和取值、选择评价标准、确定评价内容和方法、编制评价图表和报告书等。

（三）地表水水质评价

评价地表水水质的过程主要有以下几个环节。

1. 评价标准

一般按照国家的最新规定和地方标准来制定地表水资源的评价标准，国家无标准的水质参数可采用国外标准或经主管部门批准的临时标准，评价区内不同功能的水域应采用不同类别的水质标准，如地表水水质标准、海湾水水质标准、生活饮用水水质标准、渔业用水标准、农业灌溉用水标准等。

2. 评价指标

地表水体质量的评价与所选定的指标有很大关系，在评价时所有指标不可能全部考虑，但若考虑不当，则会影响到评价结论的正确性和可靠性。因此，常常将能正确反映水质的主要污染物作为水质评价指标。评价指标的选择通常遵照以下原则：

第一，应满足评价目的和评价要求。

第二，应是污染源调查与评价所确定的主要污染源的主要污染物。

第三，应是地表水体质量标准所规定的主要指标。

第四，应考虑评价费用的限额与评价单位可能提供的监测和测试条件。

3. 评价方法

第一，单一指数法。计算公式如下：

$$I_i = \frac{C_i}{S_i}$$

式中，I_i 为某指标实测值对标准值的比值，量纲一；C_i 为某指标实测值；S_i 为某指标的标准值（或对照值）。

当标准值为一区间时：

$$I_i = \frac{\left|C_i - \bar{S}_i\right|}{\left|S_{i\max} - \bar{S}_i\right|} \quad \text{或} \quad I_i = \frac{\left|C_i - \bar{S}_i\right|}{\left|\bar{S}_i - S_{i\min}\right|}$$

式中，I_i 为某指标实测值对标准值的比值；S_i 为某指标标准值区间中值；$S_{i\max}$、$S_{i\min}$ 为某指标标准值的区间最大值、最小值；其他符号含义同上。

第二，综合指数法。美国的赫尔顿（R.K.Horton）提出了一种水质评价的指数体系，并提出了制定指数的步骤。

国内外已提出多种不同的模式，归纳起来比较典型的为综合污染指数法、内梅罗（N.L.Nemerow）水质指数法、均方差法、指数法等，现介绍几种常用的综合指数计算公式。

叠加型指数法：

$$I = \sum_{i=1}^{n} \frac{C_i}{S_i}$$

式中，I 为水质综合评价指数；C_i 为某指标 z 的实测值；S_i 为某评价指标的标准值。
均值型指数：

$$I = \frac{1}{n} \cdot \sum_{i=1}^{n} \frac{C_i}{S_i}$$

式中，$\frac{1}{n}$ 为水质评价指标的个数；其他符号意义同前。n 加权均值型指数：

$$I = \sum_{i=1}^{n} W_i \frac{C_i}{S_i}$$

式中，W_i 为各水质指标的权重值，$\sum_{i=1}^{n} W_i = 1$；其他符号意义同前。

内梅罗指数法：该方法不仅考虑了影响水质的一般水质指标，还考虑了对水质污染影响最严重的水质指标。其计算公式为：

$$I_{ij} = \sqrt{\frac{\left[\left(\frac{C_i}{S_{ij}}\right) + \left(\frac{1}{n}\sum_{i=1}^{n}\frac{C_i}{S_{ij}}\right)^2\right]}{2}}$$

当 $\frac{C_i}{S_{ij}} > 1$ 时，$\frac{C_i}{S_{ij}} = 1 + k\lg\left(\frac{C_i}{S_{ij}}\right)$；当写 $\frac{C_i}{S_{ij}} \leqslant 1$ 时，用要的实际值。

$$I_i = \sum_{j=1}^{n} W_j I_{ij}$$

式中，i 为水质指标项目数，$i = 1,2 \cdots n$　j 为水质用途数，j 为 1，2，…，2，…，m；I_{ij} 为 j 用途 i 指标项目的内梅罗指数；C_i 指标实测值；S_{ij} 为 j 用途 i 指标项目的标准值；$\frac{1}{n}\sum_{i=1}^{n}\frac{C_i}{S_{ij}}$ 为 n 个 $\frac{C_i}{S_{ij}}$ 的平均值；k 常数，采用 5；I_i 为几种用途的综合指数，取不同用途的加权平均值；不同用途的权重，$\sum_{j=1}^{n} W_j = 1$ 。

随着人们对评价方法和评价理论的不断探索，国内外不断涌现更多新的综合评价方法，从而能对水体质量进行综合评价。这里不再赘述，有兴趣的读者可以自行查询课外资料。

4. 湖泊（水库）的富营养化评价

上述地表水水质评价过程适合于河流、湖泊的水质量评价。对湖泊来讲，除对其进行以上水质评价外，还要求对湖泊（水库）的富营养程度进行评价。

（四）地下水水质评价

地下水水质调查评价的范围是平原及山丘区浅层地下水和作为大中城市生活饮用水源的深层地下水。地下水水质调查评价的内容是：结合水资源分区，在区域范围内，普遍进行地下水水质现状调查评价，初步查明地下水水质状况及氰化物、硝酸盐、硫酸盐、总硬度等水质指标分布状况。工作内容包括调查收集资料、进行站点布设、水质监测、水质评价、图表整理、编制成果报告等。地表水污染突出的城市要求进行重点调查和评价，分析污染地下水水质的主要来源、污染变化规律和趋势。

第三节 水质模型

水质模型是一个用于描述污染物质在水环境中的混合、迁移过程的数学方程或方程组。

一、生物化学分解

河流中的有机物由于生物降解所产生的浓度变化可以用一级反应式表达

$$L = L_0 e^{-Kt}$$

式中，L 为 t 时刻有机物的剩余生物化学需氧量；L_0 为初始时刻有机物的总生物化学需氧量为有机物降解速度常数。

K 的数值是温度的函数，它和温度之间的关系可以表示为

$$\frac{K_T}{K_T} = \theta^{T-T_1}$$

若取以 $T_1 = 20\,^{\circ}\mathrm{C}$ 为基准，则任意温度 T 的 K 值为

$$K_T = K_{20}\theta^{T-20}$$

式中称为 K 的温度系数 4 的数值在 1.047 左右（T_1 10 ~ 35℃）。

在试验室中通过测定生化需氧量和时间的关系，可以估算 K 值。

河流中的生化需氧量（BOD）衰减速度常数 K，的值可以由下式确定

$$K_t = \frac{1}{t}\ln\left(\frac{L_A}{L_B}\right)$$

式中，L_A、L_B 为河流上游断面 A 和下游断面 B 的 BOD 浓度；t 为 A、B 断面间的流行时间。

如果有机物在河流中的变化符合一级反应规律，在河流流态稳定时，河流中的 BOD 的变化

规律可以表示为

$$L = L_0 \left[\exp\left(K_r \frac{x}{u_x} \right) \right]$$

式中，L 为河流中任意断面处的有机物剩余 BOD 量；L_0 为河流中起始断面处的有机物 BOD 量；x 为自起始断面（排放点）的下游距离。

二、大气复氧

水中溶解氧的主要来源是大气。氧由大气进入水中的质量传递速度可以表示为

$$\frac{\mathrm{d}c}{\mathrm{d}t} = \frac{K_L A}{V}(c_s - c)$$

式中，c 为河流水中溶解氧的浓度；c_s 为河流水中饱和溶解氧的浓度；K_L 为质量传递系数；A 为气体扩散的表面积；V 为水的体积。

对于河流，$1/V = 1/H$，H 是平均水深，$c_s - c$ 表示河水中的溶解氧不足量，称为氧亏，用 D 表示，则上式可写作

$$\frac{\mathrm{d}D}{\mathrm{d}t} = -\frac{K_L}{H}D = -K_a D$$

式中，K_a 为大气复氧速度常数。

K_a 是河流流态及温度等的函数。如果以 20℃作为基准，则任意温度时的大气复氧速度的常数可以写为

$$K_{a \cdot r} = K_{a \cdot 20} \theta_r^{T-20}$$

式中，$K_{a \cdot r}$ 为 20℃条件下的大气复氧速度常数为大气复氧速度常数的温度系数，通常 $\theta_r \approx 1.024$。

饱和溶解氧浓度 c_s 是温度、盐度和大气压力的函数，在 101.32kPa 压力下，淡水中的饱和溶解氧浓度可以用下式计算

$$c_s = \frac{468}{31.6 + T}$$

式中，c_s 为饱和溶解氧浓度，mg/L；T 为温度 31.6℃。

三、简单河段水质模型

描述河流水质的第一个模型是 S-P 模型。S-P 模型描述一维稳态河流中的 BOD-DO 的变化规律。

S-P 模型是关于 BOD 和 DO 的耦合模型，可以写作

$$\frac{dL}{dt} = -K_d L$$

$$\frac{dD}{dt} = K_d L - K_a L$$

式中，L 为河水中 BOD 值；D 为河水中的氧亏值；K_d 为河水中 BOD 衰减（耗氧）速度常数；K_a 为河水中复氧速度常数为河段内河水的流行时间。

上式的解析式为

$$L = L_0 e^{-K_d t}$$

$$D = \frac{K_d L_0}{K_a - K_d}\left(e^{-K_d t} - e^{-K_a t}\right) + D_0 e^{-K_a t}$$

式中，L_0 为河流起始点的 BOD 值；D_0 为河水中起始点的氧亏值。

上式表示河流水中的氧亏变化规律。如果以河流的溶解氧来表示，则为

$$O = O_s - D = O_s - \frac{K_d L_0}{K_n - K_d}\left(e^{-K_d t} - e^{-K_a t}\right) - D_0 e^{-K_a t}$$

式中，O 为河水中的溶解氧值；O_s 为饱和溶解氧值。

在很多情况下，人们希望能找到溶解氧浓度最低的点——临界点。在临界点河水的氧亏值很大，且变化速度为零，则由此得

$$D_c = \frac{K_d}{K_a} L_0 e^{-K_d t_c}$$

式中，D_c 为临界点的氧亏值；t_c 为由起始点到达临界点的流行时间。

临界氧亏发生的时间可以由下式计算

$$t_c = \frac{1}{K_a - K_d} \ln \frac{K_d}{K_a}\left[1 - \frac{D_0\left(K_a - K_d\right)}{L_0 K_d}\right]$$

S-P 模型广泛地应用于河流水质的模拟预测中，也用于计算允许的最大排污量。

四、WASP 模型

经简化 WASP 常用如下模型：

$$\frac{\partial}{\partial t}(AC) = \frac{\partial}{\partial x}\left(-U_x AC + E_x A \frac{\partial C}{\partial x}\right) + A(S_L + S_B) + AS_K$$

式中，U_x 比为纵向速度，m/d；E_x 为纵向弥散系数，m²/d；S_L 为点源和面源负荷，g/（m³·d）；S_B 为边界负荷，g/m³·d）；S_K 为水质组分的总转化率，g/（m³·d）。

目前，WASP 水质模型已广泛被用于对水质进行模拟。常用的水质模型还有用于模拟河网、河口、滩涂等地区的情况的 MIKE 模型、应用于环境保护领域的基于马尔可夫法的水质模型、基于灰色模型法的水质模型、基于时间序列法的水质模型、基于人工神经网络法的水质模型、基于地理信息系统（GIS）的水质模型。

第四节 我国常用的一些水环境标准

一、地表水环境质量标准

为贯彻《中华人民共和国环境保护法》和《中华人民共和国水污染防治法》，防治水污染，保护地表水水质，保障人体健康，维护良好的生态系统，制定本标准。本标准适用于中华人民共和国领域内江河、湖泊、运河、渠道、水库等具有使用功能的地表水水域。

本标准将标准项目分为三大类，具有特定功能的水域，执行相应的专业用水水质标准。

依据地表水水域环境功能和保护目标，按功能高低依次划分为五类。对应地表水的这五类水域功能，将地表水环境质量标准基本项目标准值分为五类，不同功能类别分别执行相应类别的标准值。水域功能类别高的标准值严于水域功能类别低的标准值。同一水域兼有多类使用功能的，执行最高功能类别对应的标准值。

Ⅰ类：主要适用于源头水、国家自然保护区。

Ⅱ类：主要适用于集中式生活饮用水地表水源地一级保护区、珍稀水生生物栖息地、鱼虾类产卵场、仔稚幼鱼的索饵场等。

Ⅲ类：主要适用于集中式生活饮用水地表水源地二级保护区、鱼虾类越冬场、洄游通道、水产养殖区等渔业水域及游泳区。

Ⅳ类：主要适用于一般工业用水区及人体直接接触的娱乐用水区。

Ⅴ类：主要适用于农业用水区及一般景观要求水域。

二、地下水质量标准

为保护和合理开发地下水资源，防止和控制地下水污染，保障人民身体健康，促进经济建设，特制定本标准。本标准是地下水勘查评价、开发利用和监督管理的依据。

该标准规定了地下水的质量分类，地下水质量监测、评价方法和地下水质量保护。该标准适用于一般地下水，不适用于地下热水、矿水、盐卤水。

依据我国地下水水质现状、人体健康基准值及地下水质量保护目标，并参照了生活饮用水、工业、农业用水水质最高要求，将地下水质量划分为五类。

Ⅰ类：主要反映地下水化学组分的天然低背景含量，适用于各种用途。

Ⅱ类：主要反映地下水化学组分的天然背景含量，适用于各种用途。

Ⅲ类：以人体健康基准值为依据，主要适用于集中式生活饮用水水源及工、农业用水。

Ⅳ类：以农业用水和工业用水要求为依据，除适用于农业和部分工业用水外，适当处理后可用做生活饮用水。

Ⅴ类：不宜饮用，其他用水可根据使用目的选用。。

第五节 水资源评价

一、水资源评价的对象及水资源的形成

根据水量平衡原理，一个区域的水量在一定的时段内满足以下关系：

$$P = R + E + U_g + \Delta V$$

式中，P为降水量；R为河川径流量；E为总蒸发量；U_g为地下潜流量；ΔV为蓄水变量（地表、地下、土壤）；以上各项以水深 mm 计。

多年平均条件下，区域蓄水变量可忽略不计，$\Delta V = 0$，水量平衡为：

$$P = R + E + U_g$$

由于河川径流量可以表述为$R = R_s + R_g$，R_s为地表径流，R_g为地下径流。因此，水平衡方程又转化为如下形式：

$$P = R_s + R_g + E + U_g$$

通常，称R为地表水资源量，R_g与U_g之和为地下水资源量，凡是它们之间重复计算的水量。从而，水资源总量为地表水资源量与地下水资源量之和扣除它们之间重复计算的水量。

二、水资源评价的意义

水资源评价：科学规划水资源的基础、水资源合理开发利用的前提和保护和管理水资源的依据。

具体而言，只有对本国或本地区的水源、水资源量、水质、开采利用量和水环境状况等有一个科学的评价，才能更好地开发利用水资源；只有经过详细调查，摸清水资源状况，才能科学规

划水资源的分配、利用等；只有利用好水资源评价成果，科学管理与保护水资源，才能发扬水资源的优势，避免或减少危害。

三、水资源评价的原则

（一）水资源评价的技术原则

水资源评价的技术原则应该遵循以下几点：

第一，统一评价地下水和地表水。

第二，水质和水量的评价一起进行，一样重要。

第三，协调数以资源可持续发展利用于生活环环境保护和社会经济发展。

第四，结合重点区域与全面评价。

（二）水资源量评价的基本原则

由于水资源固有的自然特性和社会特性，所以，其数量评价不仅在计算方法上与其他的自然资源不同，而且分析论证的内容也更加全面。为了客观、准确地评价水资源的数量，评价必须遵循以下基本原则。

1. 按流域和地下水系统进行评价

（1）地表水资源量按照流域进行评价

地表水在流域出口的水量是上游各级河流汇集的总水量。因此，地表水资源量评价应按完整的流域来进行。地表水资源评价一般要根据水系或不同级别流域嵌套的特点进行分区计算。由于计算区是人为划分的，各区之间存在着水量流入、流出的关系，在计算时，要考虑地表水资源整体性，既要防止将水量人为分解固化在计算区，又要避免出现水量重复计算。

（2）地下水资源量按照地下水系统进行评价

地下水资源是按一定的地下水系统分布埋藏的，与系统内部的水是一个有机整体，具有密切的水化学组分迁移聚集水力联系的完整性。水资源评价的基础是正确的认识系统与外界的联系以及地下水系统的结构。局域水资源评价时，为了避免水量固化在计算区和水量重复计算的问题，要注意与外围地区的水量联系。

2. 根据"三水转化"的规律进行评价

水循环中的地下水、地表水、大气降水是相互影响、相互转化，相互联系的有机整体。一方面，降水对地下水、地表水补给后，通过蒸发作用将水分子释放到大气中；另一方面，地下水和地表水不断交换水量。从某种意义上讲，地表水和地下水都是"三水转化"中的中间产物。

开采条件下，原天然条件下的"三水转化"关系会被打破，地表水与地下水的补、排方向和水量也会随之改变。在水量评价时，特别是局域水量评价时要充分注意这一点。此外，"三水转化"是一个动态、可变的过程，评价阶段的水量转化关系，不一定能够适用于开采阶段。

四、水资源的分区方法

为了反映水资源量地区间的差异，分析各地区水资源的数量、质量及其年际、年内变化规律，提高水资源量的计算精度，在水资源评价中应对所研究的区域，依据一定的原则和计算要求进行分区，即划分出计算和汇总的基本单元。

水资源分区有按流域水系分区和按行政分区两种方法。根据具体情况选择合适的分区方法。

（一）流域水系分区

为了便于计算水资源总量，满足水资源规划和开发利用的基本要求，评价成果要求按流域水系汇总，即水资源分区按流域水系划分。划分的基本单元的大小，视所研究总区域范围酌情而定。

各流域片是否需要在以上流域分区基础上再进一步划分若干小区（例如供需平衡区）由各地酌情而定。

（二）行政分区

为了评价计算各省（市、自治区）的水资源量，评价成果要求按行政分区汇总，即按行政分区划分水资源汇总基本单元。全国按现行行政区划，划分到省（市、自治区）一级；各省（市、自治区）和流域片，可根据实际需要，划分次一级行政区。一般情况下，省级水资源评价成果汇总分区划分到地（市），地（市）级水资源评价成果汇总分区划分到县，县级水资源评价成果汇总分区划分到乡。

第六节 水环境水资源保护措施

水资源保护是一项十分重要、十分迫切，也是十分复杂的工作。一般来讲，水资源保护措施分为工程措施和非工程措施两大类。

一、工程措施

水资源保护可采取的工程措施包括水利工程、农林工程、市政工程、生物工程等措施。生物工程措施的主要特点就是成本低，效益好，有利于建立合理的水生生态循环系统。例如，修建人工湿地、生态塘系统等。

水土保持工程措施主要包括以下几个方面。

规划布设流域综合治理措施，需要考虑水土保持工程措施与林草措施、农业耕作措施之间的联系，合理配置。使工程措施与林草措施相结合，坡沟兼治，上下游治理相配合。

二、非工程措施

（一）加强水质监测、监督、预测及评价工作

加强水质监测和监督工作不应是静态的，而应是动态的。一旦出现异常，应立即报警，并采取有效的措施进行及时调整，控制污染势态的发展。

（二）做好饮用水源地的保护工作

饮用水源地保护是城市环境综合整治规划的首要目标，是城市经济发展的制约条件。做好饮用水源地的保护工作是指要同时做好地表饮用水源地和地下饮用水源地的保护工作。

必须限期制定饮用水源地保护长远规划。规划中要协调环境与经济的关系，切实做到饮用水源地的合理布局，建立健全城市供水水源防护措施，以逐步改善饮用水源的水质状况。

（三）积极实施污染物排放总量控制，逐步推行排污许可制度

污染物总量控制是水资源保护的重要手段。长期以来，我国工业废水的排放实施浓度控制的方法。浓度控制尽管对减少工业污染物的排放起到了一定的积极作用，但也出现了某些工厂采用清水稀释废水以降低污染物浓度的不当做法。这样做并不会达到预期的效果，污染物的排放总量没有得到有效的控制，反而浪费了大量清洁的水资源。对污染物的排放总量进行控制实际上就是对其浓度与数量进行双方面的控制。

此外，对排污企业实行排污许可制度，也是加强水资源保护的一项有效管理措施。凡是对环境有影响、排放污染物的生产活动，均需由当地经营者向环境保护部门申请，经批准领取排污许可证后方可进行。

（四）产业结构调整

目前，我国工业生产正处于关键的发展阶段，应积极遵循可持续发展原则，完成产业结构的优化调整，使其与水资源开发利用和保护相协调。不应再发展那些能耗大、用水多、排污量大的工业。同时，还应加强对工业企业的技术改造，积极推广清洁生产。发展清洁生产与绿色产业是近年来国内外经济社会可持续发展与环境保护的一个热点。在水资源保护中应鼓励清洁生产在我国的实施。

（五）水资源保护法律法规建设

水资源保护工作必须有完善的法律、法规与之配套，才能使具体保护工作得以实施。水资源保护的法律、法规措施应从以下几个方面考虑：

第一，加强水资源保护政策法规的建设。

第二，建立和完善水资源保护管理体制和运行机制。

第三，运用经济杠杆的调节作用。

依法行政，建立水资源保护的法规体系和执法体系，并进行统一监督与管理。

第七节 水环境修复

一、湖泊生态系统的修复

（一）湖泊生态系统修复的生态调控措施

治理湖泊的方法有物理方法如机械过滤、疏浚底泥和引水稀释等；化学方法如杀藻剂杀藻等；生物方法如放养鱼等；物化法如木炭吸附藻毒素等。各类方法的主要目的是降低湖泊内的营养负荷，控制过量藻类的生长，均取得了一定的成效。

1. 物理、化学措施

在控制湖泊营养负荷实践中，研究者已经发明了许多方法来降低内部磷负荷，例如通过水体的有效循环，不断干扰温跃层，该不稳定性可加快水体与DO（溶解氧）、溶解物等的混合，有利于水质的修复；削减浅水湖的沉积物，采用铝盐及铁盐离子对分层湖泊沉积物进行化学处理，向深水湖底层充入氧或氮。

2. 水流调控措施

湖泊具有水"平衡"现象。它影响着湖泊的营养供给、水体滞留时间及由此产生的湖泊生产力和水质。若水体滞留时间很短，如在10d以内，藻类生物量不可能积累；水体滞留时间适当时，既能大量提供植物生长所需营养物，又有足够时间供藻类吸收营养促进其生长和积累；如有足够的营养物和100d以上到几年的水体滞留时间，可为藻类生物量的积累提供足够的条件。因此，营养物输入与水体滞留时间对藻类生产的共同影响，成为预测湖泊状况变化的基础。

为控制浮游植物的增加，使水体内浮游植物的损失超过其生长，除对水体滞留时间进行控制或换水外，增加水体冲刷以及其他不稳定因素也能实现这一目的。由于在夏季浮游植物生长不超过3~5d，因此这种方法在夏季不宜采用。但是，在冬季浮游植物生长慢的时候，冲刷等流速控制方法可能是一种更实用的修复措施，尤其对于冬季藻青菌的浓度相对较高的湖泊十分有效。冬季冲刷之后，藻类数量大量减少，次年早春湖泊中大型植物就可成为优势种属。这一措施已经在荷兰一些湖泊生态系统修复中得到广泛应用，且取得了较好的效果。

3. 水位调控措施

水位调控已经被作为一类广泛应用的湖泊生态系统修复措施。这种方法能够促进鱼类活动，改善水鸟的生境，改善水质，但出于娱乐休闲、旅游开发、自然保护或农业养殖等方面考虑，有时对湖泊进行水位调节或换水不太务实。

由于自然和人为因素引起的水位变化，会涉及多种因素，如湖水浑浊度、水位变化程度、波浪的影响（风速、沉积物类型和湖的大小）和植物类型等，这些因素的综合作用往往难以预测。一些理论研究和经验数据表明水深和沉水植物的生长存在一定关系。如水过深，植物生长会受到光线限制；反之，如水过浅，频繁的再悬浮和较差的地层条件，会使得沉积物稳定性下降。

通过影响鱼类的聚集，水位调控也会对湖水产生间接的影响。在一些水库中，有人发现改变水位可以减少食草鱼类的聚集，进而改善水质。而且，短期的水位下降可以促进鱼类活动，减少食草鱼类和底栖鱼类数量，扩大食肉性鱼类的生物量和种群。这可能是因为低水位生境使受精鱼卵干涸而令其无法孵化，或者增加了被捕食的危险。

此外，水位调控还可以控制损害性植物的生长，为营养丰富的浑浊湖泊向清水状态转变创造有利条件。浮游动物对浮游植物的取食量由于水位下降被增加，改善了水体透明度，为沉水植物生长提供了良好的条件。这种现象常常发生在富含营养底泥的重建性湖泊中。该类湖泊营养物浓度虽然很高，但由于含有大量的大型沉水植物，在修复后一年之内很清澈，然而几年过后，便会重新回到浑浊状态，同时伴随着食草性鱼类的迁徙进入。

4. 大型水生植物的保护和移植

由于藻类和水生高等植物同处于初级生产者的地位，二者在营养、光照和空间相互竞争，所以水生植物的组建及修复对于富营养化水体的生态修复具有极其重要的地位和作用。

围栏结构可以保护大型植物免遭水鸟的取食，这种方法可作为鱼类管理的一种替代或补充方法。围栏能提供一个不被取食的环境，大型植物可在其中自由生长和繁衍。此外，白天它们还能为浮游动物提供庇护。这种植物庇护作为一种修复手段是非常有用的，特别是在小湖泊和由于近岸地带扩展受到限制或中心区光线受到限制的湖泊更加明显，这是因为水鸟会在可以提供巢穴的海岸区聚集。在营养丰富的湖泊中植物作为庇护场所所起的作用最大，因为在这样的湖泊中大型植物的密度是最高的。另外，植物或种子的移植也是一种可选的方法。

5. 生物操纵与鱼类管理

生物操纵（Biomanipulation）即通过去除浮游生物捕食者或添加食鱼动物降低以浮游生物为食鱼类的数量，使浮游动物的体型增大，生物量增加，从而提高浮游动物对浮游植物的摄食效率，降低浮游植物的数量。生物操纵可以通过许多不同的方式来克服生物的限制，进而加强对浮游植物的控制，利用底栖食草性鱼类减少沉积物再悬浮和内部营养负荷。生物管理 Czech 实验中用削减鱼类密度来改善水质、增加水体的透明度。Drenner 和 Hambright 认为生物管理的成功例子大多是在水域面积 $25hm^2$（$1hm^2=10^4m^2$）以下及深度 3m 以下的湖泊中实现的。不过，有些在更深的、分层的和面积超过 $1km^2$ 的湖泊中也取得了成功。

引入注目的是，在富营养化湖中，当鱼类数目减少后，通常会引发一连串的短期效应。浮游植物生物量的减少改善了透明度。小型浮游动物遭鱼类频繁的捕食，使叶绿素 /TP 的比率常常很高，鱼类管理导致营养水平降低。

成功在浅的分层富营养化湖泊中进行的实验中，总磷浓度大多下降 30% ~ 50%，水底微型藻类的生长通过改善沉积物表面的光照条件，刺激了无机氮和磷的混合。由于捕食率高（特别是在深水湖中），水底藻类浮游植物不会沉积太多，低的捕食压力下更多的水底动物最终会导致沉积物表面更高的氧化还原作用，这减少了磷的释放，进一步刺激加快了硝化—脱氮作用。此外，底层无脊椎动物和藻类可以稳定沉积物，因此减少了沉积物再悬浮的概率。更低的鱼类密度减轻了鱼类对营养物浓度的影响。而且，营养物随着鱼类的运动而移动，随着鱼类而移动的磷含量超过了一些湖泊的平均含量，相当于 20% ~ 30% 的平均外部磷负荷，这相比于富营养湖泊中的内部负荷还是很低的。

最近的发现表明，如果浅的温带湖泊中磷的浓度减少到 0.05–0.1 mg/L 以下并且水深超过 6 ~ 8m 时，对鱼类管理将会产生重要的影响，其关键是使生物的结构发生改变（通常生物结构在这个范围内会发生变化）然而，如果氮负荷比较低，总磷的消耗会由于鱼类管理而发生变化。

6.适当控制大型沉水植物的生长

虽然大型沉水植物的重建是许多湖泊生态系统修复工程的目标，但密集植物床在营养化湖泊中出现时也有危害性，如降低垂钓等娱乐价值、妨碍船的航行等。此外，生态系统的组成会由于入侵种的过度生长而发生改变，如欧亚狐尾藻在美国和非洲的许多湖泊中已对本地植物构成严重威胁。对付这些危害性植物的方法包括特定食草昆虫，如象鼻虫和食草鲤科鱼类的引入、每年收割危害性植物、沉积物覆盖、下调水位或用农药进行处理等。

通常，收割和下调水位只能起到短期的作用，因为这些植物群落的生长很快而且外部负荷高。引入食草鲤科鱼类的作用很明显，因此目前世界上此方法应用最广泛，但该鱼类过度取食又可能使湖泊由清澈转为浑浊状态。另外，鲤鱼不好捕捉，这种方法也应该谨慎采用。实际过程中很难摸索到大型沉水植物的理想密度以促进群落的多样性。

大型植物蔓延的湖泊中，经常通过挖泥机或收割的方式来实现其数量的削减。这可以提高湖泊的娱乐价值，提高生物多样性，并对肉食性鱼类有好处。

7.蚌类与湖泊的修复

蚌类是湖泊中有效的滤食者。大型蚌类有时能够在短期内将整个湖泊的水过滤一次。但在浑浊的湖泊很难见到它们的身影，这可能是由于它们在幼体阶段即被捕食的缘故。这些物种的再引入对于湖泊生态系统修复来说切实有效，但目前为止没有得到重视。

19世纪时，斑马蚌进入欧洲，当其数量足够大时会对水的透明度产生重要影响，已有实验表明其重要作用。基质条件的改善可以提高蚌类的生长条件。蚌类在改善水质的同时也增加了水鸟的食物来源，但也不排除产生问题的可能。如在北美，蚌类由于缺乏天敌而迅速繁殖，已经达到很大的密度，大量的繁殖导致了五大湖近岸带叶绿素a与TP的比率大幅度下降，加之恶臭水输入水库，从而让整个湖泊生态系统产生难以控制的影响。

上海海洋大学等多所大学教授和专家建立了一套"食藻虫引导沉水植物生态修复工程技术"。他们在国际上首次利用经过长期驯化的"食藻虫"，可将蓝藻、有机碎屑等吞食清除，并产生一种生态因子抑制蓝藻，能使水体透明度在短期内提高到1.5米。在此期间，还大量快速种植沉水植物，形成"水下小森林"，吸收过量的氮、磷物质，从而通过营养竞争作用，抑制蓝藻繁殖生长。另外，沉水植被经由光合作用，释放大量溶解氧，并带入底泥，促进底栖生物包括水生昆虫、螺和贝的滋生，修复起自然生态的抗藻效应，使水体保持稳定清澈状态。

（二）陆地湖泊生态修复的方法

湖泊生态修复的方法，总体而言可分为外源性营养物种的控制措施和内源性营养物质的控制措施两大部分。内源性方法又分为物理法、化学法、生物法等。

1.外源性方法

（1）截断外来污染物的排入

由于湖泊污染、富营养化基本上来自外来物质的输入。因此要采取如下几个方面进行截污。

首先，对湖泊进行生态修复的重要环节是实现流域内废、污水的集中处理，使之达标排放，从根本上截断湖泊污染物的输入。其次，对湖区来水区域进行生态保护，尤其是植被覆盖低的地区，要加强植树种草，扩大植被覆盖率。目的是可对湖泊产水区的污染物削减净化，从而减少来水污染负荷。因为，相对于点源污染较容易实现截断控制，面源污染量大，分布广，尤其主要分布在农村地区或山区，控制难度较大。最后应加强监管，严格控制湖滨带度假村、餐饮的数量与规模，并监管其废污水的排放。对游客丢弃的垃圾要及时处理，尤其要采取措施防治隐蔽处的垃圾残余。规范渔业养殖及捕捞，退耕还湖，保护周边生态环境。

（2）恢复和重建湖滨带湿地生态系统

湖滨带湿地是水陆生态系统间的一个过渡和缓冲地带，具有保持生物多样性，调节相邻生态系统稳定，净化水体，减少污染等功能。建立湖滨带湿地，恢复和重建湖滨水生植物，利用其截留、沉淀、吸附和吸收作用，净化水质，控制污染物。同时能够营造人水和谐的亲水空间，也为两栖水生动物修复其生长存活空间及环境。

2. 物理法

（1）引水稀释

通过引用清洁外源水，对湖水进行稀释和冲刷。这一措施可以有效降低湖内污染物的浓度，提高水体的自净能力。这种方法只适用于可用水资源丰富的地区。

（2）底泥疏浚

多年的自然沉积，湖的底部积聚了大量的淤泥。这些淤泥中富含营养物质及其他污染物质，如重金属，能为水生生物生长提供物质来源，同时通过底泥污染物释放也会加速湖泊的富营养化进程，甚至引起水华的发生。因此，疏浚底泥是一种减少湖泊内营养物质来源的方法。但施工中必须注意防止底泥的泛起，对移出的底泥也要进行合理安置处理，避免二次污染的发生。

（3）底泥覆盖

目的与底泥疏浚相同，在于减少底泥中的营养盐对湖泊的影响。但这一方法不是将底泥完全挖出，而是在底泥层的表面铺设一层渗透性小的物质，如生物膜或卵石，可以有效减少水流扰动引起底泥翻滚的现象，抑制底泥营养盐的释放，提高湖水清澈度，促进沉水植被的生长。但需要注意的是铺设透水性太差的材料，会严重影响湖泊固有的生态环境。

（4）其他一些物理方法

除了以上三种较成熟、简便的措施外，还有其他一些新技术投入应用，如水力调度技术、气体抽提技术和空气吹脱技术。水力调度技术是根据生物体的生态水力特性，人为营造出特定的水流环境和水生生物所需的环境，来抑制藻类大量繁殖等。气体抽取技术是利用真空泵和井，将受污染区的有机物蒸气或将污染物转变为气相，从湖中抽取，收集处理。

空气吹脱技术是将压缩空气注入受污染区域，将污染物从附着物上驱除。结合提取技术可以得到较好效果。

3. 化学方法

化学方法就是针对湖泊中的污染特征，投放相应的化学药剂，应用化学反应除去污染物质，净化水质的方法。常用的有，对于磷元素超标，可以通过投放硫酸铝 $[Al_2(SO_4)_3 \cdot 18H_2O]$，去除磷元素。针对湖水酸化，通过投放石灰来进行处理。对于重金属元素，常常投放石灰、灰烬和硫化钠等。投放氧化剂来将有机物转化为无毒或者毒性较小的化合物，常用的有二氧化氯、次氯酸钠或者次氯酸钙、过氧化氢、高锰酸钾和臭氧。但需要注意的是化学方法处理虽然操作简单，但费用较高，而且往往容易造成二次污染。

4. 生物方法

生物方法也称生物强化法，主要是依靠湖水中的生物，增强湖水的自净能力，从而达到恢复整个生态系统的方法。

（1）深水曝气技术

当湖泊出现富营养化现象时，往往是水体溶解氧大幅降低，底层甚至出现厌氧状态。深水曝气便是通过机械方法将深层水抽取上来，进行曝气，之后回灌，或者注入纯氧和空气，使得水中的溶解氧增加，改善厌氧环境为好氧条件，使得藻类数量减少，水华程度明显减轻。

（2）水生植物修复

水生植物是湖泊中主要的初级生产者之一，往往是决定湖泊生态系统稳定的关键因素。水生植物生长过程中能将水体中的富营养化物质如氮、磷元素吸收固定，即满足生长需要，又能净化水体。但修复湖泊水生植物是一项复杂的系统工程。需要考虑整个湖泊现有水质、水温等因素，确定适宜的植物种类，采用适当的技术方法，逐步进行恢复。具体的技术方法有，第一，人工湿地技术。通过人工设计建造湿地系统，适时适量收割植被，将营养物质移出湖泊系统，从而达到修复整个生态系统的目的。第二，生态浮床技术。采用无土栽培技术，以高分子材料（如发泡聚苯乙烯）为载体和基质，综合集成的水面无土种植植物技术。既可种植经济作物，又能利用废弃塑料，同时不受光照等条件限制，应用效果明显。这一技术与人工湿地的最大优势就在于不占用土地。第三，前置库技术。前置库是位于受保护的湖泊水体上游支流的天然或人工库（塘）。前置库中不仅可以拦截暴雨径流，同时也具有吸收、拦截部分污染物质、富营养物质的功能。在前置库中种植合适的水生植被能有效地达到这一目标。这一技术与人工湿地类似，但位置更靠前，处于湖泊水体的主体之外。对水生植物修复方法而言，能较为有效地恢复水质，而且投入较低，实施方便，但由于水生植物有其一定的生命周期，应该及时予以收割处理，减少因自然凋零腐烂而引起的二次污染。同时选择植物种类时也要充分考虑湖泊自身生态系统中的品种，避免因引入物质不当而引起的入侵现象。

（3）水生动物修复

主要利用湖泊生态系统中食物链关系，通过调节水体中生物群落结构的方法来控制水质。调整鱼群结构，针对不同的湖泊水质问题类型，在湖泊中投放、发展某种鱼类，抑制或消除另外一些鱼类，使整个食物网适合于鱼类自身对藻类的捕食和消耗，从而改善湖泊环境。比如通过投放肉食性鱼类来控制浮游生物食性鱼类或底栖生物食性鱼类，从而控制浮游植物的大量发生；投放植食（滤食）性鱼类，影响浮游植物，控制藻类过度生长。对水生动物修复方法，成本低廉，无二次污染，同时可以收获水产品，在较小的湖泊生态系统中应用效果较好。但对大型湖泊，由于其食物链、食物网关系复杂，需要考虑的因素较多，应用难度相应增加。同时也需要考虑生物入侵问题。

（4）生物膜技术

这一技术是指根据天然河床上附着生物膜的过滤和净化作用，应用表面积较大的天然材料或人工介质为载体，利用其表面形成的黏液状生态膜，对污染水体进行净化。由于载体上富集了大量的微生物，能有效拦截、吸附、降解污染物质。

（三）城市湖泊的生态修复方法

北方湖泊要进行生态修复，首先要进行城市湖泊生态面积的计算及最适生态需水量的计算，然后进行最适面积的城市湖泊建设，每年保证最适生态需水量的供给，同时进行与南方城市湖泊同样的生态修复方法。南、北城市湖泊生态修复相同的方法如下。

1. 清淤疏浚与曝气有氧生物修复相结合

造成现代城市湖泊富营养化的主要原因是 N、P 等元素过量的排放，其中 N 元素在水体中可以被重吸收进行再循环，而 P 元素却只能沉积于湖泊的底泥中。因此，单纯的截污和净化水质是不够的，要进行清淤疏浚。对湖泊底泥污染的处理，首先应是曝气或引入耗氧微生物相结合的方法进行处理，然后再进行清淤疏通。

2. 种植水生生物

在疏浚区的岸边种植挺水植物和浮叶植物，在游船活动的区域培养和种植不同种类的沉水植物。根据水位的变化及水深情况，选择乡土植物形成湿生—水生植物群落带。所选野生植物包括黄菖蒲、水葱、萱草、荷花、睡莲、野菱等。植物生长能促进悬浮物的沉降，增加水体的透明度，吸收水和底泥中的营养物质，改善水质，增加生物多样性，并有良好的景观效果。

3. 放养滤食性的鱼类和底栖生物

放养鲢鱼、鳙鱼等滤食性鱼类和水蚯蚓、羽苔虫、田螺、圆蚌、湖蚌等底栖动物，依靠这些动物的过滤作用，减轻悬浮物的污染，增加水体的透明度。

4. 彻底切断外源污染

外源污染指来自湖泊以外区域的污染，包括城市各种工业污染，生活污染、家禽养殖场及畜禽养殖场的污染。要做到彻底切断外源污染，一要关闭以前所有通往湖泊的排污口；二要运转原有污水污染物处理厂；三要增建新的处理厂，进行合理布局，保证所有处理厂的处理量等于其至略大于城市的污染产生量，保证每个处理厂正常运转，并达标排放。污水污染物处理厂，包括工业污染处理厂、生活污染处理厂及生活污水处理厂。工业污染物要在工业污染处理厂进行处理。

生活固态污染物要在生活污染处理厂进行处理，生活污水、家禽养殖场及畜禽养殖场的污废水引入生活污水处理厂进行处理。

5. 进行水道改造工程

有些城市湖泊为死水湖，容易滞水而形成污染，要进行湖泊的水道连通工程，让死水湖变为活水湖，保持水分的流动性，消除污水的滞留以达到稀释、扩散从而得以净化。

6. 实施城市雨污分流工程及雨水调蓄工程

城市雨污分流工程主要是将城市降水与生活污水分开。雨水调蓄工程是在城市建地下初降雨水调蓄池，储藏初降雨水。初降雨水，既带来了大气中的污染物也带来了地表面的污染物，完全是非点源污染的携带者，不经处理，长期积累，将造成湖泊的泥沙沉积及污染，建初降雨水调蓄池，在降雨初期暂存高污染的初降雨水，然后在降雨后引入污水处理厂进行处理，这样可以防止初降雨水带去的非点源污染对湖泊的影响。实施城市雨污分流工程，把城市雨水与生活污水分离开，将后期基本无污染的降水直接排入天然水体，从而减轻污水处理厂的负担。

7. 加强城市绿化带的建设

城市绿化带美化城市景观的作用不仅仅表现在吸收二氧化碳，制造氧气，防风防沙，保持水土，减缓城市"热岛"效应，调节气候。它还有其他很重要的生态修复作用：具有滞尘、截尘、吸尘作用，而且通过物理、化学、生物作用具有吸污降污作用，具有革质叶，叶脉多、表面粗糙不平的，能分泌黏液的植物滞尘、截尘作用强。加强城市绿化带的建设，包括河滨绿化带、道路绿化带、湖泊外缘绿化带等的建设。城市绿化带的建设，植被种类建议种植乡土种，种类越多样越好，这样不容易出现生物入侵现象，互补性强，自组织性强、自我调节自我恢复力高，稳定性高，容易达到生态平衡。

8. 打捞悬浮物

设置打捞船只，及时进行树叶、乱扔纸张等杂物的清理，保持水面的干净。

二、湿地的生态修复

（一）湿地生态修复的方法

短暂的丰水期对于所有的湿地都曾经存在过，但各个湿地在用水机制方面仍存在很大的自然差异。在多数情况下，诸如湿地及周围环境的排水、地下水过度开采等人类活动对湿地水环境具有很大的影响。一般认为许多湿地在实际情况下往往要比理想状态易缺水干枯，因此对湿地采取补水增湿的措施很有必要。但根据实践结果发现，这种推测未必成立。原因在于目前湿地水位的历史资料仍然不完备，而且部分干枯湿地是由自然界干旱引起的。有资料还表明适当的湿地排水不但不会破坏湿地环境，反而会增加湿地物种的丰富度。

但一般对曾失水过度的湿地来讲，湿地生态修复的前提条件是修复其高水位。但想完全修复原有湿地环境单对湿地进行补水是不够的，因为在湿地退化过程中，湿地生态系统的土壤结构和营养水平均已发生变化，如酸化作用和氮的矿化作用是排水的必然后果。而增湿补水伴随着氮、磷的释放，特别是在补水初期，因此，湿地补水必须要解决营养物质的积累问题。此外，钾缺乏也是排水后的泥炭地土壤的特征之一，这将是限制或影响湿地成功修复的重要因素。

可见，进行补水对于湿地生态修复来说仅仅是一个前奏，还需要进行很多的后续工作。而且，由于缺乏湿地水位的历史资料，人们往往很难准确估计补充水量的多少。一般而言，补水的多少应通过目标物种或群落的需水方式来确定，水位的极大值、极小值、平均最大值、平均最小值、平均值以及水位变化的频率与周期都可以影响湿地生态系统的结构与功能。

湿地补水，首先要明确湿地水量减少的原因。修复湿地的水量也可通过挖掘降低湿地表面以补偿降低的水位、通过利用替代水源等方式进行。在多数情况下，技术上不会对补水增湿产生限制，而困难主要集中在资源需求、土地竞争或政治因素等方面。在此讨论的湿地补水措施包括减少湿地排水、直接输水和重建湿地系统的供水机制。

1. 减少湿地排水

目前减少湿地排水的方法主要有两种：一种是在湿地内挖掘土壤形成潟湖（堤岸）以蓄积水源；另一种方法是在湿地生态系统的边缘构建木材或金属围堰以阻止水源流失，这种方法是一种最简单和普遍应用的湿地保水措施，但是当近地表土壤的物理性质被改变后，单凭堵塞沟壑并不能有效地给湿地进行补水，必须辅以其他的方法。

填堵排水沟壑的目的是为了减少湿地的横向排水，但在某些情况下，沟壑对湿地的垂直向水流也有一定作用。堵塞排水沟时可以通过构建围堰减少排水沟中的水流，在整个沟壑中铺设低渗透性材料可减少垂直向的排水。

在由高水位形成的湿地中，构建围堰是很有效的。除了减少排水，围堰的水位还比湿地原始状态更高。但高水位也潜藏着隐患：营养物质在沟壑水中的含量高时，会渗透到相连的湿地中，对湿地中的植物直接造成负面影响。对于由地下水上升而形成的湿地，构建围堰需进行认真的评价。因为横向水流是此类湿地形成的主要原因，围堰可能造成淤塞，非自然性的低潜能氧化还原作用可能会增加植物毒素的作用。

湿地供水减少而产生的干旱缺水这一问题可通过围堰进行缓解。但对于其他原因引起的缺水，构建围堰并不一定适宜，因为它改变了自然的水供给机制，有时需要工作人员在这种次优的补水方式和不采取补水方式之间进行抉择。

减少横向水流主要通过在大范围内蓄水。堤岸是一类长的围堰，通常在湿地表面内部或者围绕着湿地边界修建，以形成一个浅的潟湖。对于一些因泥炭采掘、排水和下陷所形成的泥炭沼泽地，可以用堤岸封住其边缘。泥炭废弃地边缘的水位下降程度主要取决于泥炭的水传导性质和水位梯度。有时上述两个变量之一或全部值都很小，会形成一个很窄的水位下降带，这种情况下通常不需补水。在水位比期望值低很多的情况下，堤岸是一种有效的补水工具，它不但允许小量洪水流入，而且还能减少水向外泄漏。

修建堤岸的材料很多，包括以黏土为核的泥炭、低渗透性的泥炭黏土以及最近发明的低渗透膜。其设计一般取决于材料本身的用途和不同泥炭层的水力性质。但沼泽破裂（Bog Bursts）的可能性和堤岸长期稳定性也需要重视，目前尚不清楚上述顾虑是否合理，但堤岸的持久性必须加以考虑。对于那些边缘高度差较大（>1.5m）的地方，相比于单一的堤岸，采用阶梯式的堤岸更合理。阶梯式的堤岸可通过在周围土地上建立一个阶梯式的潟湖或在地块边缘挖掘出一系列台阶实现。而前者不需要堤岸与要修复的废弃地毗连，因为它的功能是保持周围环境的高水位。这种修建堤岸方式类似于建造一个浅的潟湖。

2. 直接输水

对于缺少水供给而干涸的湿地，在初期采用直接输水来进行湿地修复效果明显。人们可以铺设专门给水管道，也可利用现有的河渠作为输水管道进行湿地直接输水。供给湿地的水源除了从其他流域调集外，还可以利用雨水进行水源补给。雨水补水难免会存在一定的局限性，特别是在干燥的气候条件下；但不得不承认雨水输水确实具有可行性，如可划定泥炭地的部分区域作为季节性的供水蓄水池（Water Supply Reservoir），充当湿地其他部分的储备水源。在地形条件允许的情况下，雨水输水可以通过引力作用进行排水（包括通过梯田式的阶梯形补水、排水管网或泵）。潟湖的水位通过泵排水来维持，效果一般不好，因为有资料表明它可能导致水中可溶物质增加。但若雨水是唯一可利用的补水源，相对季节性的低水位而言这种方式仍然是可行的。

3. 重建湿地系统的供水机制

湿地生态系统的供水机制改变而引起湿地的水量减少时，重建供水机制也是一种修复的方法。但是，由于大流域的水文过程影响着湿地，修复原始的供水机制需要对湿地和流域都加以控制，这种方法缺少普遍可行性。单一问题引起的供水减少更适合应用修复供水机制的方法（如取水点造成的水量减少），这种方法虽然简单但很昂贵，并且想保证湿地生态系统的完全修复仅通过修复原来的水供给机制不够全面。

（二）陆地湿地恢复的技术方法

1. 湿地生境恢复技术

这一类技术是指通过采取各类技术措施提高生境的异质性和稳定性，包括湿地基底恢复、湿地水状态恢复和湿地土壤恢复。

（1）湿地基底恢复

通过运用工程措施，维持基底的稳定，保障湿地面积，同时对湿地地形、地貌进行改造。具体技术包括湿地及上游水土流失控制技术和湿地基底改造技术等。

（2）湿地水状态恢复

此部分包括湿地水文条件的恢复和湿地水质的改善。水文条件的恢复可以通过修建引水渠、筑坝等水利工程来实现。前者为增加来水，后者为减少湿地排水。通过这两个方面来对湿地进行补水保水措施。湿地最重要的一个因素便是水，水也往往是湿地生态系统最敏感的一个因素。对于缺少水供给而干涸的湿地，可以通过直接输水来进行初期的湿地修复。之后可以通过工程措施来对湿地水文过程进行科学调度。对于湿地水质的改善，可以应用污水处理技术、水体富营养化控制技术等来进行。污水处理技术主要针对湿地上游来水过程，目的是减少污染物质的排入。而水体富营养化控制技术，往往针对湿地水体本身。这一技术又能分为物理、化学及生物等方法。

（3）湿地土壤恢复

这部分包括土壤污染控制技术、土壤肥力恢复技术等。

2. 湿地生物恢复技术

这一部分技术方法，主要包括物种选育和培植技术、物种引入技术、物种保护技术、种群动态调控技术、种群行为控制技术、群落结构优化配置与组建技术、群落演替控制与恢复技术等。对于湿地生物恢复而言，最佳的选择便是利用湿地自身种源进行天然植被恢复。这样可以避免因为引用外来物种而发生的生物入侵现象。天然种源恢复包括湿地种子库和孢子库、种子传播和植物繁殖体三类。

湿地种子库指排水不良的土壤是一个丰富的种子库，与现存植被有很大的相似性。但湿地植被形成的种子库的能力有很大不同。所以其重要性对于不同湿地类型也不尽相同。一般来说，丰水枯水周期变化明显的湿地系统中含有大量的一年生植物种子库。人们可以利用这些种子来进行恢复。但一些持续保持高水位的湿地中种子库就相对缺乏。

对于不能形成种子库的湿地植物，其恢复关键取决于这类植物的外来种子在湿地内的传播。这便是种子传播。

植物繁殖体指湿地植物的某一部分有时也可以传播，然后生长，如一些苔藓植物等，可以通过风力传播，重新生长。对于通过外来引种进行植物恢复，可以有播种、移植、看护植物等方式。

3. 湿地生态系统结构与功能恢复技术

主要包括生态系统总体设计技术、生态系统构建与集成技术等。这一部分是湿地生态恢复研究中的重点及难点。对不同类型的退化湿地生态系统，要采用不同的恢复技术。

（三）滨海湿地生态修复方法

选择在典型海洋生态系统集中分布区、外来物种入侵区、重金属污染严重区、气候变化影响敏感区等区域开展一批典型海洋生态修复工程，建立海洋生态建设示范区，因地制宜采取适当的人工措施，结合生态系统的自我恢复能力，在较短的时间内实现生态系统服务功能的初步恢复。制定海洋生态修复的总体规划、技术标准和评价体系，合理设计修复过程中的人为引导，规范各类生态系统修复活动的选址原则、自然条件评估方法、修复涉及相关技术及其适应性、对修复活动的监测与绩效评估技术等。开展以下一系列生态修复措施：滨海湿地退养还滩、植被恢复和改善水文，大型海藻底播增殖，海草床保护养护和人工种植恢复，实施海岸防护屏障建设，逐步构建我国海岸防护的立体屏障，恢复近岸海域对污染物的消减能力和生物多样性的维护能力，建设各类海洋生态屏障和生态廊道，提高防御海洋灾害以及应对气候变化的能力，增加蓝色碳汇区。通过滨海湿地种植芦苇等盐沼植被和在近岸水体中以大型海藻种植吸附治理重金属污染。通过航道疏浚物堆积建立人工滨海湿地或人工岛，将疏浚泥转化为再生资源。

1. 微生物修复

有机污染物质的降解转化实际上是由微生物细胞内一系列活性酶催化进行的氧化、还原、水解和异构化等过程。目前，滨海湿地主要受到石油烃为主的有机污染。在自然条件下，滨海湿地污染物可以在微生物的参与下自然降解。湿地中虽然存在着大量可以分解污染物的微生物，但由于这些微生物密度较低，降解速度极为缓慢。特别是有些污染物质由于缺乏自然湿地微生物代谢所必需的营养元素，微生物的生长代谢受到影响，从而也影响到污染物质的降解速度。

湿地微生物修复成功与否主要与降解微生物群落在环境中的数量及生长繁殖速率大小有关，因此当污染湿地环境中很少或甚至没有降解菌存在时，引入一定合适数量的降解菌株是非常必要的，这样可以大大缩短污染物的降解时间。而微生物修复中引入具有降解能力的菌种成功与否与菌株在环境中的适应性及竞争力有关。环境中污染物的微生物修复过程完成后，这些菌株大都会由于缺乏足够的营养和能量来源最终在环境中消亡，但少数情况下接种的菌株可能会长期存在于环境中。因此，在应用生物修复技术引入菌种之前，应事先做好风险评价研究。

2. 大型藻类移植修复

大型藻类不仅有效降低氮、磷等营养物质的浓度，而且通过光合作用，提高海域初级生产力；同时，大型海藻的存在为众多的海洋生物提供了生活的附着基质、食物和生活空间；大型藻类的存在对于赤潮生物还起到了抑制作用。因此，大型海藻对于海域生态环境的稳定具有重要作用。

许多海区本来有大型海藻生存，但由于生境丧失（如由于污染和富营养化导致的透明度降低使海底生活的大型藻类得不到足够的光线而消失以及海底物理结构的改变等）、过度开发等原因而从环境中消失，结果使这些海域的生态环境更加恶化。由于大型藻类具有诸多生态功能，特别是大型藻类栽培后易于从环境中移植。因此在海洋环境退化海区，特别是富营养化海水养殖区移植栽培大型海藻，是一种对退化的海洋环境进行原位修复的有效手段。目前，世界许多国家和地区都开展了大型藻类移植来修复退化的海洋生态环境。用于移植的大型藻类有海带、江蓠、紫菜、巨藻、石莼等。大型藻类移植具有显著的环境效益、生态效益和经济效益。

在进行退化海域大型藻类生物修复过程中，首选的是土著大型藻类。有些海域本来就有大型藻类分布，由于种种原因导致大量减少或消失。在这些海域应该在进行生境修复的基础上，扶持幸存的大型藻类，使其尽快恢复正常的分布和生活状态，促进环境的修复。对于已经消失的土著大型藻类，宜从就近海域规模引入同种大型藻类，有利于尽快在退化海域重建大型藻类生态环境。在原先没有大型藻类分布的海域，也可能原先该海域本身就不适合某些大型藻类生存，因此应在充分调查了解该海域生态环境状况和生态评估的基础上，引入一些适合于该海域水质和底质特点的大型藻类，使其迅速增殖，形成海藻场，促进退化海洋生态环境的恢复。也可以在这些海区，通过控制污染，改良水质、建造人工藻礁，创造适合于大型藻类生存的环境，然后移植合适的大型藻类。

在进行大型藻类移植过程中，大型海藻可以以人工方式采集其孢子令其附着于基质上，将这种附着有大型藻类孢子的基质投放于海底让其萌发、生长，或人为移栽野生海藻种苗，促使各种大型海藻在退化海域大量繁殖生长，形成茂密海藻群落，形成大型的海藻场。

3.底栖动物移植修复

由于底栖动物中有许多种类是靠从水层中沉降下来的有机炭屑为食物，有些可以过滤水中的有机碎屑和浮游生物为食，同时许多底栖生物还是其他大型动物的饵料。特别是在许多湿地、浅海以及河口区分布的贻贝床、牡蛎礁具有的重要生态功能。因此底栖动物在净化水体、提供栖息生境、保护生物多样性和耦合生态系统能量流动等方面均具有重要的功能，对控制滨海水体的富营养化具有重要作用，对于海洋生态系统的稳定具有重要意义。

在许多海域的海底天然分布着众多的底栖动物，例如，江苏省海门蛎蚜山牡蛎礁、小清河牡蛎礁、渤海湾牡蛎礁等。但是自20世纪以来，由于过度采捕、环境污染、病害和生境破坏等原因，在沿海海域，特别是河口、海湾和许多沿岸海区，许多底栖动物的种群数量持续下降，甚至消失，许多曾拥有极高海洋生物多样性的富饶海岸带，已成为无生命的荒滩、死海，海洋生态系统的结构与功能受到破坏，海洋环境退化越来越严重，甚至成为无生物区。

为了修复沿岸浅海生态系统、净化水质和促进渔业可持续发展，近二三十年来世界多地都开展了一系列牡蛎礁、贻贝床和其他底栖动物的恢复活动。在进行底栖动物移植修复过程中，在控制污染和生境修复的基础上，通过引入合适的底栖动物种类，使其在修复区域建立稳定种群，形成规模资源，达到以生物来调控水质、改善沉积物质量，以期在退化潮间带、潮下带重建植被和底栖动物群落，使受损生境得到修复、自净，进而恢复该区域生物多样性和生物资源的生产力，促使退化海洋环境的生物结构完善和生态平衡。

为达到上述目的，采用的方法可以是土著底栖动物种类的增殖和非土著种类移植等；适用的底栖动物种类包括：贝类中的牡蛎、贻贝、毛蚶、青蛤、杂色蛤，多毛类的沙蚕，甲壳类的蟹类等。例如，美国在东海岸及墨西哥湾建立了大量的人工牡蛎礁，研究结果证实，构建的人工牡蛎礁经过二三年时间，就能恢复自然生境的生态功能。

三、地下水的生态修复

地下水修复技术随着科学技术的进步也呈现百花齐放的状态，有传统修复技术、气体抽提技术、原位化学反应技术、生物修复技术、植物修复技术、空气吹脱技术、水力和气压裂缝方法、污染带阻截墙技术、稳定和固化技术以及电动力学修复技术等。

（一）传统修复技术

传统修复技术处理地下水层受到污染的问题时，采用水泵将地下水抽取出来，在地面进行处理净化。这样，一方面取出来的地下水可以在地面得到合适的处理净化，然后再重新注入地下水或者排放进入地表水体，从而减少了地下水和土壤的污染程度；另一方面，可以防止受污染的地下水向周围迁移，减少污染扩散。

（二）原位化学反应技术

微生物生长繁殖过程存在必需营养物，通过深井向地下水层中添加微生物生长过程所必需的营养物和高氧化还原电位的化合物，改变地下水体的营养状况和氧化还原状态，依靠土著微生物的作用促进地下水中污染物分解和氧化。

（三）生物反应器法

生物反应器法是抽提地下水系统和回注系统结合并加以改进的方法，就是将地下水抽提到地上，用生物反应器加以处理的过程。这种处理方法自然形成一个闭路环，包括以下 4 个步骤。

①将污染地下水抽提至地面；在地面生物反应器内对其进行好氧降解，并不断向生物反应器内补充营养物和氧气；③处理后的地下水通过渗灌系统回灌到土壤内；④在回灌过程中加入营养物和已驯化的微生物，并注入氧气，使生物降解过程在土壤及地下水层内得到加速进行。

（四）生物注射法

生物注射法是对传统气提技术加以改进而形成的新技术。

生物注射法主要是在污染地下水的下部加压注入空气，气流能加速地下水和土壤中有机物的挥发和降解。

生物注射法主要是通气、抽提联用，并通过增加及延长停留时间促进生物代谢进行降解，提高修复效率。

生物注射法存在着一定的局限性，首先该方法只能用于土壤气提技术可行的场所；效果受岩相学和土层学的制约；如果用于处理黏土方面，效果也不是很理想。

（五）有机黏土法

有机黏土法是指利用人工合成的有机黏土有效去除有毒化合物。

第七章 土壤与土壤污染

第一节 土壤及其组成、性质和功能

一、土壤

《说文解字》中记载："土，地之吐生万物者也；壤，柔土也，无块曰壤。"有植物生长的地方称作"土"，而"壤"是柔软、疏松的土。土壤是能够生长植物的疏松多孔物质层。《周礼》中写道："万物自生焉则曰土，以人所耕而树艺焉则曰壤"，即"土"通过人们的改良利用和精耕细作而成为"壤"。国际标准化组织（ISO）将土壤定义为具有矿物质、有机质、水分、空气和生命有机体的地球表层物质。

土壤是地球的"皮肤"，地球表面形成的土壤圈占据着重要的地理空间位置，它处于大气圈、水圈、岩石圈和生物圈相互交接的部位，是连接各种自然地理要素的枢纽，是连接有机界和无机界的重要界面。土壤圈与其他圈层之间进行着物质和能量的交换，成为与人类关系最密切的环境要素。

土壤既具有资源的属性，也具有环境属性和生命属性，土壤是人类生存与发展的最基本环境要素。马克思在其《资本论》中就指出"土壤是世代相传的，人类所不能转让的生存条件和再生产条件"。

人类的工农业生产活动不仅影响土壤的形成过程和方向，也直接改变土壤的基本物理、化学和生物特性，土壤环境的变化更是影响全球的环境变化。如今，土壤已成为地球陆地生态系统的重要基础，全球土壤变化越来越影响着人类生存的条件。

二、土壤的组成

土壤由固态、液态和气态物质组成。

固态物质包括矿物质、有机质和微生物，约占土壤体积的50%。土壤的矿物质是指含钾、钙、钠、镁、铁、铝等元素的硅酸盐、氧化物、硫化物、磷酸盐。土壤中有机物质分为枯枝落叶或动物尸体的残落物和腐殖质两大类，其中以腐殖质最为重要，占有机物质的70%～90%，它是由碳、氢、氧、氮和少量硫元素组成的具有多种官能团的天然络合剂。

液态物质由水分构成，约占土壤体积的 20% ~ 30%，主要存在于土壤孔隙中，可以分为束缚水和自由水两种：前者是受土粒间的吸力所阻，难以在土壤中移动的水分；后者是在有机质 12% 土壤中自由移动的水分。

气态物质存在于未被水分占据的土壤空隙中，约占土壤体积的 20% ~ 30%。土壤气态物质来自大气，但由于生物活动的影响，它与大气的组分有差异，通常表现为湿度较高、CO_2 含量较高、O_2 含量较低。

组成土壤的固态、液态和气态物质都有其独特的作用，各组分之间又相互影响、相互反应，形成许多土壤特性。土壤的组成和性质，不仅影响土壤的生产能力，而且通过物理、化学和生物过程，影响土壤的环境净化功能并最终直接或间接地影响人类健康。

（一）土壤矿物质

土壤矿物质是土壤的主要组成物质，构成了土壤的"骨骼"，按成因可分为原生矿物和次生矿物两大类。

1. 原生矿物

土壤原生矿物是指各种岩石受到不同程度的物理风化后而未经化学风化的碎屑物，其原来的化学组成和结晶构造均未改变。土壤的粉砂粒和砂粒几乎全是原生矿物。土壤原生矿物的种类主要有：硅酸盐类、铝硅酸盐类矿物，如长石、云母、辉石、角闪石和橄榄石等；氧化物类矿物，如石英、金红石、锆石、电气石等；硫化物，如黄铁矿等；磷酸盐类矿物，如氟磷灰石。它们是土壤中各种化学元素的最初来源。

2. 次生矿物

土壤次生矿物是由原生矿物经风化和成土过程后重新形成的新矿物，其化学组成和构造都发生改变而不同于原生矿物。土壤次生矿物分为三类：简单盐类、次生氧化物类和次生铝硅酸盐类。次生（主要是铁、铝）氧化物类和次生铝硅酸盐类是土壤矿物质中最细小的部分（粒径小于 2mm），如高岭石、蒙脱石、伊利石、绿泥石、针铁矿、三水铝石等，具有胶体性质，常称为黏土矿物。

次生矿物是土壤黏粒和土壤胶体的组成部分，土壤的很多物理性质和化学性质，如黏性、吸附性等都与次生矿物有关，土壤的这些物理化学性质不仅影响植物对土壤养分的吸收，而且对土壤中的重金属、农药等污染物质的迁移转化和有效性也产生重要的影响。

3. 土壤矿物质的主要组成元素

土壤中元素的平均含量与地壳中各元素的克拉克值相似。地壳中已知的 90 多种元素土壤中都存在，包括含量较多的十余种元素，如氧、硅、铝、铁、钙、镁、钠、钾、磷、锰、硫等，以及一些微量元素，如锌、硼、铜、钼等。从含量看，前四种元素所占的比例最多，若以 SiO_2、Al_2O_3 和 Fe_2O_3 氧化物形式而言，三者之和占土壤矿物部分的 75%。

（二）土壤有机质

土壤有机质指土壤中动植物残体、微生物体及其分解和合成的物质，是土壤的固相组成部分。土壤有机质在土壤中的数量虽少，但对土壤的理化性质影响极大，而且又是植物和微生物生命活动所需养分和能量的源泉。

土壤有机质包括两大类。第一类为非特殊性有机质，主要是原始组织，包括高等植物未分解和半分解的根、茎、叶，以及动物分解原始植物组织后向土壤提供的排泄物和动物死亡之后的尸体等。这些物质被各种类型的土壤微生物分解转化，形成土壤物质的一部分。因此，土壤植物和动物不仅是各种土壤微生物营养的最初来源，也是土壤有机部分的最初来源。这类有机质主要累积于土壤的表层，约占土壤有机部分总量的 10% ~ 15%。第二类为土壤腐殖质（humus），是土壤中特殊的、其性质在原有动植物残体的基础上发生了很大改变的有机物质，占土壤有机质的85% ~ 90%。腐殖质是一种复杂化合物的混合物，通常呈黑色或棕色，胶体状。它具有比土壤无机组成中黏粒更强的吸持水分和养分离子的能力，因此少量的腐殖质就能显著提高土壤的生产力。土壤腐殖质对土壤物理化学性质和微生物活动的影响，不仅对减少进入土壤中的污染物质的危害起到巨大的作用，而且对全球碳的平衡和转化也有很大的作用。

土壤有机质组成十分复杂，按化学组成可分为碳水化合物，含氮化合物，木质素，含磷、含硫化合物以及脂肪，蜡质，单宁，树脂等。

（三）土壤水分与土壤溶液

土壤水分和土壤空气同时存在于土壤孔隙之中，土壤孔隙若未充满水分则必然存在土壤空气，反之亦然，两者彼此消长。

土壤水分是土壤的重要组成成分之一。它不仅是植物生长必不可少的因子，而且可与可溶性盐构成土壤溶液，成为向植物供给养分和与其他环境因子进行化学反应和物质交换的介质。土壤水分主导着离子的交换、物质的溶解与沉淀、化合和分解等，是生命必需元素和污染物迁移转化的重要影响因素。土壤水分主要来自大气降水、灌溉水、地下水。土壤水分的消耗形式主要有土壤蒸发、植物吸收和蒸腾、水分渗漏和径流损失等。按水分的存在形态和运动形式，土壤水分可划分为吸湿水、毛管水和重力水等。

土壤水溶解土壤中各种可溶性物质后，便成为土壤溶液。土壤溶液主要由自然降水中所带的可溶物，如 CO_2、O_2、HNO_3、HNO_2 及微量的 NH_3 等和土壤中存在的其他可溶性物质，如钾盐、钠盐、硝酸盐、氯化物、硫化物，以及腐殖质中的胡敏酸、富里酸等构成。由于环境污染的影响，土壤溶液中也进入了一些污染物质。

土壤溶液的成分和浓度经常处于变化之中。土壤溶液的成分和浓度取决于土壤水分、土壤固体物质和土壤微生物三者之间的相互作用，它们使溶液的成分、浓度不断发生改变。在潮湿多雨地区，由于水分多，土壤溶液浓度较小，土壤溶液中有机化合物所占比例大；在干旱地区，矿物质风化淋溶作用弱，矿物质含量高，土壤溶液浓度大。此外，土壤温度升高会使许多无机盐类的溶解度增加，使土壤溶液浓度加大；土壤微生物活动也直接影响着土壤溶液的成分和浓度，微生物分解有机质，可使土壤中 CO_2 的含量增加，导致土壤溶液中碳酸的浓度也随之增大。

由于土壤溶液实际上是由多种弱酸（或弱碱）及其盐类构成的缓冲体系，因此，土壤具有缓冲能力，能够缓解酸碱污染物对植物和微生物生长的影响。

（四）土壤空气

土壤空气来源于大气，它存在于未被水分占据的孔隙中，但其性质与大气明显不同。由于土壤生物生命活动和气体交换的影响，土壤空气中 CO_2 的含量比大气高，而 O_2 的含量比大气低。土壤空气中 CO_2 的含量一般为 $0.15\% \sim 0.65\%$，是大气中 CO_2 含量（0.035%）的十倍至数百倍。O_2 在大气中约占 21%，而在土壤空气中仅占 $10\% \sim 20\%$，在通气极端不良的条件下可低于 10%。另外，土壤空气中的水汽含量大于 70%，远比大气高，土壤空气湿度一般接近 100%。在土壤中，由于有机质的嫌气分解，还可能产生 CH_4、H_2 等气体。土壤空气中还经常有 NH_3 存在，但含量不高。

土壤空气对植物种子发芽、根系发育、微生物活动及养分的转化有很大的影响。一方面，它是土壤肥力因素之一，土壤中空气的状况直接影响土壤性质和植物的生长；另一方面，它影响污染物在土壤中的迁移转化，影响植物生长和作物品质，如土壤中氧气含量影响土壤氧化还原电位，对土壤污染物的转化产生重要影响。土壤空气的成分还直接影响与之相接触的大气的成分，甚至影响居民区室内空气的成分，从而通过呼吸系统影响人类的健康。

（五）土壤生物

土壤区别于岩石的主要特点之一，就是在土壤中生活着一个生物群体。生物不但积极参与岩石的风化作用，并且是成土作用的主导因素。土壤生物是土壤的重要组成成分和影响物质能量转化的重要因素。这个生物群体，特别是微生物群落，是净化土壤有机污染的主力军。

土壤生物可分为两大类：微生物区系和动物区系。土壤中包含细菌、放线菌、真菌与藻类四种重要的微生物类群。土壤微生物的数量十分庞大。微生物参与下的氮、碳、硫、磷等环境污染物质的转化对环境自净功能起重要作用。土壤动物包括原生动物、蠕虫动物（线虫类和蚯蚓等）、节肢动物（蚁类、蜈蚣、螨虫等）、腹足动物（蜗牛等）以及栖居土壤的脊椎动物。

三、土壤的性质

不同土壤类型，具有不同的物理特性（土壤质地、土壤孔性、土壤水分特性、通气性、力学特性和适耕性）、化学特性（胶体特性、吸附性、酸碱性、土壤氧化还原性、配位反应）、生物学特性（酶、微生物、土壤动物）。污染物进入土壤后，土壤中的黏粒矿物对污染物发生吸附解吸作用，土壤有机质、土壤中的酸碱性、氧化还原状况等都会影响土壤中污染物的毒性，同一种污染物在不同类型土壤中的环境危害差别很大，这与水、气环境明显不同。

（一）土壤的物理性质

土壤是一个极其复杂的、含有三相物质的分散系统。它的固体基质包括大小、形状和排列不同的土粒。这些土粒的相互排列和组织，决定着土壤结构与孔隙的特征，水和空气就在孔隙中保存和传导。土壤的三相物质的组成和它们之间强烈的相互作用表现出土壤的各种物理性质，如土壤质地、结构、孔隙、通气、温度、热量、可塑性、膨胀和收缩等。

1. 土壤质地

土壤由大小不同的土粒按不同的比例组合而成。土壤不同的颗粒其成分和性质不一样，一般来说，土粒越细，所含的养分越多，但污染元素的含量也越多。土壤中各粒级土粒含量的相对比例或重量比称为土壤质地。依土粒粒径的大小，土粒可以分为4个级别：石砾（粒径大于2mm）、砂粒（粒径为0.05 ~ 2mm）、粉砂（粒径为0.002 ~ 0.05mm）和黏粒（粒径小于0.002mm）。一般来说，土壤的质地可以归纳为砂质、黏质和壤质三类。砂质土是以砂粒为主的土壤，砂粒含量通常在70%以上；黏质土壤中黏粒的含量一般不低于40%；壤质土可以看作是砂粒、粉砂粒和黏粒三者在比例上均不占绝对优势的一类混合土壤。

土壤质地可在一定程度上反映土壤的矿物组成和化学组成，不同质地的土壤，土壤的孔隙率、通气性、透水性和吸附性等性质明显不一样，这些性质不仅影响土壤的保水和蓄肥能力，而且影响土壤的自净能力和土壤中微生物的活性和有机物含量，继而对土壤的环境状况产生影响。不仅如此，裸露的土壤表面还是空气颗粒物的重要来源，土壤颗粒越细，越容易造成扬尘，从而加重空气污染，危害人类健康。空气可吸入颗粒物主要来源于土壤。

（1）砂土

黏粒含量少，砂粒含量占优势，通气性、透水性强，分子吸附、化学吸附及交换作用弱，对进入土壤中的污染物的吸附能力弱，保存的少，同时由于通气孔隙大，污染物容易随水淋溶、迁移。沙质土类的优点是污染物容易从土壤表层淋溶至下层，减轻表层土污染物的数量和危害，缺点是有可能进一步污染地下水，造成二次污染。

（2）黏土

其颗粒细小，含黏粒多，比表面积大，较黏重，大孔隙少，通气透水性差。由于黏质土富含黏粒，土壤物理吸附、化学吸附及离子交换作用强，具有较强保肥、保水性能，同时也可将进入土壤中的各类污染物质以分子、离子形态吸附固定于土壤颗粒，增加了污染物转移的难度。在黏土中加入砂粒，可增加土壤通气孔隙，减少对污染物的分子吸附，提高淋溶的强度，促进污染物的转移。

（3）壤土

其性质介于黏土和砂土之间。其性状差异取决于壤土中砂、黏粒含量比例，黏粒含量多，性质偏于黏土类，砂粒含量多则偏于砂土类。

2. 土壤孔隙

土粒与土粒之间、结构体与结构体之间通过点、面接触关系，形成大小不等的空间，土壤中的这些空间称为土壤孔隙。土壤孔隙的形状是复杂多样的，人们通常把土壤这种多孔的性质称为土壤孔隙性。土壤孔隙性决定着土壤的水分和空气状况，并对土壤的水、肥、气、热及耕作性能都有较大的影响，所以它是土壤的重要属性。

土壤孔隙性取决于土壤的质地、结构和有机质的含量等。不同土壤的孔隙性质差别很大。一般说来，砂土中孔隙的体积占单位体积土壤的百分比为 30% ~ 45%，壤土为 40% ~ 50%，黏土为 45% ~ 60%，结构良好的表土高达 55% ~ 65%，甚至在 70% 以上。

土壤的孔隙性状对进入土壤污染物的过滤截留、物理和化学吸附、化学分解、微生物降解等有重要影响。在利用污水灌溉的地区，若土壤通气孔隙大，好气性微生物活动强烈，可以加速污水中有机物质分解，较快地转化为无机物，如 CO_2、NH_3、硝酸盐和磷酸盐等。通气孔隙量大，土壤下渗强度大，渗透量大，土壤土层的有机、无机污染物容易被淋溶，从而进入地下水造成污染。

3. 土壤结构

自然界的土壤，往往不是以单粒状态存在，而是形成大小不同、形态各异的团聚体，这些团聚体或颗粒就是各种土壤结构。土壤结构是土壤中固体颗粒的空间排列方式。根据土壤的结构形状和大小，土壤中结构体可归纳为块状结构体、核状结构体、片状结构体、柱状结构体、团粒结构体等。

（1）块状结构体

近似立方体形，长、宽、高大体相等（一般大于 3cm），边面棱角不很明显。该结构容易在质地黏重而缺乏有机质的土壤中生成，特别是在土壤过湿或过干时最容易形成；由于相互支撑，会增大孔隙，造成水分快速蒸发，不利于植物生长繁育。

（2）核状结构体

与块状结构体类似，但体积比块状结构小，长、宽、高在 1 ~ 3cm，边面棱角明显。该结构多以石灰或铁质作为胶结剂，在结构面上有胶膜出现，因此具有稳定水分的作用，容易在质地黏重和缺乏有机质的土壤中形成。

（3）片状结构体

呈扁平状，长度和宽度比厚度长，界面呈水平薄片状。这种结构往往是由于流水沉积作用或某些机械压力造成的，不利于通气透水，容易造成土壤干旱，水土流失。农田犁耕层、森林的灰化层、园林压实的土壤均属此类。

（4）柱状结构体

呈立柱状，其中棱角明显有定形的称为棱柱状结构体。棱角不明显无定形的称为拟柱状结构体。其特点是土体直立、结构体横截面大小不一、坚硬、内部无效孔隙占优势、植物的根系难以介入、通气不良、结构体之间有很大的裂隙、既漏水又漏肥。常见于半干旱地带的表下层，以碱土、碱化土表下层或黏重土壤心土层最为典型。

（5）团粒结构体

通常指土壤中近乎球状的小团聚体，其直径为 0.25 ~ 10mm，具有水稳定性，对土壤肥力具有良好作用。农林业生产中最理想的团粒粒径为 2 ~ 3mm。这种结构体一般存在于腐殖质较多、植物生长茂盛的表土层中，是最适宜植物生长的土壤结构体类型。

土壤结构决定着土壤的通气性、吸湿性、渗水性等物理性质，直接影响着土壤的环境功能。一般来说，通气性和渗水性好的土壤，有利于土壤的自净作用。

（二）土壤的化学性质

与土壤的物理性质一样，土壤的化学性质表现在土壤胶体性质、酸碱性、离子交换性、氧化还原反应、络合反应等方面。

1. 土壤胶体

土壤胶体是土壤中高度分散的部分，是土壤中最活跃的物质之一。土壤的许多物理、化学现象，如土粒的分散与凝聚、离子的吸附与交换、酸碱性、缓冲性、黏结性、可塑性等都与胶体的性质有关。在化学中，胶体是指粒径在 1 ~ 100nm 范围内的固体颗粒。在土壤科学中，一般认为土粒粒径小于 $2\mu m$ 的颗粒是土壤胶体。土壤胶体按其成分和特性，主要可分为土壤矿质胶体（次生黏土矿物为主）、有机胶体（腐殖质、有机酸等）和无机复合胶体三种。因为土壤胶体颗粒体积小，所以土壤胶体拥有巨大的比表面和表面能。若土壤中胶体含量高，土壤比表面愈大，表面能也愈大，吸附性能也愈强。

土壤胶体有集中和保持养分的作用，不仅能为植物吸收营养提供有利条件，而且能直接为土壤生物提供有效的有机物。土壤各类胶体具有调节和控制土体内热、水、气、肥动态平衡的能力，为植物的生理协调提供物质基础。

进入土壤的农药可被黏土矿物吸附而失去其药性，条件改变时，又可被释放出来。有些农药可在胶体表面发生催化降解而失去毒性。土壤黏土矿物表面可通过配位相互作用与农药结合，农药与黏粒的复合必然影响其生物毒性，这种影响程度取决于黏粒吸附力和解吸力。

土壤胶体还可促使某些元素迁移，或吸附某些元素使之沉淀集中，或通过离子交换作用，使交换力强的元素保留下来，而交换力弱的元素则被淋溶迁移。因此，土壤胶体对土壤中元素的迁移转化有着重大作用。

2. 土壤酸碱性

在土壤物质的转化过程中，会产生各种酸性和碱性物质，使土壤溶液总是含有一定数量的 H^+ 和 OH^- 两者的浓度比例决定着土壤溶液反应的酸性、中性和碱性。土壤的酸碱性虽然表现为土壤溶液的反应，但是它与土壤的固相组成和吸附性能有着密切的关系，是土壤的重要化学性质。

土壤酸碱性影响土壤中各种化学反应，如氧化还原、溶解沉淀、吸附解吸、络合解离等。因此，土壤酸碱性对土壤养分的有效性产生重要影响，它同时通过对上述一系列化学反应影响土壤污染物的形态转化和毒性。土壤酸碱性还影响土壤微生物活性，进而影响土壤中有机质分解、营养物质的循环和有害物质的分解和转化。

根据土壤溶液中 H^+ 存在的方式，土壤酸度可分为活性酸度和潜性酸度两大类型。土壤的活性酸度是土壤溶液中氢离子浓度的直接反映。土壤溶液中的氢离子主要来源于土壤空气中的 CO_2 溶于水形成的碳酸和有机质分解产生的有机酸，以及氧化作用产生的大量无机酸（如硝酸、硫酸、磷酸等）和无机肥料残留的酸根。此外，大气污染产生的酸雨所带来的大量的硫酸会使土壤酸化，是一项重要的土壤污染。土壤的潜性酸度是由代换性氢、铝离子所决定的。这些离子处于吸附状态时是不显酸性的，当它们被代换入土壤溶液后会增加 H^+ 的浓度，便显示出酸性来。它们是土壤酸度的潜在来源。

四、土壤环境质量及其功能

（一）土壤环境

土壤环境是由植物和土壤生物及其生存环境要素，包括土壤矿物质和有机质、土壤空气和土壤水构成的一个有机统一整体。土壤的各种组成部分并不是孤立的，它们相互作用并互相连接，构成完整的土壤结构系统。这个复杂系统的各种性质是相互影响和相互制约的。当环境向土壤输入物质与能量时，土壤系统可通过本身组织的反馈作用进行调节与控制，保持系统的稳定状态。

（二）土壤质量

土壤质量是土壤在一定的生态系统内提供生命必需养分和生产生物物质的能力，容纳、降解、净化污染物质和维护生态平衡的能力，影响和促进植物、动物和人类生命安全和健康的能力的综合量度。土壤环境质量标准规定了土壤中污染物的最高允许浓度指标值。该标准按土壤应用功能、保护目标和土壤主要性质，规定了土壤中污染物的最高允许浓度。该标准分为三级：一级标准为保护区域自然生态、维持自然背景的土壤质量的限制值。二级标准为保障农业生产、维护人体健康的土壤限制值。三级标准为保障农林生产和植物正常生长的土壤临界值。目前正对该标准进行修订。

（三）土壤背景值

土壤背景值是指未受或少受人类活动（特别是人为污染）影响的土壤环境本身的化学元素组成及其含量，它是诸因素综合作用下成土过程的产物，代表土壤某一历史发展、演变阶段的一个相对意义上的概念，其数值是一个范围值，而不是一个确定值，其大小因时间和空间的变化而不同。土壤背景值是研究和确定土壤环境容量，制定土壤环境质量标准的基本数据，也是土壤环境质量评价，特别是土壤污染综合评价的基本依据。

（四）土壤环境容量

土壤环境容量是指在一定环境单元、一定时限内遵循环境质量标准，既能保证土壤质量，又不产生次生污染时，土壤所能容纳污染物的最大负荷量。土壤环境容量受到多种因素的影响，如土壤性质、环境因素、污染历程、污染物的类型与形态等。由于影响因素的复杂性，因而土壤环境容量不是一个固定值而是一个范围值。土壤环境容量是对污染物进行总量控制与环境管理的重要指标。对损害或破坏土壤环境的人类活动及时进行限制，进一步要求污染物排放必须限制在容许限度内，既能发挥土壤的净化功能，又能保证土壤环境处于良性循环状态。

（五）土壤自净

土壤的自净功能是进入土壤的外源物质通过土壤物理、化学、生物作用降低或消除土壤中污染物质的生物有效性和毒性的能力。土壤可通过吸附、分解、迁移、转化作用实现土壤减轻、缓解或去除外源物质的影响，包括在土体中过滤、挥发、扩散等物理作用，沉淀、吸附、分解等化学作用，代谢、降解等生物作用以及联合作用等净化能力，它是土壤对外源化学物质具有负载容量的基础，是保证土壤生态系统良性循环的前提。土壤自净能力的大小与土壤本身的性质、物质组成、质地结构以及污染物本身的组成及性质均有密切关系。故土壤自净能力越大，土壤环境容量越大。

（六）土壤功能

生物质生产；养分、物质和水的储存、过滤与转化；生物多样性；物质与人文环境；原材料来源；碳库；地质与文化遗产等。

第二节　土壤污染

土壤是 90% 污染物的最终受体，比如大气污染造成的污染物沉降，污水的灌溉和下渗，固体废弃物的填埋，"受害者"都是土壤。作为与人类生产生活密切相关的自然要素，土壤污染不容忽视。

一、土壤污染的定义与特点

土壤污染（soil pollution）是指污染物通过多种途径进入土壤，其数量和速度超过了土壤自净能力，导致土壤的组成、结构和功能发生变化，微生物活动受到抑制。有害物质或其分解产物在土壤中逐渐积累，通过"土壤—植物—人体"，或通过"土壤—水—人体"间接被人体吸收，危害人体健康的现象。

污染物进入土壤后，通过土壤对污染物质的物理吸附、胶体作用、化学沉淀、生物吸收等一系列过程与作用，使其不断在土壤中累积，当其含量达到一定程度时，才引起土壤污染。

国际上，土壤污染指标尚未有统一的标准。目前中国采用的土壤污染指标有：土壤容量指标；土壤污染物的全量指标；土壤污染物的有效浓度指标；生化指标（土壤微生物总量减少 50%，土壤酶活性降低 25%）和土壤背景值加 3 倍标准差（X+3S）等作为标准。

识别土壤污染通常有以下三种方法：

第一，土壤中污染物含量超过土壤背景值的上限值；

第二，土壤中污染物含量超过《土壤环境质量标准》中的标准值；

第三，土壤中污染物对生物、水体、空气或人体健康产生危害。

土壤是复杂的三相共存体系。有害物质在土壤中可与土壤相结合，部分有害物质可被土壤生物分解或吸收，当土壤有害物质迁移至农作物，再通过食物链损害人畜健康时，土壤本身可能还继续保持其生产能力，这更增加了对土壤污染危害性的认识难度，以致污染危害持续发展。

土壤污染具有以下特点。

（一）隐蔽性或潜伏性

土壤污染被称作"看不见的污染"，它不像大气、水体污染一样容易被人们发现和觉察，土壤污染往往要通过对土壤样品进行分析化验和农作物的残留情况检测，甚至通过粮食、蔬菜和水果等农作物以及摄食的人或动物的健康状况才能反映出来，从遭受污染到产生"恶果"往往需要一个相当长的过程。也就是说，土壤污染从产生污染到出现问题通常会滞后较长的时间，如日本的"痛痛病"经过了 10 ~ 20 年之后才被人们所认识。

（二）累积性与地域性

土壤对污染物进行吸附、固定，其中也包括植物吸收，从而使污染物聚集于土壤中。在进入土壤的污染物中，多数是无机污染物，特别是重金属和放射性元素都能与土壤有机质或矿物质相结合，并且长久地保存在土壤中，无论它们如何转化，也很难重新离开土壤，成为顽固的环境污染问题。污染物在土壤中并不像在大气和水体中那样容易扩散和稀释，因此容易在土壤环境中不断积累而达到很高的浓度。由于土壤性质差异较大，而且污染物在土壤中迁移慢，导致土壤中污染物分布不均匀，空间变异性较大，因此土壤污染具有很强的地域性特点。

（三）不可逆转性

积累在污染土壤中的难降解污染物很难靠稀释作用和自净作用来消除。

重金属污染物对土壤环境的污染基本上是一个不可逆转的过程，主要表现为两个方面：①进入土壤环境后，很难通过自然过程从土壤环境中稀释或消失；②对生物体的危害和对土壤生态系统结构与功能的影响不容易恢复。例如，被某些重金属污染的农田生态系统可能需要 100 ~ 200 年才能恢复。

同样，许多有机化合物的土壤污染也需要较长的时间才能降解，尤其是那些持久性有机污染物，在土壤环境中基本上很难降解，甚至产生毒性较大的中间产物。例如，六六六和 DDT 在我国已禁用 20 多年，但由于有机氯农药非常难以降解，至今仍能从土壤中检出。

（四）治理难而周期长

土壤污染一旦发生，仅仅依靠切断污染源的方法往往很难自我恢复，必须采用各种有效的治理技术才能解决现实污染问题。但是，从目前现有的治理方法来看，仍然存在成本较高和治理周期较长的问题。因此，需要有更大的投入来探索、研究、发展更为先进、更为有效和更为经济的污染土壤修复、治理的各项技术与方法。

二、土壤污染物

（一）根据污染物性质分类

根据污染物性质，可把土壤污染物大致分为无机污染物和有机污染物两大类。

1. 无机污染物

污染土壤的无机物，主要有重金属（汞、镉、铅、铬、铜、锌、镍，以及类金属砷等）、放射性元素、氟、酸、碱、盐等。其中尤以重金属和放射性物质的污染危害最为严重，因为这些污染物都是具有潜在威胁的，一旦污染了土壤，就难以彻底消除，并较易被植物吸收，通过食物链而进入人体，危及人类的健康。

2. 有机污染物

污染土壤的有机物，主要有人工合成的有机农药、酚类物质、氰化物、石油、多环芳烃、洗涤剂以及有害微生物、高浓度耗氧有机物等。其中尤以有机氯农药、有机汞制剂、多环芳烃等性质稳定不易分解的有机物为主，它们在土壤环境中易累积，污染危害大。

（二）根据危害及出现频率大小分类

1. 重金属

土壤重金属污染是指由于人类活动将金属加入土壤中，致使土壤中重金属含量明显高于原生含量并造成生态环境质量恶化的现象。

污染土壤的重金属主要包括汞（Hg）、镉（Cd）、铅（Pb）、铬（Cr）和类金属砷（As）等生物毒性显著的元素，以及有一定毒性的锌（Zn）、铜（Cu）、镍（Ni）等元素。主要来自农药、废水、污泥和大气沉降等，如汞主要来自含汞废水，镉、铅污染主要来自冶炼排放和汽车废气沉降，砷则被大量用作杀虫剂、杀菌剂、杀鼠剂和除草剂。过量重金属可引起植物生理功能紊乱、营养失调，镉、汞等元素在作物籽实中富集系数较高，即使超过食品卫生标准，也不影响作物生长、发育和产量，此外汞、砷能减弱和抑制土壤中硝化、氨化细菌活动，影响氮素供应。重金属污染物在土壤中移动性很小，不易随水淋滤，不为微生物降解，通过食物链进入人体后，潜在危害极大，应特别注意防止重金属对土壤的污染。一些矿山在开采中尚未建立石排场和尾矿库，废石和尾矿随意堆放，致使尾矿中富含难降解的重金属进入土壤，加之矿石加工后余下的金属废渣随雨水进入地下水系统，造成严重的土壤重金属污染。

土壤重金属污染的主要特征有如下两点。

第一，形态多变随 pH、氧化还原电位、配位体不同，常有不同的价态、化合态和结合态，形态不同其毒性也不同；

第二，难以降解污染元素在土壤中一般只能发生形态的转变和迁移，难以降解。

2. 石油类污染物

土壤中石油类污染物组分复杂，主要有 $C_{15} \sim C_{36}$ 的烷烃、烯烃、苯系物、多环芳烃、酯类等，其中美国规定的优先控制污染物多达 30 余种。

石油已成为人类最主要的能源之一，随着石油产品需求量的增加，大量的石油及其加工品进入土壤，给生物和人类带来危害，造成土壤的石油污染日趋严重，这已成了世界性的环境问题。全世界大规模开采石油是从 20 世纪初开始的，1900 年全世界的消费量约 2000 万吨，100 多年来这一数量已经增加了 100 多倍。每年的石油总产量已经超过了 22 亿吨，其中约 18 亿吨是由陆地油田生产的，仅石油的开采、运输、储存以及事故性泄漏等原因造成每年约有（800 ~ 1000）万吨石油烃进入环境（不包括石油加工行业的损失），引起土壤、地下水、地表水和海洋环境的严重污染。中国目前是世界上第二大石油消费国，中国石油经济技术研究院发布数据显示，国内原油消费量为 5.08 亿吨左右。

在石油生产、储运、炼制、加工及使用过程中，由于事故、不正常操作及检修等原因，都会有石油烃类的溢出和排放，例如，油田开发过程中的井喷事故、输油管线和储油罐的泄漏事故、油槽车和油轮的泄漏事故、油井清蜡和油田地面设备检修、炼油和石油化工生产装置检修等。石油烃类大量溢出时，应当尽可能予以回收，但有的情况下回收很困难，即使尽力回收，仍会残留一部分，对环境（土壤、地面和地下水）造成污染。由于过去数十年间各大油田区域采油工艺相对落后、密闭性不佳，加之环境保护措施和影响评价体系相对落后、污染控制和修复技术缺乏，我国土壤石油类污染程度较高，石油污染呈逐年累积加重态势。

近年来，随着我国国民经济和各类等级公路的飞速发展以及汽车保有量的大量增加，汽车加油站数量在迅速增加的同时也给环境带来了巨大的潜在危险，加油站埋地储油罐一旦腐蚀渗漏就会污染土壤和地下水。

3. 持久性有机污染物（PoPs）

最为常见的持久性有机污染物包括：多环芳烃（PAHs），多杂环烃（PHHs）、多氯联苯（PCBs）、多氯二苯并二恶英（PCDDs）、多氯二苯呋喃（PCDFs）以及农药残体及其代谢产物。

农药是存在于土壤环境中一类重要的有机污染物。农药的作用是对付、杀死自然界中各种昆虫、线虫、蛹、杂草、真菌病原体，在农药生产过程和农业生产使用过程中可能导致土壤污染。目前，农业上农药的使用量一般达到 0.2 ~ 5.0kg/hm²，而非农业目的的应用，其用量往往更高。例如，在英国，大量除草剂用于铁路或城市道路上清除杂草，其用量也在不断增加，增长率达到 9%。一般地说，只有小于 10% 的农药到达设想的目标，其余则残留在土壤中。进入土壤中的农药，部分挥发进入大气，部分经淋溶过程进入地下水，或经排水进入水体或河流。大部分农药的水溶性大于 10mg/L，因而在土壤中有淋溶的倾向。在肥沃的土壤中，许多农药的半减期较长。易于造成淋溶。如阿特拉律的半减期为 50 ~ 100d，能够引起广泛的地下水污染问题。

由于涉及的化合物种类很多，这种类型的污染物在土壤环境中的生态行为及其对植物、动物、微生物甚至人类的毒性差异很大。许多农药还有可能降解为毒性更大的衍生物，导致敏感作物的植物毒性问题。与土壤的农药污染有关的最为严重的问题是进一步导致地表水、地下水的污染以及通过作物或农业动物进入食物链。

4. 其他工业化学品

据估计，目前有 6 万 ~ 9 万种化学品已经进入商业使用阶段，并且以每年上千种新化学品进入日常生活的速度增加。尽管并不是所有的化学品都存在潜在毒性危害，但是有许多化学品，尤其是优先有害化学品（DDT、六六六、艾氏剂等），由于储藏过程的泄漏、废物处理以及在应用过程中进入环境，可导致土壤的污染问题。

5. 富营养废弃物

污泥（也称生物固体）是世界性的土壤污染源。随着污水处理事业的发展，中国产生越来越多的污泥。目前，污泥的处理方式主要有：农业利用（美国占 22%，英国占 43%）、抛海（英国占 30%）、土地填埋和焚烧等。

污泥是有价值的植物营养物质的来源，尤其是氮、磷，还是有机质的重要来源，对土壤整体稳定性具有有益的影响。然而，它的价值有时因为含有一些潜在的有毒物质（如镉、铜、镍、铅和锌等重金属和有机污染物）而抵消。污泥中还含有一些在污水处理中没有被杀死的致病生物，可能会通过食用作物进入人体而危害健康。

厩肥及动物养殖废弃物含有大量氮、磷、钾等营养物质，它们对于作物的生长具有营养价值。但与此同时，因为含有食品添加剂、饲料添加剂以及兽药，常常会导致土壤的砷、铜、锌和病菌污染。

6. 放射性核素

核事故、核试验和核电站的运行，都会导致土壤的放射性核素污染。最长期的污染问题被认为是由半衰期为 30 年的 ^{137}Cs 引起的，在土壤和生态系统中其化学行为基本上与钾接近。核武器的大气试验，导致大量半衰期为 25 年的 ^{90}Sr 扩散，其行为类似生命系统中的钙，由于储藏于骨骼中，对人体健康构成严重危害。

7. 致病生物

土壤还常常被诸如细菌、病毒、寄生虫等致病生物所污染，其污染源包括动物或病人尸体的埋葬、废物和污泥的处置与处理等。土壤被认为是这些致病生物的"仓库"，能够进一步构成对地表水和地下水的污染，通过土壤颗粒的传播，使植物受到危害，牲口和人感染疾病。

三、土壤污染物的来源

土壤是一个开放系统，土壤与其他环境要素间进行着物质和能量的交换，因而造成土壤污染的物质来源极为广泛，有自然污染源，也有人为污染源。自然污染源是指某些矿床的元素和化合物的富集中心周围，由于矿物的自然分解与分化，往往形成自然扩散带，使附近土壤中某元素的含量超过一般土壤的含量。人为污染源是土壤环境污染研究的主要对象，包括工业污染源、农业污染源和生活污染源。

（一）工业污染源

由于工业污染源具备确定的空间位置并稳定排放污染物质，其造成的污染多属点源污染。工业污染源造成的污染主要有以下几种情况。

1. 采矿业对土壤的污染

对自然资源的过度开发造成多种化学元素在自然生态系统中超量循环。改革开放以来，我国采矿业发展迅猛，年采矿石总量约 60 亿吨，已成为世界第三大矿业大国。而其引发的环境污染和生态破坏也与日俱增。采矿业引发的土壤环境污染可以概括为：挤占土地、尾渣污染土壤、水质恶化。

2. 工业生产过程中产生的"三废"

工业"三废"主要是指工矿企业排放的"三废"（废水、废气、废渣），一般直接由工业"三废"引起的土壤环境污染限于工业区周围数公里范围内，工业"三废"引起的大面积土壤污染都是间接的，且是由于污染物在土壤环境中长期积累而造成的。

第一，废水主要来源于城乡工矿企业废水和城市生活污水，直接利用工业废水、生活污水或用受工业废水污染的水灌溉农田，均可引起土壤及地下水污染。

第二，废气工业废气中有害物质通过工矿企业的烟囱、排气管或无组织排放进入大气，以微粒、雾滴、气溶胶的形式飞扬，经重力沉降或降水淋洗沉降至地表而污染土壤。钢铁厂、冶炼厂、电厂、硫酸厂、铝厂、磷肥厂、氮肥厂、化工厂等均可通过废气排放和重金属烟尘的沉降而污染周围农田。这种污染明显地受气象条件影响，一般在常年主导风向的下风侧比较严重。

第三，废渣工业废渣、选矿尾渣如不加以合理利用和进行妥善处理，任其长期堆放，不仅占用大片农田，淤塞河道，还可因风吹、雨淋而污染堆场周围的土壤及地下水。产生工业废渣的主要行业有采掘业、化学工业、金属冶炼加工业、非金属矿物加工、电力煤气生产、有色金属冶炼等。另外，很多工业原料、产品本身是环境污染物。

（二）农业污染源

在农业生产中，为了提高农产品的产量，过多地施用化学农药、化肥、有机肥，以及污水灌溉、施用污泥、生活垃圾以及农用地膜残留、畜禽粪便及农业固体废弃物等，都可使土壤环境不同程度地遭受污染。由于农业污染源大多无确定的空间位置、排放污染物的不确定以及无固定的排放时间，农业污染多属面源污染，更具有复杂性和隐蔽性的特点，且不容易得到有效的控制。

1. 污水灌溉

未经处理的工业废水和混合型污水中含有各种各样污染物质，主要是有机污染物和无机污染物（重金属）。最常见的是引灌含盐、酸、碱的工业废水，使土壤盐化、酸化、碱化，失去或降低其生产力。另外，用含重金属污染物的工业废水灌溉，可导致土壤中重金属的累积。

2. 固废物的农业利用

固体废弃物主要来源于人类的生产和消费活动，包括有色金属冶炼工厂、矿山的尾矿废渣，污泥，城市固体生活垃圾和畜禽粪便，农作物秸秆等，这些作为肥料施用或在堆放、处理和填埋过程中，可通过大气扩散、降水淋洗等直接或间接地污染土壤。

3. 农用化学品

农用化学品主要指化学农药和化肥，化学农药中的有机氯杀虫剂及重金属类，可较长时期地残留在土壤中；化肥施用主要是增加土壤重金属含量，其中镉、汞、砷、铅、铬是化肥对土壤产生污染的主要物质。

4. 农用薄膜

农用废弃薄膜对土壤污染危害较大,薄膜残余物污染逐年累积增加。农用薄膜在生产过程中一般会添加增塑剂(如邻苯二甲酸酯类物质),这类物质有一定的毒性。

5. 畜禽饲养业

畜禽饲养业对土壤造成污染主要是通过粪便,一方面通过污染水源流经土壤,造成水源型的土壤污染;另一方面空气中的恶臭性有害气体降落到地面,造成大气沉降型的土壤污染。

(三)生活污染源

土壤生活污染源主要包括城市生活污水、屠宰加工厂污水、医院污水、生活垃圾等。

1. 城市生活污水

近些年,我国城市生活污水排放量以每年 5% 的速度递增,20 世纪 90 年代首次超过工业污水排放量,与此同时,我国城市生活污水处理设施严重滞后和不足。我国有些城市甚至没有污水处理厂,大量生活污水直接排放,造成越来越严重的环境污染问题。

2. 医院污水

其中危险性最大的是传染病医院未经消毒处理的污水和污物,主要包括肠道致病菌、肠道寄生虫、破伤风杆菌、肉毒杆菌、霉菌和病毒等。土壤屯的病原体和寄生虫进入人体主要通过三条途径:一是通过食物链经消化道进入人体,如生吃被污染的蔬菜、瓜果,就容易感染寄生虫病或痢疾、肝炎等疾病;二是通过破损皮肤侵入人体,如十二指肠钩虫、破伤风、气性坏疽等;三是可通过呼吸道进入人体,如土壤扬尘传播结核病、肺炭疽。

3. 城市垃圾

20 世纪 90 年代以后,我国城市化速度进一步加快,目前城市化水平达到 37% 左右。城市数量与规模的迅速增加与扩张,带来了严重的城市垃圾污染问题。城市垃圾不仅产生量迅速增长,而且化学组成也发生了根本的变化,成为土壤的重要污染源。

我国城市生活垃圾清运量年增长率为 4.9%,我国城市生活垃圾清运量为 1.71 亿吨。目前全世界垃圾年均增长速度为 8.42%,而我国垃圾增长率达到 10% 以上。城市生活垃圾产生量逐年增加,垃圾处理能力缺口日益增大,我国未经处理的城市生活垃圾累积堆存量已超过 170 亿吨,侵占土地面积约 80 多万亩,近年来又以平均每年 4.8% 的速度持续增长,全国 600 多座城市,除县城外,已有 2/3 的大中城市陷入垃圾的包围之中,且有 1/4 的城市已没有合适场所堆放垃圾。早期的城市垃圾主要来自厨房,垃圾组成基本上也是燃煤炉灰和生物有机质,这种组成的垃圾很受农民欢迎,可用作农田肥料。现代城市垃圾的化学组成则完全不同,含有各种重金属和其他有害物质。垃圾围城成为不少城市的心病。

4. 粪便

土壤历来被当做粪便处理的场所。粪便主要由人、畜粪尿组成。一般成年人每人每日可产粪便约 0.25kg，排泄尿约 1kg。粪便中含有丰富的氮、磷、钾和有机物，是植物生长不可或缺的养料。但新鲜人畜粪便中含有大量的致病微生物和寄生虫卵，如不经无害化处理而直接用到农田，即可造成土壤的生物病原体污染，导致肠道传染病、寄生虫病、结核、炭疽等疾病的传播。

5. 公路交通污染源

随着社会的发展、家庭轿车等机动车辆剧增、运输活动越来越频繁，使得公路交通成为流动的污染源。交通运输可以产生三种污染危害：一是交通工具运行中产生的噪声污染；二是交通工具排放尾气产生的污染，如含硫化合物、含氮化合物、碳氧化合物、碳氢化合物、铅等；三是运输过程中有毒、有害物质的泄漏。据报道，美国由汽车尾气排入环境中的铅，已达到 3000 万吨，且大部分蓄积于土壤中。研究报道，汽车尾气及扬尘可使公路两侧 300 ~ 1000m 范围内的土壤受到严重污染，其中主要是重金属铅和多环芳烃（PAHs）的污染。

6. 电子垃圾

电子垃圾是世界上增长最快的垃圾，这些垃圾中包含铅、汞、镉等有毒重金属和有机污染物，处理不当会造成严重的环境污染。据联合国环境规划署估计，每年有 2000 万 ~ 5000 万吨电子产品被当作废品丢弃，它们对人类健康和环境构成了严重威胁。资料显示，一节一号电池污染，能使 1m² 的土壤永久失去利用价值；一粒纽扣电池可使 600 吨水受到污染，相当于一个人一生的饮水量。电池污染具有周期长、隐蔽性大等特点，其潜在危害相当严重，处理不当还会造成二次污染。

在为数众多的土壤污染来源中，影响大、比例高的污染来源主要包括工业污染源、农业污染源、市政污染源等。不同土壤由于其主要的生产生活等种类的不同，加之复合污染的存在，使污染场地表现出单污染源和复合污染源并存的情况，出现了更为复杂的土壤污染来源。

第八章　污染物在土壤中的迁移和转化

第一节　污染物在土壤中的形态

　　污染物在环境中的形态是指污染物的外部形状、化学组成和内部结构在环境中的表现形式。不同形态的污染物在环境中有不同的化学行为，并表现出不同的毒性效应。例如，Cr^{6+} 有强烈毒性，而 Cr^{3+} 毒性较弱；甲基汞的毒性远远超过无机汞。污染物在土壤中的形态按其物理结构与性状可分为固体、流体（气体和液体）、射线等。按化学组成和内部结构，污染物可分为单质和化合态两类，如土壤中的汞以单质汞、无机汞（如氯化汞）和有机汞（如甲基汞）等不同化学状态存在，水溶性砷则以 AsO_4^{3-} 和 AsO_3^{3-} 厂离子形式存在。土壤中污染物的迁移、转化及其对动植物的毒害和环境的影响程度，除了与土壤中污染物的含量有关外，还与其在土壤中具体的存在形态有关。实践表明，重金属和有机污染物的生物毒性在很大程度上取决于其存在形态，用污染物的总量指标很难准确地评价土壤中污染物污染的程度、风险和修复效果，亟待搞清土壤中污染物的残留规律、形态及其转化的基本规律以及不同形态的植物可利用性，这将为制定土壤中该类污染物的环境标准、评价土壤污染风险、合理选择修复途径、保障土壤环境安全、指导农业生产等提供重要的基础依据。

一、土壤中重金属的形态

　　土壤中的重金属元素与不同成分结合形成不同的化学形态，它与土壤类型、土壤性质、外源物质的来源和历史、环境条件等密切相关。土壤中重金属形态的划分有两层含义，一是指土壤中化合物或矿物的类型，另外一层含义系指操作定义上的重金属形态。由于重金属元素在土壤中化学结合形态的复杂和多样性，难以进行定量的区分，通常意义上所指的"形态"为重金属与土壤组分的结合形态，即"操作定义"。对于重金属的操作形态，目前还没有统一的定义及分类方法。常见土壤和沉积物中重金属形态分析方法有以下几种：Tessier 五步提取法是目前应用最广泛的形态分析法之一，该方法将沉积物或土壤中重金属元素的形态分为可交换态、碳酸盐结合态、铁锰氧化物结合态、有机物结合态和残渣态五种形态；Cambrell 认为土壤和沉积物中的重金属存在七种形态，即水溶态、易交换态、无机化合物沉淀态、大分子腐殖质结合态、氢氧化物沉淀吸收态或吸附态、硫化物沉淀态和残渣态；Shuman 将其分为交换态、水溶态、碳酸盐结合态、松结合有机态、氧化锰结合态、紧结合有机态、无定形氧化铁结合态和硅酸盐矿物态八种形态；为融合各种不同的分类和操作方法，欧洲参考交流局提出了较新的划分方法，即 BCR 法，将重金属的形态分为四种，即酸溶态（如碳酸盐结合态）、可还原态（如铁锰氧化物态）、可氧化态（如有机态）和残渣态。

（一）可交换态重金属

可交换态重金属主要是通过扩散作用和外层络合作用非专性地吸附在土壤黏土矿物及其他成分上，如氢氧化铁、氢氧化锰、腐殖质上的重金属。该存在形态的重金属是土壤中活动性最强的部分，对土壤环境变化最敏感，在中性条件下最易被释放，也最容易发生反应转化为其他形态，具有最大的可移动性和生物有效性，毒性最强，是引起土壤重金属污染和危害生物体的主要来源。此外，水溶态重金属存在土壤溶液中，其含量常低于仪器的检出限，且难与交换态区分，通常将两者合并研究。

（二）碳酸盐结合态重金属

以沉淀或共沉淀的形式赋存在碳酸盐中，该形态对土壤 pH 最敏感。随着土壤 pH 的降低，碳酸盐态重金属容易重新释放而进入环境中，移动性和生物活性显著增加，而 pH 升高有利于碳酸盐态的生成，即其在不同 pH 条件下能够发生迁移转化，具有潜在危害性。

（三）铁锰氧化物结合态重金属

一般以较强的离子键结合吸附在土壤中的铁或锰氧化物上，即指与铁或锰氧化物反应生成结合体或包裹于沉积物颗粒表面的部分重金属，可进一步分为无定形氧化锰结合态、无定形氧化铁结合态和晶体型氧化铁结合态三种形态。土壤 pH 和氧化还原条件对铁锰氧化物中重金属的分离有重要影响，当环境氧化还原状况降低（如淹水、缺氧等时），这部分形态的重金属可被还原而释放，造成对环境的二次污染。

（四）有机物结合态重金属

主要是以配合作用存在于土壤中的重金属，即土壤中各种有机质如动植物残体、腐殖质及矿物颗粒活性基团与土壤中重金属络合而形成的螯合物，或是硫离子与重金属生成难溶于水的硫化物，也可分为松结合有机物态和紧结合有机物态，普遍使用氧化萃取剂来分离该态，该形态重金属较为稳定，释放过程缓慢，一般不易被生物所吸收利用。但当土壤氧化电位发生变化，如在碱性或氧化环境下，有机质发生氧化作用而分解，可导致少量重金属溶出释放。

（五）残渣态重金属

残渣态重金属是非污染土壤中重金属最主要的结合形式，常赋存于硅酸盐、原生和次生矿物等土壤晶格中。一般而言，残渣态重金属的含量可以代表重金属元素在土壤或沉积物中的背景值，主要受矿物成分及岩石风化和土壤侵蚀的影响。在自然界正常条件下不易释放，能长期稳定结合在沉积物中，用常规的提取方法未能提取出来，只能通过漫长的风化过程释放，因而迁移性和生物可利用性不大，毒性也最小。

二、土壤中有机污染物的形态

进入土壤中的有机污染物，一小部分会溶解在土壤溶液中，这和有机物本身的水溶性、土壤的机械组成、土壤酸碱度以及土壤温度等有关；大部分有机污染物进入土壤后，会与土壤黏粒或土壤有机质发生吸附作用，暂时保持吸附态或悬浮＆于土壤颗粒表面；还有一部分有机污染物会进入土壤矿物和有机质内部形成结合态。国际纯粹和应用化学联合会（IUPAC）、联合国粮农组织（FAO）和国际原子能机构（IAEA）确定的农药结合残留，是指用甲醇连续提取 24h 后仍残存于样品中的农药残留物。因此，有机污染物在土壤中的存在形态可分为溶解态、吸附态、结合态和残留态等不同形态，且各形态间可以相互转化。

溶解态有机污染物的生物活性较高，能够直接对环境产生危害，但在环境中的代谢和降解也快。吸附态和结合态有机污染物会与土壤中的天然吸附剂通过各种相互作用结合在一起，吸附态和结合态的有机污染物的生物活性较低，不会直接对环境产生危害，但在一定条件下可以转化为溶解态，从而对环境产生危害。残留态有机污染物几乎没有生物活性，一般不会轻易转化为其他形态，因此，不会对环境产生危害。

也有研究将有机污染物在土壤中的残留形式分为可提取态残留和结合态残留。前者指无须改变化学结构、可用溶剂提取并用常规残留分析方法所鉴定分析的这部分残留；后者则难于直接萃取。两部分之间的界限并不是十分明显。

（一）可提取态残留

可提取态残留物的生物活性较高，能直接对生物（植物、微生物）产生影响，但在环境中降解也快，包括溶解态和吸附态。有研究表明，土壤中甲磺隆残留物的可提取态残留率随时间延长而逐渐降低；培养 112 天后，其可提取态残留量为初始量的 16.1% ～ 75.5%。表明，甲磺隆进入土壤初期主要以可提取态残留存在，且可提取态残留能转变形成结合态残留或直接降解。另有研究表明，土壤 pH 值与甲磺隆可提取态残留率呈显著正相关，甲磺隆在碱性土壤中降解较慢，可提取态残留比例较高。

（二）结合态残留

许多合成物和农用化学品具有与土壤腐殖质相同的结构，所以在腐殖化过程中这些外源性有机物与土壤有机质易结合成结合态残留。结合态残留可以是有机污染物的母体化合物，也可以是其代谢物。我国每年农药使用量达（50 ～ 60）× 10^4 吨，其中约 80% 的农药直接进入环境，而在我们通常使用的农药中，有 90% 可以在土壤和植物中形成结合态残留，其结合态残留量一般占到施药量的 20% ～ 70%。用高温蒸馏法提取溴氰菊酯在土壤中的结合残留，发现有 19.2% 的结合残留量。经 14 周培养后，土壤中氟乐灵的结合态 14C 残留量最高可达施入量的 20% 以上，而且有机质含量高的黑土的结合态 14C 残留量高于水稻土。

三、典型重金属在土壤中的形态与分布

污染物进入土壤后，由于其污染来源、迁移能力、与土壤物质的结合能力以及进入植物体内能力的不同，导致它们在空间及形态上表现出不同的分布特征。对杭州市各区县农业土壤中Hg、As、Cu、Pb、Cr、Cd 的调查表明：余杭区的 Hg、As、Pb 平均含量均高于其他区县，淳安县的 Cu、Cr 平均含量高于其他区县。在所有采样点中，淳安县出现了 As、Cr 和 Cd 含量最大值。主城区和萧山区农业土壤中各种重金属平均含量均处于较低水平。不同于杭州市各区县的分布特征，不同作物的农业土壤中，水稻田中的 Hg、Pb、Cr、Cd 平均含量均高于其他作物类型土壤中的含量。蔬菜地中 Hg 的平均含量也处于第一位，且出现了 Hg 含量最大值。对南京市不同功能区城市土壤重金属分布的初步调查发现：重金属含量分布不均匀，以矿冶工业区含量最高，其次为居民区、商业区、风景区、城市绿地、开发区。垂直分布也各不相同，城市中心区有表聚现象，风景区和新开发区则有亚表层积累趋势。

在葫芦岛铅锌冶炼厂附近的土壤中，Zn 和 Cd 的主要形态为酸可溶态和残余态，Pb 和 Cu 的主要形态为可还原态和残渣态，酸可溶态含量较低，四种元素的可氧化态含量都较小。Zn、Pb、Cd 的酸可溶解态占总量的比例随着 pH 值的增大而降低，有机质与 Cd 的酸可溶解态、可还原态和可氧化态含量显著正相关，阳离子交换量（CEC）与几种重金属的形态分布都不显示相关性。

（一）砷的形态与分布

土壤中砷以无机态为主，多以 As（in）或 As（V）价态存在，又以 As（V）为主。As（in）和 As（V）之间可以通过氧化—还原反应而发生价态转变，二者之间保持动态平衡。砷进入土壤后，一小部分留在土壤溶液中，一部分吸附在土壤胶体上，大部分转化为复杂的难溶性砷化物。因此，土壤中砷形态可分为三类：水溶性砷、吸附性砷、难溶性砷。水溶性砷和吸附性砷总称为可给态砷或有效态砷；难溶性砷又分为铝型砷、铁型砷、钙型砷和闭蓄型砷四种，其中铝型砷和铁型砷对植物的毒性小于钙型砷。酸性土壤中以铁型砷占优势，碱性土壤以钙型砷占优势；水溶态的砷含量很低，一般小于总砷的 5%。

与磷相似，砷大部分被胶体吸附，或和有机物配合、螯合，或与铁、铝、钙离子结合形成难溶性化合物而累积在土壤表层，主要以 AsO_4^{3-}、AsO_3^{3-} 形式存在。但是随着作物的生长，条件的变化以及人为耕翻，土层也可发生向剖面下部的迁移。土壤中活性铁和活性铝随土壤中黏粒含量的增加而增多。土壤对砷的吸附性与砷的有效性密切相关，影响土壤砷有效性的因素很多。土壤 pH 影响砷的有效性，pH 越高，土壤对砷的吸附性越差，土壤溶液中总砷的含量就越大。不同土壤类型对砷的吸附性不同，一般是砖红壤 > 红壤 > 黄棕壤，褐土 > 棕壤 > 潮土。土壤中的磷酸根能显著降低土壤吸附砷的能力，土壤中的砷会与同样以阴离子形式存在的磷酸根产生竞争吸附作用，其结果往往是磷被土壤颗粒吸附，而砷被解析出来增加了砷在土壤中的移动性。土壤中有机质含量、高岭土含量和砂的含量对土壤的砷吸附影响不大。土壤中的某些细菌、酵母菌等真菌可以使土壤中的砷甲基化而逸出气体砷，但砷污染土壤后土壤的细菌、真菌、放线菌数量明显减少，

因而造成土壤的呼吸作用，土壤酶系统、碳氮代谢等受到抑制，从而提高了土壤砷的有效性并增强其对植物的毒害。

（二）汞的形态与分布

汞在土壤中以金属汞、无机化合态汞和有机化合态汞的形式存在。对贵州省万山汞矿区周围土壤中汞的形态与分布特征的调查发现：表层土壤中汞含量在东部区域普遍较高，西部区域相对较低，并呈现随污染源距离的增加逐渐降低的趋势。剖面土壤中的汞则表现出明显的表层富集规律，五个剖面汞的最大值均出现在上层土壤中（0～40cm），当土壤深度大于80cm后，汞含量呈大幅度降低趋势。在形态组成上，研究区土壤中汞的形态主要以残渣态、难氧化降解有机质及某些硫化物结合态和易氧化降解有机质结合态汞为主，而水溶态、交换态和碳酸盐、铁锰氧化物及部分有机态三种形态的汞含量极低，腐殖酸结合或络合态的汞由于腐殖酸对汞的较强吸附能力而使其在总汞含量中占一定程度的比例。各形态的汞含量与土壤总汞含量密切相关，随总汞含量的增加而增加。

（三）铅的形态与分布

铅主要积累在土壤表层，且含量与土壤的性质有关，如酸性土壤一般比碱性土壤的铅含量低。土壤中有机质的性质也能影响其铅含量。某些有机物中含有螯合物，这些螯合物能与铅结合，根据整合后复合物的溶解特征既可促进其从土壤中去除，又可将金属固定。对成渝高速旁土壤铅污染的分析表明，水平方向距离公路4m处土壤铅含量最高，总体分布呈先增后减趋势，128m处铅含量已接近背景浓度；垂直方向上0～5cm表层土壤铅含量平均值显著高于以下各层，0～20cm范围内，铅含量随土壤向下逐渐减少。盆栽实验发现，在未加入铅处理时，土壤中各铅的存在形态及对应的铅含量大小顺序为：硫化物残渣态＞碳酸盐结合态＞吸附态＞有机结合态＞交换态＞水溶性铅。经过外源加入铅后，变化顺序为：硫化物残渣态＞交换态＞碳酸盐结合态＞有机结合态＞吸附态＞水溶性铅。外源铅进入土壤后，硫化物残渣态和交换态铅含量增加，但主要以硫化物残渣态存在，该形态的铅是植物不能直接吸收态的铅，它可以成为土壤中潜在铅污染来源，经转化可成为交换态等有效态的铅被植物吸收。

（四）铬的形态与分布

土壤中的铬多为难溶性化合物，其迁移能力一般较弱，主要残留积累在土壤表层。铬在土壤中的存在形态主要有四种，分别是Cr^{3+}，CrO^{2-}，$Cr_2O^{2-}_7$和CrO^{2-}_4。这4种离子态铬在土壤中迁移转化状况要受土壤pH和氧还化原电位（Eh）这两种条件的制约。此外，离子态铬在土壤中的存在状态也与其他一些因子相关，如土壤有机质含量、无机胶体组成、土壤质地等。对堆渣场附近土壤和未受污染的农田土壤中铬的形态分布特征的研究表明：堆渣场附近土壤各形态铬含量依次为：矿物态＞交换态＞氧化物结合态＞碳酸盐结合态＞有机结合态；农田土壤为：矿物态＞氧化物结合态＞碳酸盐结合态＞有机结合态＞交换态；而且堆渣场附近土壤交换态、碳酸盐结合态、有机结合态和氧化物结合态铬含量均显著高于农田土壤。堆渣场附近土壤交换态铬是农田土壤的 132 倍，碳酸盐结合态、有机结合态和氧化物结合态铬分别是农田土壤的 4 倍、3 倍和 4 倍，而矿物态铬含量与农田土壤差异不大。表明铬进入土壤后主要和土壤碳酸盐、有机质和氧化物相结合，有很大一部分存在于土壤溶液中，而且显著地改变了原有土壤中铬的形态分布，从而改变了铬在土壤中的迁移转化，影响其环境行为。在垂直分布上，0 ~ 60cm 土层土壤铬含量较低；60 ~ 160cm 土层土壤铬含量较高，土壤铬含量随土层深度的增加而增加，在土壤剖面呈现上低下高的分布趋势。张垒对杭州铬渣污染土壤的调查发现，各形态铬的百分含量大小依次为：残渣态 > 铁锰氧化物结合态 > 有机质结合态 > 碳酸盐结合态 > 水溶态 > 交换态。

（五）镉的形态与分布

在大多数土壤溶液中，镉主要以 Cd^{2+}、$CdCl^+$、$CdSO_4$ 形态存在。工业用地周围土壤镉含量为 40 ~ 50mg/kg，主要集中在土壤表层并有可能随工业废水下渗到土壤 0 ~ 15cm 处被土壤吸附。农用土壤中的镉主要集中在地表 20cm 左右的耕层内，尤其在几厘米内的土层中浓度最高。土壤中镉的存在形态主要受值 pH 和值的影响。总体来说，随着土壤 E_h 值下降和 pH 上升，土壤中难溶态镉增加，水溶态镉下降；土壤酸度的增加会增大 $CdCO_3$ 和 CdS 的溶解度，使水溶态镉含量增大，添加石灰则能降低交换态镉的含量。对来自不同省份的 15 个土壤样品中镉的形态分析发现，各形态平均含量顺序为：可交换态 > 碳酸盐结合态 > 残渣态 > 铁锰氧化物结合态 > 有机结合态；其中 60% 的土样中镉的赋存形态以可交换态比例最高，剩下的以碳酸盐结合态和残渣态比例较高。

（六）铜的形态与分布

在自然土壤中，铜主要以残渣态、有机结合态和氧化物结合态为主。在污灌区土壤上种植不同作物后会使土壤中的不同形态铜含量发生变化，均表现为难溶态铜向可溶态铜转化，在不同土层可交换态铜的含量都有所增加。其中，20 ~ 40cm 土层的增加量最为明显；碳酸盐结合态铜的含量与种植前相比总体呈下降趋势，随着土层加深，碳酸盐结合态铜的下降率依次增加，40 ~ 60cm 土层的下降率最高；铁锰氧化物结合态铜的含量在种植玉米、大豆、向日葵后均有所增加，而种植高粱和菊花后有所降低，在 0 ~ 5cm 土层增加明显，在 40 ~ 60cm 土层有明显减少；有机结合态铜含量在各土层中均有降低，其中在 40 ~ 60cm 降低率最高；残渣态铜的含量总体呈降低的趋势。随着有机肥的施用，土壤中各种形态铜的含量也相应发生变化，其中锰结合态组分随有机肥的施用而降低，而有机结合态组分则随有机肥的施用而增加，此外无定形铁结合态的组分也有降低的趋势。

（七）锰的形态与分布

土壤中锰的赋存形态较为复杂，主要以二价、三价、四价存在，并保持平衡。土壤溶液中锰主要以 Mn^{2+} 形态存在，Mn（Ⅲ）和 Mn（Ⅳ）主要以氧化物形态存在，并形成土壤中近 20 种锰氧化物矿物。在三江平原，土地利用方式不同，土壤中总锰含量差异较大，表现出岛状林 > 人工杨树林 > 玉米地 > 小叶樟湿地 > 水稻田的规律。人工杨树林和岛状林等林地土壤中总锰含量水平要高于湿地及农田。在自然湿地、玉米地和水稻田这三种土地利用类型中，玉米地土壤中总锰含量要明显高于水稻田。不同土地利用方式下土壤中锰形态分布特征存在较大差异。玉米地、水稻田、小叶樟湿地和人工杨树林土壤中,残渣态锰为主要锰形态;而在岛状林中,土壤中锰形态主要以可还原态锰为主,残渣态锰次之,分别约占土壤中总锰含量的 50.66% 和 33.06%。不同土地利用方式下,可交换态锰含量占土壤总锰的比例变化不大。玉米地、小叶樟湿地和水稻田这三种土地利用方式下,土壤中各种锰形态占总锰的比例,除了可氧化态锰占总锰比例存在显著性差异之外,其余三种形态锰含量占总锰比例差异不明显,表明湿地垦殖方式不同对土壤中可氧化锰的影响重大。小叶樟湿地垦殖为旱田时,土壤中可氧化锰含量升高,垦殖为水田时,土壤中可氧化锰含量降低。

四、典型有机污染物在土壤中的形态与分布

有机污染物进入土壤环境后,会由于污染物的理化性质、土壤的性质以及环境条件的影响而在土壤中呈现出不同的形态。对污染物的存在形态,目前文献中既有按操作形态进行报道的,也有按物质的分子结构进行测定分析的。

(一)有机氯农药

有机氯农药种类繁多,其中,DDTs 和 HCHs 是我国土壤有机氯农药污染最普遍的污染物,其主要原因是我国生产的 DDTs 和 HCHs 产量巨大,使用范围广,从而导致全国大部分地区尤其在农村地区普遍存在 DDTs 和 HCHs 残留。土壤中有机氯农药的残留水平与土地利用模式有关。对福建鹫峰山脉表层土壤中有机氯农药残留水平的研究发现,残留量表现为水稻田 > 蔬菜地 > 茶叶地 > 林地;而在不同地形中,山区地带的有机氯农药残留量一般要高于平原地区。

(二)石油烃

20 世纪 80 年代以来,土壤石油烃类污染成为世界各国普遍关注的环境问题。石油能自然溢流进入环境,但土壤石油烃类污染主要源于石油钻探、开采、运输、加工、储存、使用产品及其废弃物的处置等人为活动。

(三)多氯联苯

土壤中的 PCBs 主要来源于颗粒沉降,有少量来源于用作肥料的污泥,填埋场的渗漏以及在农药配方中使用的 PCBs 等。目前有关多氯联苯的研究以直接测定 PCB 同系物的含量为主。我国土壤中 PCBs 的同族体主要以三氯联苯为主,其他的依次为二氯联苯、六氯联苯、四氯联苯、五氯联苯、七氯联苯、九氯联苯、八氯联苯。

四、多环芳烃

多环芳烃的有效态残留(包括可脱附态残留和有机溶剂提取态残留)是土壤中有机污染的有效组分,能被动植物吸收,其中有效态残留中可脱附态残留最容易被吸收。曾跃春通过盆栽实验研究了"老化"土壤中多环芳烃的残留形态,重点分析有效态的动态变化。以菲和芘作为多环芳烃代表物,选用四种不同地带性土样"老化"培养 16 周后,连续提取法评价土壤中菲和芘的有效态。多环芳烃有效态残留分为可溶态残留和有机溶剂提取态残留,两者含量都因微生物降解作

用而随时间降低。相比有机溶剂提取态，可溶态残留在有效态残留中所占比例较大且更易降解；菲和芘可溶态残留分别占有效态残留的 91.4% 和 71.2% 以上，其降解量则分别占有效态降解量的 92.1% 和 76.8% 以上，结合态残留占总残留量很小部分。相比微生物降解作用，有效态残留向结合态残留的转化作用对土壤中多环芳烃有效态残留量降低的贡献很小。

第二节 污染物在土壤中的迁移

污染物在土壤中的迁移方式归纳起来有三种：机械迁移、物理—化学迁移和生物迁移。污染物在环境中的迁移受到两方面因素的制约：一方面是污染物自身的物理化学性质；另一方面是外界环境的物理化学条件，其中包括区域自然地理条件。

一、机械迁移

由于土壤的相对稳定性，污染物在土壤中的机械迁移主要是通过大气和水的传输作用来实现的。土壤多孔介质的特点为污染物在多种方向上的扩散和迁移提供了可能。从总体上来看，污染物在土壤中的迁移包括横向的扩散作用和纵向的渗滤过程。由于水的重力作用，污染物在土壤中的迁移总体上是向下的趋势。

二、物理—化学迁移

物理—化学迁移是污染物在土壤环境中最重要的迁移方式，其结果决定了污染物在环境中的存在形式、富集状况和潜在危害程度，对于无机污染物而言，是以简单的离子、配合物离子或可溶性分子的形式，通过诸如溶解—沉淀作用、吸附—解吸作用、氧化—还原作用、水解作用、配位或螯合作用等在环境中迁移。对于有机污染物，除了上述作用外，还可以通过光化学分解和生物化学分解等作用实现迁移。

三、生物迁移

污染物通过生物体的吸附、吸收、代谢、死亡等过程发生的生物性迁移，是它们在环境中迁移的最复杂、最具有重要意义的迁移方式。这种迁移方式，与不同生物种属的生理生化和遗传变异特征有关。某些生物对环境污染物有选择性吸收和积累作用，某些生物对环境污染物有转化和降解能力。污染物通过食物链的积累和放大作用是生物迁移的重要表现形式。

第三节 污染物在土壤中的转化

污染物在环境中通过物理的、化学的或生物的作用改变形态，或者转变成另一种物质的过程称为转化。污染物的转化过程取决于其本身的物理化学性质和所处的环境条件，根据其转化形式可分为物理转化、化学转化和生物转化三种类型。

一、物理转化

重金属的物理转化除了汞单质可以通过蒸发作用由液态转化为气态外，其余的重金属主要通过吸附—解吸进行形态的改变。有机污染物在土壤中的挥发是其物理转化的重要形式，可以用亨利定律进行描述。

二、化学转化

在土壤中，金属离子经常在其价态上发生一系列的变化，这些变化主要受土壤 pH 值的影响和控制。pH 值较低时，金属离子溶于水呈离子状态；pH 值较高时，金属离子易与碱性物质化合呈不溶型的沉淀。氧化还原电位也会影响金属的价态，如在含水量大的湿地土壤中砷主要呈三价的亚砷酸形态；而在旱地土壤中，由于与空气接触较多，主要呈五价的砷酸盐形态。常见的重金属污染物在土壤中的化学转化包括沉淀—溶解、氧化—还原、络合反应。

在土壤中，一些农药的水解反应由于土壤颗粒的吸附催化作用而被加速。研究还发现，土壤中存在比较多的自由基，这些自由基在引发土壤污染物转化和降解方面具有重要意义。有机污染物的常见化学转化包括水解、光解、氧化—还原反应。由于土壤体系含有水分，水解是有机物在土壤中的重要转化途径。水解过程指的是有机污染物（RX）与水的反应。在反应中，X 基团与 OH 基团发生交换：

$$RX + H_2O \rightarrow ROH + HX$$

水解作用改变了有机污染物的结构。一般情况下，水解导致产物毒性降低，但并非总是生成毒性降低的产物。水解产物可能比母体化合物更易或更难挥发，与 pH 值有关的离子化水解产物可能没有挥发性，而且水解产物一般比母体污染物更易于生物降解。

有机污染物在土壤表面的光解指吸附于土壤表面的污染物分子在光的作用下，将光能直接或间接转移到分子键，使分子变为激发态而裂解或转化的现象，是有机污染物在土壤环境中消失的重要途径。由于有机污染物中一般含有 C—C、C—H、C—O、C—N 等键，而这些键的离解正好在太阳光的波长范围内，因此有机物在吸收光子之后，就变成激发态的分子，导致上述化学键的断裂，发生光解反应。土壤表面农药光解与农药防除有害生物的效果、农药对土壤生态系统的影响及污染防治有直接的关系。

相比较而言，农药在土壤表面的光解速率要比在溶液中慢得多。光线在土壤中的迅速衰减可能是农药土壤光解速率减慢的重要原因；而土壤颗粒吸附农药分子后发生内部滤光现象，可能是农药土壤光解速率减慢的另一重要原因。多环芳烃（PAHs）在高含 C、Fe 的粉煤灰上光解速率明显减慢，可能由于分散、多孔和黑色的粉煤灰提供了一个内部滤光层，保护了吸附态化学品不发生光解。此外，土壤中可能存在的光猝灭物质可猝灭光活化的农药分子，从而减慢农药的光解速率。

三、生物转化

生物转化是指污染物通过生物的吸收和代谢作用而发生的变化。污染物在有关酶系统的催化作用下，可经各种生物化学反应过程改变其化学结构和理化性质。各种动物、植物和微生物在环境污染物的生物转化中均能发挥重要作用。土壤中的微生物具有个体小、比表面积大，种类繁多、分布广泛，代谢强度高、易于适应环境等特点，在环境污染物的转化和降解方面显示出巨大的潜能。土壤中的砷、铅、汞等可在微生物的作用下甲基化。酚在植物体内可以转化成为酚糖苷，之后经代谢作用最终被分解为 CO_2 和 H_2O；植物体内的氰化物也可被转化为丝氨酸等氨基酸类物质；强致癌物苯并［α］芘，可以被水稻从根部吸收送往茎叶，并转化呈 CO_2 和有机酸。一些有机氯农药很容易被植物吸收并代谢转化成其他有机氯物。

第四节 影响污染物在土壤中转化的因素

污染物在土壤中的转化受多种因素影响，其中重金属在土壤中的形态转化主要受 pH 和影响，土壤的类型、含水率、有机质含量、种植的作物等也会影响重金属在不同形态之间的转化。土壤环境中也存在许多影响农药等有机污染物降解的因素，主要包括土壤质地、土壤水分、温度、土壤水的 pH 值、共存物质、土层厚度和矿物质组分、老化作用等因素。

一、影响重金属在土壤中转化的因素

（一）pH 值的影响

相关分析研究表明，土壤中交换态重金属随 pH 升高而减少，如贵州中部黄壤中的交换态锰、易还原态锰与 pH 呈极显著负相关；碳酸盐结合态和铁锰化物结合态重金属与 pH 呈正相关。有机态重金属随 pH 升高而升高。铁锰氧化态重金属含量随 pH 的升高缓慢增加，当 pH 在 6 以上，则含量随 pH 升高迅速增加，这可能与土壤氧化铁锰胶体为两性胶体有关。当 pH 小于零点电荷时，胶体表面带正电，产生的专性吸附作用随产生正电荷的增加而削弱，从而对重金属的吸附能力增加缓慢，当 pH 升到氧化物的零点电荷以上，胶体表面带负电荷，对重金属的吸附能力必然急剧增加。此外，pH 还通过影响其他因素从而影响重金属的形态，如土壤有机质和氧化物胶体对重金属的吸附容量随 pH 升高而显著增大，土壤中有机态、氧化态重金属含量随之增加。

（二）E_h 值的影响

在氧化条件下砷主要是以 As（V）形式存在，在还原条件下 As（HI）是稳定的形式。将淹水状态下的水稻土风干处理后，重金属形态均有明显的变化，表现为 Cu 残渣态比例增加 25%，氧化物结合态和有机结合态比例有所降低；Pb 有机结合态比例增加 33%，残渣态减少 33%，酸可提取态和氧化物结合态变化不大；Ni 受氧化还原条件影响更为强烈，表现为酸可提取态所占比例降低超过 25%，氧化物结合态亦明显降低，残渣态提高超过 60%；对 Cd 的影响主要表现为有机结合态所占比例降低约 15%，残渣态提高约 35%，酸可提取态和氧化物结合态变化不明显。

（三）土壤类型的影响

不同土壤类型中重金属形态构成差异明显。Cr、Pb 在紫色土、石灰土、黄壤、水稻土中均以残渣态为主；Cd 在黄壤、紫色土中以离子态、残渣态为主，其中离子态平均构成在两类土中分别高达 37.44%、29.97%。可利用态 As 和可利用态 Cr 在紫色土中的平均值分别为 0.04mg/kg 和 0.96mg/kg，可利用态 Cd 在水稻土和紫色土中的平均值分别为 0.13mg/kg 和 0.09mg/kg，可利用态 Pb 在黄壤中的平均值为 1.94mg/kg，表现出较高的生物有效性；石灰土中各重金属可利用态总体较低。节节草生长显著提高了尾矿砂中有机物结合态重金属比例，降低了交换态和残渣态重金属比例。

（四）有机质的影响

碳酸盐结合态重金属与有机质含量呈负相关，但相关性不显著；交换态和有机结合态重金属与有机质含量呈正相关，增加有机质可使碳酸盐结合态向有机结合态转化。交换态、有机结合态重金属均与有机质含量呈正相关，有的甚至达到显著水平。

（五）土壤酶的活性影响

土壤中重金属各形态与土壤酶活性有一定的关系。刘霞等人的研究表明：重金属对过氧化氢酶、转化酶、脲酶、碱性磷酸酶四种土壤酶活性均有不同程度的抑制作用。重金属在低质量比时对土壤酶有激活作用。土壤中重金属含量在 5mg/kg 时对四种土壤酶活性才开始产生抑制作用。相关分析表明，土壤中总量重金属、各形态重金属含量与过氧化氢酶、碱性磷酸酶活性均呈显著或极显著负相关，而与脲酶活性的负相关性很小，只有交换态镉与转化酶，有机结合态镉与脲酶活性的相关性显著。土壤重金属污染与土壤酶活性关系的综合分析表明，当总量重金属对土壤酶活性影响不显著时，有的形态的重金属却已显著抑制土壤酶的活性。说明以重金属的形态分析来研究重金属对土壤酶活性的关系要比用总量更为准确，所以研究土壤中重金属形态尤为重要。

（六）外源重金属的影响

外源重金属进入土壤以后各形态有不同的变化趋势。可溶态重金属进入土壤后其浓度迅速下降；交换态重金属先缓慢上升，然后迅速下降；碳酸盐态重金属浓度变化情况与交换态重金属变化相似；铁锰氧化态重金属浓度先上升然后下降；有机态重金属不断上升；残渣态重金属变化不大，说明外源重金属在土壤中一直在不断变化，处于动态的形态转化过程中。

二、影响有机污染物在土壤中转化的因素

（一）土壤溶液的 pH 值

pH 与溶液中其他离子的存在既可增大也可以减小水解反应的速率。但是农药的水解受土壤 pH 的影响较大。研究表明，农药在土壤中的水解有酸催化或碱催化的反应，水解还可能是由于黏土的吸附催化作用而发生的反应，例如扑灭津的水解是由土壤有机质的吸附作用催化的。

（二）土壤类型和性质

农药在不同土壤的降解特性是由土壤所有特性综合影响的结果。例如，溴氰菊酯在江苏太湖水稻土、江西红壤和东北黑土中的降解半衰期（$t_{1/2}$）分别为 4.8 天，8.4 天，8.8 天。其主要降解产物为取代脲类除草剂 4- 溴苯胺。相对沙土而言，微生物活动所需的物质与能量较为充分，因而微生物代谢能力较强；此外，黏土含有较多金属氧化物及有机无机胶体等细颗粒，比表面积大，而且具有一定的催化降解能力。

土壤质地可影响农药的光解，这可能因为土壤团粒、微团粒结构影响光子在土壤中的穿透能力和农药分子在土壤中的扩散移动性。例如，咪唑啉酮除草剂在质地较粗和潮湿的土壤中容易光解，除草剂 2- 甲 -4- 氯丙酸和 2，4-D 丙酸在质地粗、粒径大的土壤中光解速率快。

由于土壤颗粒的屏蔽使到达土壤下层的光子数急剧减少，因而土壤中农药的光解通常局限在土表 1 毫米范围内。间接光解同样影响着农药在土壤中的光化学转化，土壤中敏化物质在光照时能产生活性基因如单重态氧，由于单重态氧的垂直移动，会使得农药光解深度增加。土壤黏粒矿物具有相对高的表面积和电荷密度，能通过催化光降解作用使所吸附的农药失去活性。研究证明，氧和水在光照的黏粒矿物表面极易形成活性氧自由基，这些活性氧自由基对吸附态农药的光解会产生明显的影响。例如，光诱导氧化作用是有机磷杀菌剂甲基立枯磷在高岭石和蒙脱石等黏粒矿物上的主要降解途径，分子氧和水在黏粒矿物上经光照而生成的羟基和过氧化氢基与该农药反应，形成氧衍生物。

（三）土壤水分和温度

土壤水分对农药降解的影响因农药品种而异。例如，甲基异硫磷在水田土壤中的降解半衰期比旱田增加了 10 天，而克草胺的半衰期由水田条件下 3 天增加到旱田的 5 天。温度对农药降解的影响程度因农药品种而异，一般来讲，温度升高能提高农药降解速率。

土壤湿度的变化影响光解速率的可能机制为：当湿度变大的时候，溶于水中的农药量也随之增大，而且水中的 OH 等氧化基团因光照也随之增加，从而使农药的氧化降解速率加快。另外，水分增加能增强农药在土壤中的移动性，有利于农药的光解。

（四）老化作用

有机污染物进入土壤后，随着时间的推移将会产生"老化"现象，使其与土壤组分的结合更为牢固，从而降低了生物可利用性，使其矿化率明显减少。

（五）共存物质的猝灭和敏化作用

共存物质的猝灭和敏化作用也是影响土壤中有机污染物光解的重要因素。研究发现，土壤色素可猝灭光活化的农药分子；采用紫外吸收物质二苯甲酮作光保护剂，可使杀虫剂杀螟松光解周期大大延长。对农药在土壤中间接光解的研究表明，土壤中也存在可加快农药光解的光敏化物质，值得重视的是土壤有机质中的胡敏酸和富啡酸，它们在光照时表现为瞬时自由基浓度增加。此外，光照时土壤表面形成单重态氧，而且在光照下土表还可形成另一些强氧化物和其他自由基，这些自由基显然会促进许多农药的间接光解。

第五节 典型重金属在土壤中的迁移与转化

一、汞在土壤环境中的迁移转化

汞以多种形态广泛存在于自然界中，在土壤中汞主要以 0、+1、+2 价存在。土壤中汞的形态比较复杂，有机质含量、土壤类型、温度、Eh 值、pH 等均会影响汞形态转化。一般按其化学形态可分为：金属汞、无机结合态汞和有机结合态汞。一般而言，金属汞毒性大于化合汞，有机汞毒性大于无机汞，甲基汞在烷基汞中的毒性最大。无论是可溶或不可溶的汞化合物，均有一部分能挥发到大气中去，其中有机汞的挥发性（甲基汞和苯基汞的挥发性最大）明显大于无机汞（碘化汞挥发性最大，硫化汞最小）。土壤中金属汞含量很少，但很活泼，不仅在土壤中可以挥发，而且随着土壤温度的增加，其挥发速度加快。

汞与其他金属的不同点是在正常的 Eh 值和 pH 值范围内，汞能以零价存在于土壤中。在适宜的土壤 Eh 值和 pH 值下，汞的三种价态间可相互转化。一般来说，较低的 pH 利于汞化物的溶解，因而土壤汞的生物有效性较高；而在偏碱性条件下，汞的溶解度降低，在原地累积；但当 PH > 8 时，因 Hg^{2+} 可与 OH^- 形成配合物而提高溶解度，亦使活性增大。氧化条件下，除 $Hg(NO_3)_2$ 外，汞的二价化合物多为难溶物，在土壤中稳定存在；还原条件下，汞以单质形态存在，值得一提的是，倘若 Hg^{2+} 在含有 H_2S 的还原条件下，将生成极难溶的 H_2S 残留于土壤中；当土壤中氧气充足时，H_2S 又可氧化成可溶性的硫酸盐 $HgSO_3$ 和 $HgSO_4$，并通过生物作用形成甲基汞被植物吸收。

土壤中各类胶体对汞均有强烈的表面吸附、离子交换吸附作用，汞进入土壤后，95% 以上的汞能迅速被土壤吸附或固定，汞在土壤中一般累积在表层。Hg^{2+} 可被负电荷胶体吸附。不同黏土矿物对汞的吸附能力主要表现为：蒙脱石、伊利石类 > 高岭石类。有机质的存在可能促进土壤对汞的吸附。这与土壤有机质含有较多的吸附点位有关。不同土类对汞的固定能力依次为：黑土 > 棕壤 > 黄棕壤 > 潮土 > 黄土，此趋势与土壤中有机质含量高低分布是一致的。在弱酸性土壤中（PH < 4），有机质是吸附无机汞离子的有效物质；而在中性土壤中，铁氧化物和黏土矿物的吸附作用则更加显著。此外，汞的吸附还受土壤 pH 影响。当土壤 pH 在 1 ~ 8，随 pH 增大，土壤对汞的吸附量增加；当 pH 大于 8 时，吸附量基本不变。

汞从土壤中的释放主要源于土壤中微生物的作用，使无机汞转化为易挥发的有机汞及元素汞。一般而言，土壤汞含量越高，其释放量越大；开始阶段，汞在土壤中的释放随时间增加而增加，但一定时间后释放量已不明显；温度越高土壤释放率越高，因此土壤汞的释放率：白天 > 夜间，夏季 > 冬季。同一土壤经不同汞化合物处理的研究表明，土壤汞挥发量的大小顺序为：$HgCl_2$ > $Hg(NO_3)_2$ > $Hg(CaH_3O_2)_2$ > HgO > HgS，而不同质地土壤的挥发率大小则为：沙土 > 壤土 > 黏土。有机络合剂（如腐殖质）和无机络合物（如 Cl^-，Br^-）浓度增加时，增加了土壤汞形成络合物的数量，相应降低微生物可利用的 Hg^{2+} 数量，最终降低了土壤汞的挥发量。

有机汞毒性远大于无机汞，土壤中任何形式的汞（包括金属汞、无机汞和其他有机汞）均可在一定条件下转化为剧毒的甲基汞，因此汞的甲基化最受人的关注。首先无机汞可在微生物作用下转化为甲基汞，转化模式如下：即无机汞在厌氧条件下主要形成二甲基汞，介质呈微酸性时，二甲基汞转化为脂溶性的甲基汞，可被微生物吸收、积累，并进入食物链造成人体危害；而在好氧条件下，则主要形成甲基汞，自然界中亦存在非生物甲基化过程。

土壤酸度增加，汞离子有效性增加，利于提高汞的甲基化程度。低浓度硒（IV）促进汞的甲基化，而高浓度硒（IV）明显抑制汞的甲基化。

二、砷在土壤环境中的迁移转化

砷的形态影响其在土壤中的迁移及对生物的毒性，一般将砷分为无机态和有机态两类。无机砷包括砷化氢、砷酸盐或亚砷酸盐等，无论是淹水还是旱地土壤中，砷均以无机砷形态为主，元素砷主要以带负电荷砷氧阴离子形式存在，化合价分别为 +3 和 +5 价。有机砷包括一甲基砷和二甲基砷，占土壤总砷的比率极低。通常无机砷比有机砷毒性大，且易迁移。在氧化与酸性环境中，砷主要以无机砷酸盐形式存在，而在还原与碱性环境中，亚砷酸盐占相当大比例。

按砷被植物吸收的难易程度，用不同提取液提取土壤中的砷，可以将其分为以下三类。

第一，水溶性砷该形态砷含量极少，常低于 1mg/kg，一般只占土壤全砷的 5% ~ 10%。

第二，吸附性砷指被吸附在土壤表面交换点上的砷。

第三，难溶性砷这部分砷不易被植物吸收，但在一定条件下可转换呈有效态砷。土壤中难溶性砷化物的形态可分为铝型砷、铁型砷、钙型砷和闭蓄型。

土壤对砷的吸附保持能力还受质地、有机质、矿物类型等多种因素的影响。一些研究认为，被吸持的砷量与土壤黏粒含量呈显著正相关，原因在于土壤粒度越小，比表面积越大，对砷的吸附能力也越大。但黏土矿物类型对砷的吸附有较大影响，纯黏土矿物对砷的吸附能力依次为：蒙脱石 > 高岭石 > 白玉石。

三、铅在土壤环境中的迁移转化

铅可生成 +2、+4 价态的化合物，土壤环境中的铅通常以二价态难溶性化合物存在，因此，铅在土壤剖面中很少向下迁移，多滞留于 0 ~ 15cm 表土中，随土壤剖面深度增加，铅含量逐渐下降。土壤铅的生物有效性与铅在土壤中的形态分布有关。目前，对土壤中铅进行形态分级多采用 Tessier 方法，将土壤铅分为水溶态、可交换态、碳酸盐结合态、铁锰氧化物结合态、有机质硫化物结合态及残渣态。因铅的水溶性极低，在土壤铅形态分级时，通常可省去第一步骤，而将第二步视为水溶态和可交换态。对中国 10 个主要自然土壤中各形态铅含量的分配均以铁锰氧化物态最高，其次是有机质硫化物结合态和碳酸盐态，交换态和水溶态最低。形态分级对了解铅的潜在行为和生物有效性而言，提供了更多的信息。植物吸收铅的主要形态为交换态和水溶态，碳酸盐结合态及铁锰氧化物结合态铅可依据不同土壤性质视其为相对活动态或紧密结合态，研究表明，糙米中铅浓度与土壤中铅的交换态、碳酸盐结合态、有机结合态均良好相关，而与铁锰氧化物结合态无显著相关。

有学者认为，铅的生物有效性与土壤的有机质、黏粒、质地及阳离子交换量有关，植物吸收的铅与 CEC 的比值可作为判断铅的生物有效性的指标。铅可以与土壤中的腐殖质（如胡敏酸和富咖酸）形成稳定的络合物，相对而言，铅与富咖酸形成络合物的数量远高于其他金属，而胡敏酸与铅的络合物较胡敏酸与锌或镉的络合物更加稳定。土壤中的铅浓度与土壤腐殖质含量呈正相关。腐殖质对铅的络合能力及其络合物稳定性，均随土壤 pH 上升而增强。潮土和潮褐土中交换态铅与有机质含量呈正相关趋势，而碳酸盐结合态与有机质含量呈显著负相关。土壤中伊利石、蒙脱石、高岭石、蛭石和水化云母对铅的吸附均随 pH 而变。

四、镉在土壤环境中的迁移转化

土壤中镉的分布集中于土壤表层，一般在 0 ~ 15cm，15cm 以下含量明显减少。土壤中难溶性镉化合物，在旱地土壤以 $CdCO_3$、$Cd_3(PO_4)_2$ 和 $Cd(OH)_2$ 的形态存在，其中以 $CdCO_3$ 为主，尤其在碱性土壤中含量最多；而在水田多以 CdS 形式存在。土壤镉按照 BCR 提取法，通常可区分为四种形态：交换、水和酸溶态；可还原态；可氧化态；残余态。一般认为，水溶态和交换态重金属对植物而言属于有效部分，残余态则属于无效部分，其他形态在一定条件下可能少量而缓慢地释放成为有效的补充。相对而言，植物对土壤中镉的吸收并不取决于土壤中镉的总量，而与镉的有效性和存在形态有很大关系。土壤镉活性较大，其生物有效性也较高。一些研究表明，酸性土壤中 Cd 以铁锰氧化物结合态和可交换态为主，其余形态相对较低；碱性土壤中有机态和残余态比例较高，碳酸盐结合态和可交换态所占的比例低。

Cd 进入土壤后首先被土壤所吸附，进而可转变为其他形态。通常土壤对 Cd 的吸附力越强，Cd 可迁移能力就越弱。土壤氧化还原电位、pH、离子强度等均可影响土壤镉的迁移转换和植物有效性。

通常情况下，石灰性土壤比酸性土壤对重金属的固持能力大得多，除了在石灰性土壤中可出现碳酸盐沉淀外，pH 是一个重要因素。

E_h 值也是重要因素，在土壤 E_h 值较高情况下，CdS 的溶解度增大，可溶态镉含量增加，当土壤氧化还原电位较低时（淹水条件），含硫有机物及外源含硫肥料可产生硫化氢，生成的 FeS、MnS 等不溶性化合物与 CdS 产生共沉淀，因此，常年淹水的稻田，CdS 的积累占优势，土壤值升高，土壤对镉的吸附量明显减少，难溶态 CdS 会被氧化为 $CdSO_4$，使土壤 pH 值下降，土壤有效镉含量增加。相同镉污染水平下，淹水栽培的水稻叶中镉含量明显低于旱作水稻叶片中镉含量。

离子强度是影响土壤 Cd 吸附能力的另一个重要因素。随土壤溶液离子强度的增加，土壤对 Cd 的吸附量减少。不同离子强度下，蒙脱石对 Cd 的吸附研究表明，随着土壤溶液离子强度的增加，降低了 Cd 在黏土表面的吸附量。此外，Cd 在蒙脱石上的吸附量依赖于交换性阳离子的种类，其吸附量的大小顺序为：Na 蒙脱石 > K 蒙脱石 > Ca 蒙脱石 > Al 蒙脱石，Al 能有效降低蒙脱石上的高能量位对 Cd 的吸附。一些研究亦证实，竞争离子的存在可明显减少微粒对 Cd 的吸附。如 Zn、Ca 等阳离子与 Cd 竞争土壤中的有效吸附位并占据部分高能吸附位，使土壤中 Cd 的吸附位减少，结合松弛。也已表明，在镉污染土壤中施用石灰、钙镁磷肥、硅肥等有效抑制植物对镉的吸收。

第六节　典型有机污染物在土壤中的迁移转化

一、有机氯农药

有机氯农药作为一种典型的持久性污染物，一旦进入环境介质中就很难降解。有机氯农药在环境介质中的迁移转化主要表现为在大气—水体；水体—沉积物（土壤）；土壤—大气之间的迁移。有机氯农药（OCPs）在土壤—大气间的转移过程主要分为两个过程：首先是 OCPs 通过挥发作用直接从土壤挥发到大气中，然后在大气中通过干湿沉降作用再次进入土壤。这种转移过程是 OCPs 在土壤—大气之间最常见的过程。在农作物耕种的过程中，有机氯农药通过喷洒的方式着落在农作物和土壤的表面上，然后通过挥发进入到大气中，在大气中处于气态或吸附在颗粒物上的 OCPs 又可以伴随着气流的转移而移动。在大气干湿沉降作用下进入水体或者土壤环境中。通常情况下，土壤中是存在一定水分和空气的，进入土壤中的有机氯农药在土壤中存在着一个复杂的平衡过程。这个过程会受多种因素的影响，包括污染物性质、土壤理化性质以及环境条件等因素。

二、有机磷农药

有机磷农药在施用过程中，大约 90% 的农药不是作用于靶生物而是通过空气、土壤和水扩散到周围的环境中，土壤是农药残留的重要场所。进入土壤中的农药，能够发生被土壤颗粒及有机质吸附、降解和被农作物吸收等一系列理化过程。有机磷农药在土壤中的降解主要包括光解、化学降解和微生物降解，这些降解往往是在土壤中共同起作用来消除土壤污染。影响降解的因素有土壤湿度、温度、微生物数量和有机质含量等。

有机磷农药对光的敏感程度通常比其他种类的农药要大，因此容易降解。有机磷农药分子能在太阳光的作用下，形成激发态分子，导致分子中键的断裂。如辛硫磷在 253.7nm 的紫外光下照射 30h，可产生中间产物—硫代特普，但照射 80h 以后，中间产物逐渐光解消失。

水解反应是许多污染物化学降解的重要环节。特别是近年来研究发现被土壤吸附的农药，还可以促进水解反应的进行，这种机制被称为吸附—催化反应。大多数的有机磷农药属于酯类，因此容易水解。许多有机磷农药生产废水处理的实验研究都表明，有机磷农药是易于水解的。反应温度、水解时间、农药浓度等都对水解反应有不同程度的影响。高明华等在处理甲胺磷生产废水的研究中发现，当反应温度由 140℃提高到 200℃时，有机磷水解率由 25.7% 上升到 75.5%，水解时间由 0.5h 提高到 3.0h 时，有机磷浓度由 989mg/L 提高到 5530mg/L，有机磷水解率由 36.4% 上升到 73.1%，有机磷水解率由 25.9% 提高到 46.9%。有机磷农药的水解速率也随 pH 值的增大而加快，如磷胺在 23℃，pH 由 4.0 上升到 10.0 时，其水解 50% 的时间由 74d 下降到 2.2d。亚胺硫磷在 25℃，pH 值由 4.06 上升到 9.0 时，其水解 50% 的时间则由 15d 下降到 0.22h。

有机磷农药水解形式主要包括酸催化、碱催化，但有机磷农药碱催化水解要比酸催化水解容易得多，从 pH 对有机磷农药的影响也可看出，有机磷农药在碱性条件下水解速率比在酸性条件下有很大的提高，因为有机磷农药的水解主要是发生在磷分子与有机基团连接的单键结构上（这个有机基团是取代羟基或羟基上的氢原子的），而。H⁻ 取代有机磷农药的有机基团要比 H⁺ 取代有机磷农药的有机基团要容易得多，这与农药的本身结构以及。H⁻ 的氧化能力强有关。当发生碱性水解时，有机基团被水中的所取代，当发生酸性水解时，有机磷农药中的有机基团被取代。

有机磷农药进入土壤以后，能被土壤中的有机质和矿物质所吸附，使有机磷农药发生吸附催化水解反应。土壤中存在着更多的氧化物，从而在体系中产生更多的。H⁻，使有机磷农药快速彻底水解。

农药进入土壤以后，即使在没有微生物参与的条件下，有氧或无氧时也会发生氧化还原反应。它是与土壤的氧化还原电位（Eh）密切相关的，当土壤透气性好时，其 Eh 值高，有利于氧化反应的进行，反之则利于还原反应进行。不同的有机磷农药在土壤中的氧化还原降解性能也不一样。

有机磷农药的微生物降解也是其在土壤中降解转化的另一个重要的途径，降解主要存在以下过程，一种是微生物本身含有可降解该农药的酶系基因，当有机磷农药进入土壤后，微生物马上能产生降解有磷农药的降解酶，在这种情况下，降解菌的选育较为容易；另一种是微生物本身并无可降解该有机磷农药的酶系，当农药进入环境以后，由于微生物生存的需要，微生物的基因发生重组或改变，产生新的降解酶系。当微生物对有机化合物的降解作用是由其细胞内的酶引起时，微生物降解的整个过程可以分为三个步骤，首先是化合物在微生物细胞膜表面的吸附，这是一个动态平衡，其次是吸附在细胞膜表面的化合物进入细胞膜内，在生物量一定时，化合物对细胞膜的穿透率决定了化合物穿透细胞膜的量，最后是化合物进入微生物细胞膜内与降解酶结合发生酶促反应，这是一个快速的过程。

三、多环芳烃

PAHs 的生物降解取决于分子化学结构的复杂性和微生物降解酶的适应程度，降解的难易程度与 PAHs 的溶解度、环的数目、取代基种类、取代基的位置、取代基的数目以及杂环原子的性质有关；而且，不同种类的微生物对各类 PAHs 的降解机制也有很大差异。

（一）好氧降解

细菌对 PAHs 的降解虽然在降解的底物、降解的途径上存在着差异，但是在降解的关键步骤上却是一致的。细菌对 PAHs 好氧降解的第一步是在 PAHs 双氧化酶的作用下，将两个氧原子直接加到芳香核上，PAHs 转变成顺式二氢二醇，后者进一步脱氢生成相应的二醇，然后环氧化裂解，而后进一步转化为儿茶酚或龙胆酸，彻底降解。

（二）厌氧降解

多环芳烃可以在反硝化、硫酸盐还原、发酵和产甲烷的厌氧条件下转化，但相对于有氧降解来说，PAHs 的无氧降解进程较慢，其降解途径目前还不十分清楚，可以厌氧降解 PAHs 的细菌相对较少。

四、石油烃

石油污染物进入土壤后，熔点高，难挥发的大分子量油类吸附到土壤中，而低分子量油类以液相和气相存在，挥发性高并不断挥发溢出到大气中。原油由四种组分构成：饱和烃、芳香烃、沥青质和非烃类物质。饱和烃又有正构烷烃、异构烷烃之分。微生物对它们发生作用的敏感性不同，一般其敏感性由大到小为：正构烷烃、异构烷烃、低分子量的芳香烃、环烷烃。

石油烃的一个显著特点是其低溶解度，导致其生物降解性也差。例如，碳链中碳原子数大于18 的石油烃的溶解度低于 0.006mg/L，它们的生物降解速度很慢；碳原子小于 10 的石油烃容易被生物降解，它们有相对较高的溶解度，例如正己烷的溶解度为 12.3mg/L。

另一个影响石油烃生物降解的性质为石油烃结构的支链与取代基。石油烃结构中的支链在空间上阻止了降解酶与烃分子的接触，进而阻碍了其生物降解。支链可以降低烃类的降解速率，一个碳原子上同时连接两个、三个或四个碳原子会降低降解速率，甚至完全阻碍降解。多环芳烃（PAHs）较难生物降解，其降解程度与 PAHs 的溶解度、环的数目、取代基种类及位置、取代基数目和杂环原子的性质有关。

另外，石油烃物质的憎水性是微生物降解存在的主要问题。由于烃降解酶嵌于细胞膜中，所以石油烃必须通过细胞外层的亲水细胞壁后进入细胞内，才能被烃降解酶利用，石油烃物质的憎水性限制了烃降解酶对烃的摄取。石油烃的疏水性不仅导致低溶解度，并且有利于其向土壤表面的吸附。石油污染土壤后，在土相中的量远远大于在水相中的量。

通常认为，在微生物作用下，直链烷烃首先被氧化成醇，源于烷烃的醇在醇脱氢酶的作用下被氧化为相应的醛，醛则通过醛脱氢酶的作用氧化成脂肪酸，氧化途径有单末端氧化、双末端氧化和次末端氧化。相对正构烷烃而言，支链烷烃较难为微生物所降解，支链烷烃的氧化还会受到正构烷烃氧化作用的抑制。

五、多氯联苯

通常情况下多氯联苯化学性质非常稳定，不易水解，也不易与强酸强碱等发生反应，但在一定条件下能被强氧化剂（如羟基自由基）氧化，能吸收紫外光或在光催化剂和光敏化剂的作用下发生光化学降解，部分同系物也能被微生物一定程度地降解。自然环境中，多氯联苯的消除主要依赖于光降解与微生物降解的作用。另外，在废水处理与污染环境的修复中已发展了一些人工强化降解多氯联苯的技术，如高温氧化、TiO_2 光催化、Fenton 氧化、超临界水氧化、微波辐照及植物—微生物联合修复等。

（一）多氯联苯的光化学降解

大量研究表明多氯联苯能吸收紫外光而发生直接光降解。多氯联苯是联苯的卤代物，而联苯自身有两个主要的光谱吸收峰值，波峰分别在202nm和242nm处，分别称为主波段和K波段。当联苯上的氢被氯原子取代后，由于苯环间的C—C键发生扭曲，激发态与基态的分子轨道重叠减少，因而分子受激发所需的能量也会增加，所以多氯联苯的K波段会发生一定的蓝移。当取代的氯原子数越多，特别是邻位上的取代作用，蓝移越明显。多氯联苯对光的敏感性也与苯环上氯的取代数量和取代位置密切相关。

多氯联苯的直接光解在水溶液中即可进行，光解过程中同时存在着脱氯、羟基化和异构化反应。比如二氯联苯、三氯联苯和四氯联苯在曝气条件下含有少量甲醇的水中光解产物主要为脱氯产物和羟基化的产物。2-氯联苯和4-氯联苯在曝气水中的光解产物也为羟基化产物，但是后者的光量子产率低很多。也有研究发现4-氯联苯在脱气的水溶液中光解生成4-羟基联苯和异构化了的3-羟基联苯。如果水溶液中含有少量的乙腈等有机溶剂，能给光解反应提供更多的氢，从而可以提高光解的速率和效率。

在醇溶液中，由于醇的C—H键能低，易断裂，因而可为光反应提供足够的氢原子，有利于光降解的进行，光解反应主要产生脱氯产物以及少量的衍生化的副产物。对五种多氯联苯同系物分别在甲醇、乙醇和异丙醇溶液中的光解产物进行了研究，发现降解产物主要为更低氯代的多氯联苯同系物，同时也检测到少量的羟基化、乙基化、甲氧基化等的副产物。对非邻位取代的多氯联苯同系物在碱性丙二醇溶液中的紫外光解进行了研究，发现反应主要为连续脱氯，联苯为最终产物，亦有一些氯原子重排产物的生成；同时研究也发现脱氯首先从对位开始，且主要发生在氯取代数多的一侧苯环上。

（二）多氯联苯的光催化降解

利用半导体材料如TiO_2、ZnO、WO_3、CdS和$a-Fe_2O_3$等在光照射下产生强氧化性物质，对有机污染物几乎可以无选择性地矿化，可以使有机污染物得到降解。这些半导体催化剂中，TiO_2的稳定性最好、催化活性最高，而且可以使用的波长最高可达387.5nm，因而是最具有应用前景的半导体催化剂。

多氯联苯的光敏化降解：由于大多数的多氯联苯同系物不能有效吸收波长大于290nm的光，而到达地面的太阳辐射光波主要在290nm以上，因而多氯联苯的直接光降解在自然光照下很难发生。而光敏化剂是一类能够吸收自然光的能量然后将能量转移给目标物质，从而促进目标物质发生光化学反应的化学物质。常用的光敏化剂有二乙胺、三乙胺、二乙基苯二胺、核黄素、丙醇、吩噻嗪染料等，其中二乙胺和二乙基苯二胺对多氯联苯的光敏化降解的效果较好。

Hawari等研究了光敏化剂吩噻嗪对多氯联苯间接光解的作用机制，发现吩噻嗪吸收光能后被激发为三线态，三线态的吩噻嗪可以作为多氯联苯反应的有效电子供体。Lin等人研究了氙灯模拟太阳光照下，二乙胺对五种多氯联苯同系物的敏化光降解，发现光降解遵从准一级反应动力学，同时也发现使用模拟光源的光解效果远高于使用自然光。在 Acroclor 1254 的水溶液中加入二乙胺，经 24h 的模拟太阳光照，多氯联苯的各同系物的降解率可达 21% ~ 38%。研究发现，多氯联苯的光敏化降解途径为连续脱氯反应，且以邻位和对位脱氯为主，整个反应过程中存在阴、阳离子自由基。此外，多氯联苯的光敏化降解过程中还存在最佳的光敏化剂添加浓度，如研究发现存在二乙胺时 PCB-138 的光降解反应为准一级动力学，当乙二胺浓度为 PCB-138 浓度的 10 倍时，PCB-138 的光解速率常数最大。多氯联苯光敏化反应中涉及电子的转移，可能有两种机制。Izadifard 等研究了亚甲蓝和三乙基胺对 PCB-138 敏化光降解的机制，发现存在电子从还原态光敏剂的激发态转移到多氯联苯的过程，红光部分负责光敏剂的还原，UV-A 部分负责脱氯过程。光敏化降解可能是自然环境中多氯联苯消减的重要途径之一。

（三）多氯联苯的微生物降解

虽然多氯联苯是一种较难被生物降解的化合物，但也已证实多氯联苯在环境中存在缓慢的生物降解。最早发现的能够降解多氯联苯的微生物是两株无色杆菌，能分别降解单氯联苯和双氯联苯。目前公认微生物主要以两种方式降解多氯联苯，一是以多氯联苯为碳源或能源，对其降解，同时也满足了微生物自身生长的需求，即无机化机制；另一种是微生物利用其他有机底物作为碳源或能源进行生长代谢时，产生的非专一性酶也能降解多氯联苯，即共代谢机制，其中共代谢机制是多氯联苯微生物降解的主要途径。在 PCBs 的降解过程中存在着两种不同的作用模式：厌氧脱氯作用和好氧生物降解作用。

第九章 土壤污染修复技术

第一节 土壤修复技术体系

土壤污染的治理与修复技术体系主要有三大类，分别是：污染物的破坏或改变技术，环境介质中污染物提取或分离技术，污染物的固定化技术。这三类技术可独立使用，也可联合使用，以便提高土壤修复效率。

第一类技术通过热力学、生物和化学处理的方法改变污染物的化学结构，可应用于污染土壤的原位或异位处理。

第二类技术将污染物从环境介质中提取和分离出来，包括热解吸、土壤淋洗、溶剂萃取、土壤气相抽提（SVE）等多种土壤处理技术，和相分离、碳吸附、吹脱、离子交换以及联用等多种地下水处理技术。此类修复技术的选择与集成需基于最有效的污染物迁移机理达成的最高效处理方案，例如，空气比水更容易在土壤中流动，因此，对于土壤中相对不溶于水的挥发性污染物，SVE的分离效率远高于土壤淋洗。

第三类技术包括稳定化、固定化、安全填埋或地下连续墙等污染物固化技术。没有任何一种固化技术是永久性有效的，因此需进行一定程度的后续维护。该类技术常用于重金属或无机污染物场地的修复。

一般而言，没有任何一种技术可以独立修复整个污染场地，通常需多种技术联用并形成一条处理装置线。例如，SVE技术可与地下水抽提和吹脱技术相结合而同时去除土壤和地下水中的污染物。SVE系统和空气吹脱的排放气体可由单独的气体处理单元进行处理。此外，土壤中的气流可以增进自然生物活性和一些污染物的生物降解过程。在某些情况下，注入土壤饱和带或非饱和带的空气还能促进污染物的迁移和生物转化。

第二节 国内场地土壤修复技术现状及趋势

一、国内场地土壤修复技术现状

我国场地土壤修复经数年发展，修复市场上的修复工程由少变多，项目规模由小变大，业务结构由单一变综合。如今产业整体特点是，竞争态势开始显现，专业从事土壤修复的企业逐渐增多。

二、国内场地土壤修复技术发展趋势

《土壤污染防治行动计划》(简称"土十条")发布后，我国的土壤修复技术发展方向已悄然发生变化。由于修复资金紧缺，"土十条"强调土地利用方式，同时提出"预防为主、保护优先、风险管控，分类管控"的思路，更加强调了风险防控技术。结合"土十条"，土壤修复技术的未来发展方向及需求将主要呈现以下特点：

第一，"风险消除"下，阻断污染扩散和/或暴露途径的安全阻控技术，工程控制措施和制度控制将越来越广泛的应用到土壤修复中。

当前，污染场地的修复和管理对策已由早期的"消除污染物"转向了更加经济、合理、有效的"风险消除"。污染场地风险管理强调"源—暴露途径—受体"链的综合管理，采取安全措施阻止污染扩散和阻断暴露途径是风险管理框架中可行且经济有效的手段，如果当污染暴露途径以室内蒸气入侵为主时，可以考虑在污染区域建筑物底部混凝土下方铺设蒸气密封土工膜，以阻断蒸气吸入暴露途径；当以接触表层污染土壤为主要暴露途径时，可以考虑在污染土层上方浇注水泥地面或铺设一定厚度的干净土壤来阻隔土壤直接接触途径。

第二，原位修复技术将替代异位修复技术，成为土壤修复的主力军。

"土十条"中提出"治理与修复工程原则上在原址进行，并采取必要措施防止污染土壤挖掘、堆存等造成二次污染"。借鉴发达国家土壤修复的治理经验，我国土壤修复必然将从异位修复向原位修复过渡，并成为土壤修复的主力军。

第三，基于设备化的快速场地污染土壤修复技术得以发展。

土壤修复技术的应用在很大程度上依赖修复设备和监测设备的支撑，设备化的修复技术是土壤修复走向市场化和产业化的基础。植物修复后的植物资源化利用、微生物修复的菌剂制备、有机污染土壤热脱附或蒸气浸提、重金属污染土壤的淋洗或固化/稳定化、修复过程及修复后环境监测等都需要设备。尤其是对城市工业遗留的污染场地，因其特殊位置和土地再开发利用的要求，需要快速、高效的物化修复技术与设备。开发与应用基于设备化的场地污染土壤的快速修复技术是一种发展趋势。

第三节 水平阻隔技术

一、背景和意义

近年来，人类的科技水平不断地发展，生产力的飞跃式提升除了为人类带来经济的发展，同样也给人类带来了许多"副产品"，垃圾就是其中之一。垃圾可大体分为生活垃圾与工业垃圾两大类，在国内生活垃圾多采用垃圾填埋的方式，相比其他方式虽更为高效廉价但也存在着垃圾填

埋气（LFG）污染空气的问题。而对于工业垃圾则不能简易地进行填埋处理，若处理不当则会导致工业污染场地的产生，污染地下水与土层。因此无论是垃圾填埋场还是工业污染场地，都需要进行合理的治理。现行的治理方式主要分为可渗透反应屏障（PRB）法，在土层中添加水平或垂直阻隔，固化法。

在十九大报告中，习总书记提出：要在 21 世纪中叶全面建成富强、民主、文明、和谐、美丽的社会主义现代化强国。报告中首次增加了"美丽"一词，"美丽"一词能否实现，与三大攻坚战中的污染防治密切相关。十九大报告中着力强调了环境问题，提出"强化土壤污染管控和修复"。

国务院印发了《土壤污染防治行动计划》（简称"土十条"），提到了"加强污染源监管，做好土壤污染预防工作"，并"开展污染治理与修复，改善区域土壤环境质量"。有机污染场地多发生在城市工业遗留地，城市工业污染场地较农业耕地类土壤污染具有污染程度高、污染物组成复杂、污染深度大，以及土壤和地下水均遭受污染等显著特点。我国官方文件明确表明了土壤修复不主张盲目的大治理、大修复。生态环境部相关官员在第八届世界环境岩土工程大会对土壤修复给出了如下建议："对于受污染建设用地，采取消除或减少土壤污染的修复措施可以防控风险；在彻底消除污染不具有经济技术可行性的情形下，应当采取隔离等切断或控制暴露途径的措施"。

针对不同类型的土体污染物，主要的修复技术手段包括热脱附、淋洗、固化/稳定化、化学氧化还原、微生物修复等。而面对我国土体污染的新形势，"风险管控"的概念被提出，针对风险评估后超标且暂时无法治理的场地，应当制定风险管控方案，移除或者清理污染源，采取污染隔离、阻断等措施，防止污染扩散。另外，相对于重金属污染物，有机污染物因其毒性大、挥发性强等原因导致处理难度大，在修复同时需要联合其他技术手段对有机污染场地进行风险阻隔。在环境科学领域，污染场地的水平阻隔技术，水平工程屏障已成功作为蒸汽屏障阻隔南极地区特种燃料向建筑室内扩散渗漏，Rowe 等人通过 Pollute 软件建立了相应的蒸汽入侵模型，对比了有无 XPS（extruded polystyrene board）隔热层、洁净土或生物修复土条件下 EVOH 土工膜和 LLDPE 土工膜的阻隔效果，发现当采用 EVOH 土工膜的水平工程屏障时，建筑物室内有机污染物峰值浓度始终小于采用 LLDPE 土工膜和无蒸气屏障的工况。与传统覆盖层相比，水平工程屏障（horizontal engineering barrier）或水平阻隔反应屏障（horizontal permeable reactive barriers）除了设置水力学阻隔层之外，还根据"水平衡原则"设置了植被层和抗侵蚀层，可以降低建造和维护成本并对土体提供长期保护。在不饱和区域设置水平工程屏障，可以有效限制渗滤液的下渗和 VOC（Volatile Organic Compounds）气体的向上运移，甚至吸附和降解向上运移的 VOC 气体。

水平工程屏障系统自下往上包括压实黏土衬垫、土工合成黏土衬垫、土工膜、排水层、保护层、种植土层、植被层，其中土工合成黏土衬垫（GCL）、压实黏土衬垫（CCL）及土工膜（GMB）对 VOC 气体的运移起到阻滞作用。目前，国内垃圾填埋场的底部防渗一般采用厚度 ≥ 1.5mm 的高密度聚乙烯（HDPE）土工膜，其材料参数符合 CJ/T234-2006《垃圾填埋场用高密度聚乙烯土工膜》的要求。重金属离子（Zn^{2+}、Ni^{2+}、Mn^{2+}、Cu^{2+}、Cd^{2+}、Pb^{2+}）几乎不能通过土工膜扩散，而通过扩散试验和吸附试验发现对二甲苯、乙苯、邻二甲苯和甲苯等挥发性有机物（VOC）在土工膜中运移时，其分配系数可达 408、315、237 和 120，扩散系数分别为 $1.7 \times 10^{-13} m^2/s$，$1.8 \times 10^{-13} m^2/s$，$1.5 \times 10^{-13} m^2/s$ 和 $3 \times 10^{-13} m^2/s$。同时，由于完整的土工膜的渗透性极低，所以复合衬垫系统中的渗漏大部分是通过土工膜破损产生的。而 Rollin 等人通过漏电探测法统计发现，安装好的土工膜上的漏洞频率为 2-26 个 /ha。即使是经过严格的施工质量控制（CQC）和施工质量保证（CQA）程序，土工膜上的破损也是存在的。Giroud 等人研究表明，严格按照施工质量保证（CQA）程序进行施工时，采用 2.5-5 个 /ha 的破损频率计算渗漏量较为合理，这与 Forget 的报道大致相符，对 57 个填埋场中裸露的土工膜进行渗漏检测，发现严格按照施工质量保证（CQA）程序进行施工时，破损频率为 0-7 个 /ha，平均约为 4 个 /ha，而未按施工质量保证（CQA）程序进行施工的场地的土工膜破损频率平均约为 22 个 /ha。而在我国，徐亚等人采用偶极子法对 80 座填埋场的防渗层进行渗漏检测，经统计分析发现，经由具有专业工程资质及防渗施工经验的公司铺设的填埋场防渗层的漏洞频率为 19.1 个 /ha，而由非专业工程资质的公司铺设的填埋场防渗层的漏洞频率可达 37.6 个 /ha，均远大于国外填埋场防渗层的漏洞频率。事实上，土工膜的破损是不可避免的，约 50% ~ 83% 的破损发生在铺设过程中，会对土工膜的阻滞效果造成极大影响。在土工膜破损处，GCL 作为阻隔液相 VOC 经扩散作用发生迁移的屏障，其扩散系数 Dt 与孔隙率有关，当孔隙率为 4.1 ~ 4.6 时，二氯甲烷、三氯乙烯、苯和甲苯在针刺 GCL 中的扩散系数分别为 $3.2 \times 10^{-10} m^2/s$、$5.6 \times 10^{-10} m^2/s$、$3.2 \times 10^{-10} m^2/s$ 和 $4.8 \times 10^{-10} m^2/s$。Doll 提出基于气液二相流和热流的垃圾填埋场中 GCL 的热驱动脱水和干燥理论，而 Rowe 等人则通过室内土柱试验研究了温度梯度下 GCL 的开裂情况，结果表明当 GCL 初始含水率为 110%，地基土含水率为 4.5%，且上覆 1.5mmHDPE 土工膜时，设置温度梯度为 25℃ /m，90 天后 GCL 层含水率减小为 12.1%，GCL 出现失水开裂现象，严重影响土工膜破损处 GCL 对污染物的阻滞效果。因此，土工膜的缺陷是 VOC 气体的重要排放源之一。压实黏土衬垫（CCL）一般与 GCL 和 GM 结合使用，形成复合衬垫，作为废物处理或水土保持的水力屏障。Basnett 和 Bruner 在美国某垃圾填埋场扩建工程中发现，厚度为 0.3m 的 CCL 层上覆土工膜和砂土保护层时，由于坡度原因暴露在阳光直射下，3 年后黏土高度干燥并出现了宽度为 12-25mm 的裂缝，填埋场扩建工程施工 2 个月后其裂缝深度可达 200mm。而 Ghazizade 等人将三种裸露的 CCL 和上覆白色土工布的 CCL 暴露在大气中，一年后发现塑性指数最高的 CCL 的平均裂缝深度可达 120mm，而土工布覆盖的 CCL 层平均裂缝深度较裸露的 CCL 小 35% ~ 79%。国内谢建宝等的研究表明利用烘箱对长三角地区的黏土进行加热，发现当其含水率减小为 33.5% 时容易发生开裂。Kerry Rowe 团队研究则表明，当 CCL 下方土层的初始含水率小于 5% 时，CCL 层出现开裂。而 Omidi 等的研究表明黏土失水干燥将导致 CCL 层的渗透系数增大接近 2 个数量级，会对复合衬垫系统的整体阻隔效果造成巨大影响。

总结前人的研究成果可以发现，目前复合衬垫系统中的CCL层在实际的工程应用中仍存在以下四点问题（如图9-1所示）：

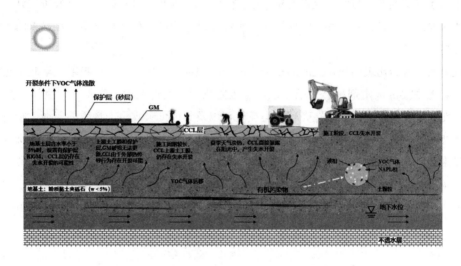

图9-1 CCL层在实际工程施工应用中存在的问题

第一，夏季天气炎热（气温超过35℃），施工过程中CCL层直接暴露在阳光中，产生失水开裂现象；

第二，即使设置有保护层和土工膜，当地基土层含水率小于5%时，CCL层仍存在失水开裂的可能性；

第三，若施工工期较长，即使上覆HDPE土工膜时，仍存在失水开裂现象；

第四，由于土工膜破损不可避免，当上覆土工膜和保护层时，破损处无法及时更新，其下方的黏土由于外部热传导行为而存在开裂的可能性。

目前，污染场地的治理与修复是环境岩土学科中的热点问题，而有机污染场地的治理与修复更是其中的重难点。针对有机污染场地中出现的VOC气体运移的现象，国际环境岩土工程大师Kerry Rowe在第八届国际环境土工大会指出，挥发性有机物气体阻隔层（VOC vapor barrier）在限制屏障内水分迁移的同时，更需要阻隔有机污染物的传输。因此，研发一种增强型黏土功能层材料，从而提高CCL层对挥发性气体扩散运移的实际阻隔效果，对有机污染场地的治理与修复工作具有重要意义。

二、国内外研究现状

（一）吸附剂与保水剂

为对现有的水平阻隔系统中的CCL层进行改性，使其成为兼具保水和吸附功能的增强型黏土功能层，需要在 CCL 层中加入双重剂，即双重改性剂。双重剂同时充当吸附剂和保水剂，其对 CCL 层的改性集中在两个方面，即通过提高黏土在高温下保水性能和对 VOC 气体的吸附性能，从而提高 CCL 层对 VOC 气体扩散运移的阻隔效果。目前，市面上并没有相关双重剂待售，也缺少直接描述双重剂性能与实际效果的相关中英文文献。因此，需要通过文献调研找到可以兼做吸附剂和保水剂的材料，并对其吸附性能和保水性能进行测试，最终筛选出满足要求的可用作双重剂的材料。

吸附剂一般为比表面积较大的多孔物质或磨的很细的物质，对整体吸附效果起决定性作用，目前市场上主要的吸附剂种类包括活性炭、吸附树脂、改性淀粉类吸附剂、改性纤维素类吸附剂、改性木质素类吸附剂、改性壳聚糖类吸附剂以及其他可吸收污染物质的药剂、物料等。通常采用批处理吸附试验评价吸附剂的吸附效果，并对试验结果进行吸附动力学分析，批处理吸附试验中吸附剂吸附效果的评价指标一般为最大吸附量和去除率。而针对液相 VOC 污染，通常以分配系数（Kd）和吸附量（S）评价吸附剂的吸附效果，例如 Marie-Pierre 等依据相关规范 ASTM E1195-01（08）通过批处理吸附试验测试了经热处理后钻井泥浆废渣对 VOC 的吸附效果（如图 9-2 所示）。

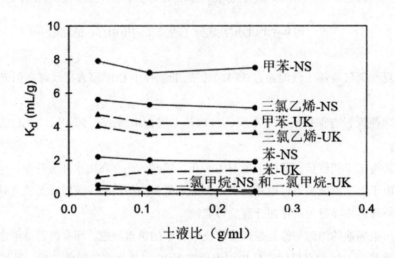

图 9-2 不同固液比下两种热处理钻井泥浆废渣的分配系数

保水剂又称高吸水剂，可吸收相当自身重量成百倍甚至千倍的水分，可抑制土体水分蒸发，调节土体温度。相对来说，保水剂种类繁多，根据合成原料不同，将其分为四类：改性淀粉类（淀粉—聚丙烯酸型、淀粉—聚丙烯酰胺型）、合成聚合物类（聚丙烯酸型、聚丙烯型、聚丙烯醇型等）、改性纤维素类（羧甲基纤维素型、纤维素型）以及其他天然物及其衍生物、共混物及复合物。保水剂广泛应用于农业领域，一般通过吸水倍率、吸水速率、保水率和反复吸水性来反映保水剂的性能，其中吸水倍率、吸水速率和反复吸水性为吸水性能，而保水率则反映其保水性能。

对比不同类型的吸附剂和保水剂，可以发现二者在材料上具有重合之处。考虑到复合型双重剂制备过程较为烦琐，且成本较高，其在实际工程中实用性不高，因此在遴选合适的双重剂材料时应尽量选择天然材料。而黏土及其改性物由于其种类繁多，包括凹凸棒土、膨润土、伊利石等，应选择吸附能力和经济性较强的凹凸棒土作为备选双重剂材料。对于木质素、海藻酸等材料，考虑经济因素以及其保水能力较弱（以海藻酸及其衍生物为例，仅能保水数天），不考虑将这类材料作为双重剂的备选材料。根据材料类型不同，将筛选所得的双重剂分为天然双重剂与人工双重剂两类。天然双重剂包括凹凸棒土、沸石，人工双重剂包括纤维素类、淀粉类、硅藻土类以及壳聚糖类。水平阻隔系统的使用年限一般远大于 10 年，而六种备选材料中聚丙烯酰胺类材料（纤维素 / 丙烯酰胺、淀粉 / 丙烯酰胺、硅藻土 / 聚丙烯酰胺等）的使用年限为 4 ~ 6 年，生物基材料（纤维素基、壳聚糖类、淀粉类）在土体中易流失、易降解，其使用年限一般小于 4 年，不符合实际应用需求。因此，凹凸棒石黏土和硅藻土类材料符合双重剂的经济、使用年限、保水、吸附等各方面的需求。

（二）凹凸棒石黏土

凹凸棒石黏土是指以凹凸棒土（attapulgite）为主要矿物成分的一种天然非金属黏土矿物，又称坡缕石，是一种具有特殊纤维状晶体结构的含水富镁铝硅酸盐矿物，常伴生有蒙脱石、高岭石、水云母、石英、蛋白石及碳酸盐等矿物，隶属于海泡石族。而凹凸棒石黏土被称为"万土之王"，中国、美国、以色列、英国、俄罗斯、南非和澳大利亚等国家都具备成型的凹凸棒石矿床，据统计，世界探明的凹凸棒石储量为 1.5 亿吨左右，而我国探明储量在 1 亿吨以上。因此，相对于世界上其他国家，我国在凹凸棒石储量上具有绝对优势。

凹凸棒石黏土的用途广泛，主要取决于其理化性质众多，包括吸附性、流变性、胶体性等，Bradley 首次建立了凹凸棒石黏土的晶体构造模型，发现其具有独特的纤维状或链状结构，可分为三层。而凹凸棒石黏土可作为双重剂原料主要是由其吸附性能决定的，凹凸棒石黏土晶粒长约 0.5 ~ 5 μm，宽约 0.01 ~ 0.1 μm，其基本构造单元为二层平行的硅氧四面体夹一层镁氧八面体，而硅氧四面体的自由氧原子指向不一致，导致八面体不连续，在八面体上形成很多截面约为 0.38 μm × 0.63 μm 的孔道。由于凹凸棒石黏土内部孔道众多，大部分阳离子、水分子、一定大小的有机分子均可以被吸附，实际上形成了类似于具有天然纳米通道的材料，其吸附效果类似于"沸石分子筛"。具体而言，凹凸棒石黏土的吸附方式分为物理吸附和化学吸附，主要取决于其比表面积、理化结构及离子状态。凹凸棒土的物理吸附主要与比表面积和理化结构有关，其内部孔道在使其具有极大的比表面积的同时，起到了分子筛的作用，通过范德华力将吸附质吸附在凹凸棒土上。而化学吸附也是凹凸棒土吸附能力的重要体现，其吸附基于凹凸棒土表面可能存在的几种吸附中心：

第一，硅氧四面体层内因类质同晶置换产生弱电子供给氧原子，其与吸附核的作用很弱；

第二，在纤维边缘与 Mg^{2+} 配位结合的结晶水分子，它可以与吸附核形成氢键；

第三，在四面体层外表面上由 Si-O-Si 桥氧键断裂形成的 Si-OH 基不仅可以接受离子，而且可以与晶体外表面的吸附分子相互结合，还可以与某些有机试剂形成共价键。

此外，凹凸棒石黏土的吸附具有选择性，Barrer 等人发现凹凸棒石黏土能吸附水、醛、酮、烷烃等极性分子，却无法吸附氧气等非极性分子，其吸附能力大小依次为：水 > 醇 > 酸 > 醛 > 酮 > 正烯烃 > 中性脂 > 芳香族化合物 > 环烷烃 > 烷烃 > 石蜡，直链烃较支链烃更易被吸附。

凹凸棒石黏土因其独特的结构特征，具有优异的吸附性能，被广泛地应用环境修复领域。

（三）硅藻土类

硅藻土（diatomite）是由远古时期单细胞低等植物硅藻的遗骸堆积而成，经初步成岩作用而形成的一种多孔性层状硅质岩，具有无毒、分布广、高孔隙率、高渗透性、比表面积大、化学稳定性良好、熔点高等优点。硅藻土的主要成分是 SiO_2，其矿床中 SiO_2 的含量大于 85%，并含有多种类型的金属氧化物（包括 Al_2O_3、Fe_2O_3、CaO、MgO、K_2O、Na_2O、P_2O_5 等）和有机物等杂质。硅藻土主要由硅藻壁壳组成，由于其生物成因，其上存在大量有序排列的微孔结构（孔径 7 ~ 160nm），孔隙率高、质量轻、比表面积大，不同种类硅藻土的微观孔隙结构。

硅藻土作为全球分布较广、储量丰富的非金属矿藏之一，超过 100 多个国家有探明的硅藻土矿，全球储量约 20 亿吨以上，主要分布的国家和地区有美国、中国、俄罗斯、捷克和秘鲁等，而我国的硅藻土资源十分丰富，居世界第二位。

硅藻土由于其独特的多孔、比表面积大的结构，在范德华力的作用下具有一定吸附性能。另外，硅藻土表面具有很多硅羟基基团，使其在反应中具有很高的活性。硅藻土中的二氧化硅与无定形二氧化硅类似，而羟基之间相互作用形成了氢键，使其具有一定吸水性。一般情况下，硅藻土中的羟基根据其硅原子的配位来分类，大多数的硅氧键硅烷醇或硅氧烷在无定形二氧化硅表面或内部结构中都是单硅烷醇基团，也称为游离或孤立的硅醇，而硅烷二醇基团通常被称为偕硅烷醇和硅烷三醇，这些不同类型的羟基能与特定物质反应，使硅藻土能够吸附不同类型的物质。

硅藻土由于其独特的多孔结构，其比表面积较大，且其结构中的各种类型醇羟基可吸附特定物质，因此其具有一定物理吸附和化学吸附能力，被广泛用于吸附污染物。

综合考虑材料的吸附性能、保水性能、经济、使用年限等因素，可知凹凸棒石黏土是相对合适的双重剂原料。而硅藻土对 VOC 气体的吸附效果较好，但保水性能较为一般，可作为双重剂原料的改性材料。剩余的沸石、改性纤维素、改性淀粉和改性壳聚糖均不适合作为双重剂原料。

（四）土体气体扩散性能的测试方法及评价指标

为综合评估备选双重剂材料的保水性能和吸附性能，需要了解 VOC 气体在土体中的迁移机制及评价指标。气体在土体中的迁移机制主要包括平流作用和扩散作用，其中，平流作用符合达西定律，而扩散作用可以通过 Fick 定律解释。针对 VOC 气体在土体中的迁移机制，Conant 等人的研究结果表明夏季土体中蒸汽浓度较高时，三氯乙烯等 VOC 气体的迁移以扩散为主，而由密度引起的平流也是气体迁移的组成部分之一。Zhou 等人比较了不同条件下 VOC 在非饱和带内由压力驱动的平流通量、由密度驱动的平流通量和扩散通量的大小，发现通常情况下平流通量比扩散通量小 1-3 个数量级，只有当孔隙率小于 0.05 时，平流通量和扩散通量才大致相等。国内 Xie 等人研究发现，CCL 层、GCL 层中 VOC 气体的迁移都是由扩散作用驱动的。当气体通过含水的黏土层时，其由扩散作用驱动的迁移受气体固有渗透率、空气、水相对渗透率（受吸附作用影响）以及保水率三个指标影响。因此对比添加双重剂前后击实黏土层的扩散阻隔性能的变化，可以对双重剂的改性效果进行综合评价。

土体空气交换主要在土体的充气孔隙中进行，其机制为气体扩散作用，通过土体气体扩散系数 D_s 可以描述气体扩散的快慢，而土体气体扩散系数 Ds 与土体充气孔隙度 ε 有关。在土体孔隙中含水的情况下，气体扩散通过土体中的充气孔隙进行，在岩土工程中将块状材料中孔隙体积与材料在自然状态下总体积的百分比定义为孔隙率，而土壤科学将孔隙度（又称总孔隙度）定义基质中通气孔隙与持水孔隙的总和，以孔隙体积占基质总体积的百分比来表示，对于土体而言，二者计算方法相同。土壤科学中的充气孔隙度即通气孔隙占基质总体积的百分比，在数值上等于总孔隙度减去孔隙体积占基质总体积的百分比（即岩土工程中的体积含水率）。早在 20 世纪初，Buckingham 就提出 D_s/D_0（D_0 为该气体在大气中的自由扩散系数）与土体充气孔隙度 ε 的平方成正比。而 Penman 发现 ε 与 D_s/D_0 存在线性关系，且 ε 一般小于 0.7。Millington 和 Quirk 基于总孔隙度建立了气体扩算系数计算模型，Moldrup 对模型进行了改进，考虑了土水特征曲线、弯曲系数和多孔介质复杂性因子，建立了 SWLR 模型（Structure-dependent Water-induced Linear Reduction model）。目前，基于充气孔隙度 ε 的经验或半经验模型较多，不同模型在实际应用上存在差异，可能会造成较大的误差。

根据土体中气体扩散的原理，Taylor 提出了相对简单的土体气体扩散系数 DS 测试方法，该方法在待测土样两端建立示踪气体浓度差，示踪气体在浓度梯度驱动下扩散进入浓度低的一端，测定浓度低的一端的示踪气体浓度随时间的变化，由其变化速率即可计算得到待测土体的气体扩散系数 D_s。

Currie 采用单气室法测定土体的气体扩散系数 D_s，得到了广泛应用。近年来随着技术的不断提高，采用传感器或气象色谱仪实时测定气体浓度变化大大提高了土体气体渗透系数的测定精度。苏志慧等根据 Taylor 的计算方法设计的气体扩散系数装置示意图，用于计算土体中氧气的扩散系数，其气体扩散系数计算简便且精度较高，结合 Fick 第一定律与氧气扩散进入扩散室的体积随时间的变化速率并对其在 0-t 上进行积分可得式 1：

$$ln\left(\frac{\Delta C_t}{\Delta C_0}\right) = -\frac{D_s'}{h_s \cdot h_c} \cdot t \qquad （1）$$

$$K = -\frac{D_s'}{h_s \cdot h_c} \qquad (2)$$

$$D_s' = h_s \cdot h_c \cdot K \qquad (3)$$

式中，ΔC_0 为试验开始前大气中氧气浓度与扩散室中氧气浓度之差，此时大气中氧气浓度为 C_0，扩散室内氧气浓度为 0，土样两端的氧气浓度差 $\Delta C_0 = C_0$；ΔC_t 为 t 时刻大气中氧气浓度与扩散室中氧气浓度之差；D_s' 为校正前的氧气在土体中的扩散系数；h_s 为土体高度；h_c 为扩散室高度；

作 $ln\left(\dfrac{\Delta C_t}{\Delta C_0}\right)$ 和 t 的散点图，其线性回归直线的斜率即为 K。

考虑土体中氧气浓度变化引起氧气存储量变化而导致的误差，引入修正系数 K_j 对其进行校正：

$$K_j = \frac{D_s}{D_s'} = \frac{\varepsilon}{\alpha^2} \cdot \frac{1}{h_s \cdot h_c} \qquad (1)$$

$$(\alpha \cdot h_s) \cdot tan(\alpha \cdot h_s) = h_s \cdot \frac{\varepsilon}{h_c} \qquad (2)$$

$$\varepsilon = 1 - \frac{\rho_b}{\rho_s} - \theta_V \qquad (3)$$

式 1 中，D_s 为校正后的氧气在土体中的扩散系数；D_s' 为校正前的氧气在土体中的扩散系数；ε 为充气孔隙度；α 为式 2 中第一个大于 0 的解；式 3 中之前给 ρ_b 为土柱容重，单位为 g/cm³；ρ_s 待测土体的颗粒密度，单位为 g/cm³；θ_V 为体积含水率。

结合前人所作研究与具体需求，课题组自主研制用于测试土体气体扩散系数的气体扩散仪，采用 3D 打印技术一键成型，气密性良好，取样方便，误差较小。土体气体扩散仪主要由三部分组成，包括土单元室、扩散室和传感器。其中土单元室上下两端分别与大气和扩散室相连通，扩散室壁上设有进气口和出气口，使用热熔胶联结阀门与扩散室，使其符合气密性要求。

为克服气体类型对土体扩散系数的影响，引入相对扩散系数（D_s/D_0）的概念，D_0 为该气体在相同的温度大气压下于自由大气中的扩散系数之比，其大小可以从 Rolston 的相关研究中获取，且 D_0 需要根据温度进行校正，其校正公式为：

$$D_0\left(T_2\right) = D_0\left(T_1\right)\left(\frac{T_2}{T_1}\right)^{1.72}$$

式中，T_1为校正前的温度，T_2为校正后的温度。

（五）保水性能和吸附性能的测试方法及评价指标

双重剂主要用于水平阻隔系统中（Copper Clad Laminate）CCL覆铜板层的改性，以研发可以吸附VOC气体的增强型黏土功能层材料，防止CCL层开裂和VOC气体扩散。双重剂同时兼具吸附剂和保水剂的效果，因此，为具体评价双重剂的实际效果，应分别测试其保水性能和对VOC气体的吸附性能。

1. 保水性能的测试方法及评价指标

双重剂的保水性能即添加双重剂后，CCL层能保持一定含水率而防止土体中水分散失。CCL层中黏土属于非饱和土，岩土工程中通常采用土–水特征曲线（SWCC曲线）来预测非饱和土内的水流流动、应力和变形现象，揭示土体中吸力与含水量的关系，并通过液塑限试验分析双重剂改性前后保水性能的变化。考虑到目前保水剂广泛应用于农学领域，而农业上评价保水剂保水效果的指标为吸水率、吸水速率和保水率，为综合评价增强型黏土功能层材料的保水性能，应结合岩土工程和农学领域对土体保水性能的评价指标，以进气压力值、饱和体积含水率、残余体积含水率、液塑限、保水率作为双重剂的保水性能的主要评价标准。

保水率测试即测定不同用量的双重剂对黏土水分蒸发的影响，包括自然蒸发试验和烘箱蒸发试验两种方法。考虑实际工程中夏季可能出现的极端天气情况，选择烘箱蒸发试验对其进行测试。

吸力测量即采用轴平移技术测试增强型黏土功能层材料的基质吸力，绘制土—水特征曲线，由于材料为细粒土，故采用Van Genuchten（VG）模型对其进行拟合，得到α（进气压力值倒数）、θ_r（残余体积含水率）、θ_s（饱和体积含水率）m、n共五个参数，评价其保水性能。

液塑限试验即根据土工试验方法标准GBT 2050123–2019，利用液塑限联合测定仪法测试改性前后CCL层的液塑限变化，分析其保水性能发生变化的原因。

2. 吸附性能的测试方法及评价指标

为测试添加双重剂前后击实黏土层的对VOC气体的吸附性能变化，需要选择与课题相关的常见的有机污染场地的典型特征污染物，且应尽量选择在试验室便于操作且毒性较小的特征污染物，在农药厂、氯碱厂、有机化工场地等有机污染场地中，苯系物是常见的特征污染物，而其中苯酚几乎存在于所有列举的典型有机污染场地中。苯酚（Phenol）是一种具有特殊气味的无色针状晶体，常温下微溶于水，易溶于有机溶剂，有腐蚀性，毒性相对较低，属于3类致癌物，当水中苯酚浓度大于0.05ppm时对水生生物有伤害。因此，选择苯酚作为试验用VOC，可以较好地减轻试验人员的健康风险，且满足有机污染场地中典型特征污染物的要求。

经调研，目前缺少与气体批处理吸附试验相关的研究案例，国内规范、ASTM规范、ISO规范和EU规范中也无相关标准。为快速筛选吸附效果较好的双重剂材料，可通过气体吸附试验测试其实际的气体（苯酚）吸附效果，从而评价增强型黏土功能层材料对VOC气体的阻隔效果。

目前，国外Guillemot等采用气体饱和器、固定床反应器和气体浓度测试装置相结合的方式，通过气体吸附试验测试沸石 50℃下动态吸附 PCE（四氯乙烯）的突破时间（20ppmv）和饱和时间。而 Weerasak 等通过箱式吸附试验测试了天然硅藻土和铜改性硅藻土对 H_2S 气体的吸附效果，天然硅藻土在 7min 内对 H_2S 气体吸附率为 41.93%，而 5%Cu 改性后硅藻土对 H_2S 的吸附率可达100%。在国内，气体吸附试验被广泛用于测试吸附剂对有毒有害气体的吸附效果，现有的气体吸附试验以气体吸附柱试验为主，其原理大致相同，即利用载气法（N_2 等）保证一定浓度 VOC气体通过吸附柱，在出口处设置 TCD（连接气象色谱仪的热导检测器）检测经吸附后 VOC 气体的浓度，并设置有尾气处理装置和流量控制阀。气体吸附柱试验的吸附饱和条件为出口处气体浓度与进气浓度相同，并保持 15min 以上。吸附前后称量吸附柱中吸附剂的质量，计算得到吸附量，吸附量即为气体吸附柱试验的评价指标。而利用凹凸棒土合成沸石对硫化氢气体进行动态吸附时，通过对穿透曲线以上区域（时间为 x 坐标、出口 H_2S 浓度为 y 坐标）、给定流速、H_2S 初始浓度和吸附剂质量的积分计算得到吸附剂的穿透能力，可以作为吸附 – 解吸附过程中吸附效果的评价指标。当前气体吸附柱试验普遍存在的不足主要是试验装置较为复杂庞大，气密性难以保证，且进气口和出气口的气体浓度读数不够精确容易造成误差。

$$Q = \frac{m - m_0}{m}$$

其中，Q 为单位气体吸附量，单位为 mg/g；m 为吸附平衡时吸附柱的质量，单位为 g；m_0 为试验开始前吸附柱的质量，单位为 g。

3 存在的问题

总结现有文献，目前国内外对 CCL 层阻隔挥发性气体的研究相对较少，仍存在较多问题需要加以研究：

（1）针对 CCL 层开裂的研究相对较少

已有关于土工膜和 CCL 开裂对水平阻隔系统阻隔效果的影响的研究较多，但对实际工程中CCL 层开裂的研究较少。而实际工程中 CCL 层普遍存在开裂的现象，即①夏季天气炎热（气温超过 35℃），施工过程中 CCL 层直接暴露在阳光中，产生失水开裂现象；②即使设置有保护层和土工膜，当地基土层含水率小于 5% 时，CCL 层仍存在失水开裂的可能性；③若施工工期较长，即使上覆 HDPE 土工膜时，仍存在失水开裂现象；④由于土工膜破损不可避免，当上覆土工膜和保护层时，破损处无法及时更新，其下方的黏土由于外部热传导行为而存在开裂的可能性

（2）CCL 层吸附 VOC 气体相关的试验研究较少，缺少相应的案例和规范

目前，CCL 层吸附重金属离子的研究较多，而吸附 VOC 气体的研究相对较少。且批处理吸附试验大多应用于液体吸附，对于气体批处理吸附，尚无相应的试验仪器与试验规范。而 VOC气体相较于液体，其挥发性强，易扩散，对试验装置的密封性提出了更高的要求，需要对其进行自主研发。

（3）CCL 层的扩散阻隔性能的综合性研究较少

CCL 层的扩散阻隔效果与其保水性能和吸附性能有关，同时受土体气体扩散系数的影响。目前缺少对兼具保水和吸附功能的双重改性剂的研究，也缺少针对改性后增强型黏土功能层材料的气体扩散系数的研究。

第十章 环境管理

第一节 环境管理概述

一、环境管理的含义和实质

当前，人们对于环境管理的含义尚无一致的看法，一般可概括为：运用经济、法律、技术、行政、教育等手段，限制人类损害环境质量的活动，引导人们遵循生态规律和经济规律，通过全面规划使经济发展与环境相协调，达到既要发展经济满足人类的基本需要，又不超出环境的容许极限。

环境管理的核心是遵循生态规律与经济规律，正确处理发展与环境的关系。环境既是发展的物质基础，又是发展的制约条件，发展可能给环境带来污染与破坏，但只有在经济和技术发展的基础上才能不断改善环境质量。关键在于通过全面规划和合理开发利用自然资源，使经济、技术、社会相结合，使发展与环境相协调。

在"人类—环境"系统中，人是主导的一方，在发展与环境的关系中，人类的发展活动是主要方面。所以，环境管理的实质是影响人的行为，以求维护环境质量。

二、环境管理的特点

环境管理也是一种管理，它与一般意义上的现代管理有着极为密切的关系，但是它又有显著区别于一般管理的特点。

（一）综合性

环境问题是由自然、社会、政治和技术等多种因素错综复杂地交织在一起而形成和发展的，这种多因素的组合就决定了现代环境管理是环境科学与管理科学、管理工程交叉渗透的产物，具有高度的综合性。

环境管理的实质是影响人的行为，以求维护环境质量。所以，对损害环境质量的行为要加以限制（或禁止）；对保护、改善环境质量的行为则要加以鼓励，即必须使人对环境质量产生积极的态度，必须鼓励人们为改善环境质量而积极行动。限制、禁止或鼓励要采取经济、法律、技术、行政、教育等多种手段，并要综合加以运用。这个特点要求环境管理工作必须从整体出发，运用系统工程的方法，进行综合管理。

（二）区域性

我国幅员辽阔，地形、地貌、地质情况复杂，各省区之间自然环境有很大的不同；同时，各地区的人口密度、经济发展速度、能源资源量都不相同，生产力布局、污染源密度以及管理水平也有差别，环境特征有明显的地区差异性。这决定了环境管理必须根据区域环境特征，以地区为主因地制宜地采取不同措施进行。

（三）群众性

所有的人都在一定的环境空间生存，环境问题和群众的健康息息相关，所以，搞好环境管理就要千百万人协同行动，为创造一个有利于经济发展、身体健康、令人愉快的环境而共同努力。

（四）自适应性

在环境管理中，应该充分利用和加强自然环境适应外界变化的能力。比如资源再生增殖能力，大气、环境自净能力、生物防治病虫害的能力等，以达到更有效地保护和改善环境的目的。

三、环境管理的理论基础

（一）人与环境的辩证关系

1. 人与环境是一个统一的整体

人是环境发展到一定阶段的产物，人类始终都是以环境为其生存和发展的物质基础，所以人与环境是一个统一体。

2. 环境是人类生存发展的制约条件

实践证明，在一定的时空条件下，环境容量是有限的，自然资源也是有限的，环境不可能无限制地为人类提供物质条件。因此，环境是人类生存发展的制约条件。在人与环境的矛盾中，人是矛盾的主要方面。由于人类的活动导致了各种环境问题的产生，而各种环境问题又威胁到人类的生存和发展。为此，我们必须充分认识人与环境的辩证关系，使人类与环境协调发展。

（二）生态理论

1. 基本观点

所谓生态观点主要有以下三点：

第一，生态系统具有不以人的意志为转移的客观规律。

第二，人类的发展、建设活动总会对生态系统产生影响，甚至改变生态系统的结构和功能。

第三，人类必须认识和运用生态规律，改造环境、促进生态良性循环。

2. 生态规律（生态原理）

（1）物物相关律

在生态系统中，各种事物之间存在着相互联系、相互依存、相互制约的关系。改变其中某一事物，很可能会对其他事物产生直接或间接影响，甚至会影响系统的整体。

（2）相生相克律

在生态系统中，任何一个物种都是食物链或食物网中的一个环节。这种捕食关系表现了生态系统中各种生物彼此相生相克的关系，使整个生态系统形成协调的整体。

（3）能流物复律

在生态系统中，能量流动是单向的，在经过食物链的每一级位时，都有一部分转化为热而逸散入环境，不能再回收利用。因此，提高能量利用率是环境保护的重要战略任务之一。此外，物质在循环过程中遵循物质的"不灭定律"，为了控制环境中有毒、有害物质的迁移转化，掌握物质循环的途径及运行过程是十分必要的。

（4）负载有额律

在生态系统中，任何生物的生产能力和抵御外来干扰的能力都有一个极限。此极限就是通常所说的生态系统的调节能力、环境容量和资源承载力，它是由生态系统的结构决定的，人类的开发建设活动不能超出此极限。

（5）协调稳定律

只有结构功能相对协调的生态系统才能稳定运行。一般说来，自然生态系统中，生物的种类越多，生态系统的稳定性就越强。因此，环境管理要运用各种手段鼓励人们保护生物物种的多样性，研究生态设计，创造结构和功能相对协调的、生物生产能力较高的人工（或半人工）生态系统。

（6）时空有宜律

各类特定的生态系统都随时空条件而变化。因此，人类开发利用自然资源，要了解和掌握不同时空条件下生态系统的特点，要因时、因地制宜。

（三）生态经济理论

生态经济学理论主要研究如何正确处理发展与资源和环境的关系，以求得经济持久稳定地发展。其主要内容包括环境资源观和价值观、生态补偿理论、环境资源核算、外部不经济性理论、生态经济模型、环境保护投资决策及综合效益分析等，这些都是进行环境管理工作的理论基础。

第二节 环境管理的基本职能和内容

一、环境管理的基本职能

环境管理的基本职能是宏观指导、统筹规划、组织协调、提供服务、监督检查。

（一）宏观指导

1. 对环境保护战略的指导

环境管理对环境保护战略的指导是通过制定和实施环境保护战略，对地区、部门、行业的环境保护工作进行指导，包括确定战略重点、环境总体目标（战略目标）、总量控制目标及制定战略对策。

2. 对有关政策的指导

环境管理对有关政策的指导是通过制定环境保护的方针、政策、法律法规、行政规章及相关的产业、经济、技术、资源配置等政策，对有关环境及环境保护的各项活动进行规范、控制、引导。

（二）统筹规划

环境规划是环境管理的先导和依据。

1. 环境规划的先导作用

环境规划是环境决策在时间和空间上的具体安排，实施可持续发展战略，必须在决策过程中对环境、经济和社会因素进行全面考虑、统筹兼顾，通过综合决策使三者得以协调发展。环境管理部门的首要任务是研究制定区域宏观环境规划，并在此基础上制定并实施专项详细的环境规划。

2. 环境规划是环境管理的依据

环境规划是政府环境决策的具体体现。其主要目标是控制污染、保护和改善生态环境，促进经济与环境协调发展。环境规划有三个层次，即宏观环境规划（以协调和指导作用为主）、专项详细环境规划和环境规划实施方案（后两个层次是制订年度计划的依据）。

（三）组织协调

1. 战略协调

战略协调的主要内容：实施可持续发展战略，推行环境经济综合决策，在制定国家、区域或地区发展战略时要同时制定环境保护战略。在协调中既要有经济发展目标，又要有明确的环境目标，二者进行综合平衡，达到协调统一。

2. 政策协调

政策协调主要是运用政策、法规以及各项环境管理制度协调经济与环境的关系，促进经济与环境协调发展。政策协调主要包括：环境保护政策的贯彻落实，制定并实施有利于环境保护的环境经济政策及能源政策，制定并实施控制工业污染的政策；为落实环境保护这项基本国策和"三同步"战略方针而进行环境管理体制改革；以及综合运用环境管理制度，建立有效的环境管理运行机制。

3. 技术协调

技术协调是指运用科学技术促进经济与环境协调发展。它主要包括：优化工业结构；采用无废和少废技术及生产工艺；开发；清洁能源，推行清洁生产；采用现代化环境管理技术；等等。

4. 部门协调

部门协调是涉及不同地区、不同部门和不同行业等的环境管理，范围很广。要贯彻好基本国策，很好地完成控制污染、保护生态环境的任务，必须使各地区、各部门、各行业协同动作、相互配合，积极做好各自应承担的环境保护工作，才能带动整个环境保护事业的发展。

（四）提供服务

环境管理以经济建设为服务中心，为推动地区、部门、行业的环境保护工作提供服务。

1. 技术服务

技术服务主要包括：解决技术难题、组织技术攻关、搞好示范工程建设，培育技术市场、筛选最佳实用技术、推动科技成果的产业化，为推行清洁生产提供技术指导，等等。

2. 信息咨询服务

信息咨询服务包括：建立环境信息咨询系统，为重大的经济建设决策，大规模的自然资源开发规划，大型工业建设活动，以及重大的污染治理工程和自然保护等提供信息服务。

3. 市场服务

市场服务包括：建立环保市场信息服务系统，逐步完善环保市场运行机制；完善环保产业市场流通渠道，加强环保市场监督和管理；建立环保产品质量监督体系；引导排污权交易市场的正常运行。

（五）监督检查

对地区和部门的环境保护工作进行监督检查，是环境保护法赋予环境保护行政主管部门的一项权力，也是环境管理的一项重要职能。

环境管理的监督检查职能主要包括，环境保护法律法规执行情况的监督检查，制定和实施环境保护规划的监督检查，环境标准执行情况的监督检查，环境管理制度执行情况的监督检查，自然保护区建设、生物多样性保护的监督检查等。

监督检查可以采取多种方式。如联合监督检查、穿项监督检查、日常现场监督检查以及污染状况监测和生态监测等。

二、环境管理的类型及其内容

（一）按环境管理的规模划分

1. 宏观环境管理

宏观环境管理一般指从总体、宏观及规划上对发展与环境的关系进行调控，研究解决环境问题。主要内容包括：对经济与环境协调发展的协调度进行分析评价；促进经济与环境协调发展的协调因子分析；环境经济综合决策，建立综合决策的技术支持系统；制定与可持续发展相适应的环境管理战略；研究制定对发展与环境进行宏观调控的政策法规，等等。

2. 微观环境管理

微观环境管理指以特定地区或工业企业环境等为对象，研究运用各种手段控制污染或破坏环境的具体方法、措施或方案。其主要内容有：①运用法律手段和经济手段防止新污染的产生，控制污染型工业在工业系统中的比重（改善地区或工业区的工业结构）；②运用环境法律制度激励和促进经济管理工作者和企业领导人积极采取减少排放和防治污染的措施；③研究在市场经济条件下将环境代价计入成本等具体措施，促进企业合理利用资源、减少排污，降低经济再生产过程对环境的破坏；④选择对环境破坏最小的技术、设备及生产工艺，降低或消除对环境的污染和破坏等。

（二）按环境管理的职能及性质划分

1. 环境规划管理

"经济建设、城乡建设与环境建设同步规划、同步实施、同步发展"的战略方针，是环境保护的重要指导方针。强化环境管理首先要从加强环境规划管理入手，通过全面规划、协调发展与环境的关系，加强对环境保护的计划指导，是环境管理的重要内容。环境规划管理首先是研究制订环境规划，使之成为经济社会发展规划的有机组成部分，并将环境保护纳入综合经济制定决策；用环境规划指导环境保护工作，并根据实际情况检查调整环境规划。

2. 环境质量管理

环境质量管理是为了保持人类生存与发展所必需的环境质量而进行的各项管理工作，环境质量管理的一般内容包括：制定并正确理解和实施环境质量标准；建立描述和评价环境质量的、恰当的指标体系；建立环境质量的监控系统，并将其调控至最佳运行状态；根据环境状况和环境变化趋势的信息，进行环境质量评价，定期发布环境状况公报（或编写环境质量报告书），以及研究、确定环境质量管理的程序等。

3. 环境技术管理

环境技术管理是通过制定技术政策、技术标准、技术规程，以及对技术发展方向、技术路线、生产工艺和污染防治技术进行环境经济评价，以协调经济发展与环境保护的关系，使科学技术的发展，既有利于促进经济持续快速发展，又对环境损害最小，有利于环境质量的恢复和改善。

环境保护部门经常进行的环境技术管理工作有：①制定环境质量标准、污染物排放标准，以及其他的环境技术标准；②对污染防治技术进行环境经济综合评价，推广最佳实用治理技术；③对环境科学技术的发展进行预测、论证明确方向重点，制定环境科学技术发展规划等等。所有这些都属于环境技术管理中的一部分，更重要的是把环境管理渗透到科学技术管理、各行各业的技术管理，以及企业的技术管理过程中去。

4. 环境监督管理

环境监督管理是指运用法律、行政、技术等手段，根据环境保护的政策、法律法规、环境标准、环境规划的要求，对各地区、各部门、各行业的环境保护工作进行监察督促，以保证各项环保政策、法律法规、标准、规划的实施。这是环境管理的一项重要基本职能，也是环保法赋予环保行政主管部门的权力。环境监督管理的范围包括由生产和生活活动引起的环境污染；由开发建设活动和经济活动引起的环境污染、影响和生态破坏；有特殊价值的自然环境及生物多样性保护。

环境监督管理的重点：①工业和城市布局的监督；②新污染源的控制监督；③老污染源的控制监督；④重点区域环境问题的监督；⑤城市"四害"整治的监督；⑥乡镇企业污染防治的监督；⑦自然保护的监督；⑧有毒化学品的监督。

（三）按环境管理的范围划分

1. 资源（生态）管理

资源管理是以自然资源为管理对象，保证它的合理开发和利用，包括可更新（再生）资源的恢复和扩大再生产（永续利用），以及不可更新（再生）资源的节约利用。资源管理在当前遇到的主要问题是资源的不合理使用。

2. 区域环境管理

区域环境管理包括整个国土的环境管理、大经济协作区的境管理、省区的环境管理、城市环境管理、乡镇环境管理以及流域环境管理等，主要是协调区域经济发展目标与环境目标，进行环境影响预测，制定区域环境规划并保证环境规划的实施。

3. 部门环境管理

部门环境管理包括能源环境管理、工业环境管理（如化工、轻工、石油、冶金等的环境管理）、农业环境管理（如农、林、牧、渔的环境管理）、交通运输环境管理（如高速公路环境管理和城市交通环境管理）、商业及医疗环境管理等。

4. 海洋环境管理

海洋环境管理主要指国家领海范围内的环境管理。它既可看作资源环境管理，也可看作一种区域环境管理。海洋环境管理的主要任务是协调海洋资源开发与保护的关系，运用各种手段控制海洋污染与生态破坏，保护海洋生物多样性，促进海洋经济与环境的协调发展。

三、环境管理的主要手段

要使环境管理工作得以顺利进行，环境保护部门必须施用强有力的管理，主要有行政、经济、法律、技术和宣传教育手段。

（一）环境管理的行政手段

行政手段是环境管理工作中最常见的一种手段。所谓行政手段，就是各级政府机关根据行政法规所赋予的组织、指挥权力，对环境保护工作进行决策和管理。

（二）环境管理的经济手段

通过各种经济手段对环境进行管理是有效的方法之一。目前，常用的经济手段有对超过国家规定标准排放污染物的单位按规定征收排污费，对污染事故责任者实行经济处罚，由排放污染物的单位赔偿因污染造成的损失，实行环境保护补助资金办法，实行经济奖励政策和推行自然资源开发、利用的税收政策，等等。

（三）环境管理的法律手段

法律管理包括立法和执法两方面，目前我国应完善环境立法，同时应依法进行环境管理。

（四）环境管理的技术手段

技术手段的运用可以使环境管理建立在科学的基础之上。目前使用的技术手段有进行污染源调查；编写环境质量报告书；组织开展环境影响评价；总结交流防治技术经验；组织科技情报的交流；组织环境科研，制定可行的环境技术政策，等等。

（五）环境保护的宣传和教育

环境保护宣传和教育是一项战略措施，也是环境管理的一项不可忽视的手段。

第三节 环境管理的技术方法和管理制度

一、环境管理的技术方法

环境管理的一般程序：在环境管理过程中所涉及的技术方法包括预测技术、决策技术以及对各种因素的分析方法等。

（一）环境管理的预测技术

在环境管理过程中，经常要进行污染物排放量增长预测、环境污染趋势预测、生态环境质量变化趋势预测、经济、社会发展的环境影响预测以及环境保护措施的环境效益与经济效益预测等。预测是一种科学的预计和推测过程，人们可以根据过去和现在已经掌握的事实、经验和规律，预测未来、推测未知。所以，预测是在调查研究或科学实验基础上的科学分析。它包括通过对历史和现状的调查和科学实验获得大量资料、数据。经过分析研究，找出能反映事物变化规律的可靠信息；借助数学、电子计算技术等科学方法，进行信息处理和判断推理，找出可以用于预测的规律。环境管理的预测就是根据预测规律，对人类活动将会引起的环境质量变化趋势（未来的变化）进行预测。

预测技术（预测方法）在环境管理中的应用日益广泛。经常应用的预测技术有三种。

1. 定性预测技术

定性预测技术是指人们根据过去和现在的调查研究和经验总结，经过判断、推理，对未来的环境质量变化趋势进行定性分析。

2. 定量预测技术

定量预测技术是对经济、社会发展的环境影响预测。如，对能耗增长的环境影响预测、水资源开发利用的环境影响预测等，只做定性的预测分析，不能满足制定环境对策的要求，这就需要进行定量的预测分析。包括通过调查研究、长期的观察实验、模拟实验及统计回归等方法，找出排污系数或万元产值等标污染负荷；根据大量的调查和监测资料找出污染增长与环境质量变化的相关关系，建立数学模型或确定出可用于定量预测的系数（如响应系数），运用电子计算技术等科学方法进行预测。

3. 评价预测技术

评价预测技术主要用于环境保护措施的环境经济评价、大型工程的环境影响评价、区域综合开发的环境影响评价等。

（二）环境管理的决策技术

环境管理的核心问题是决策，没有正确的决策就没有正确的环境政策和规划。决策是根据对多种方案综合分析后选择的最佳方案（满足某一目标或两个以上目标的要求），经常遇到的是环境规划工作过程中的决策。如为达到某一规划期的环境目标，在多个环境污染控制方案中选择最佳方案；在制定环境规划时统筹考虑环境效益、经济效益和社会效益，进行多目标决策等。这些都是制定环境规划过程中所要进行的决策。在决策中常用的数学方法有线性规划、动态规划及目标规划等。此外，还有环境政策以及环境质量管理的决策方法等。

（三）环境、资源综合承载力分析方法

这个方法是制定区域宏观环境规划中的一个重要方法，它包括以下三个主要环节。

1.参数筛选及变量集的组成

综合承载力分析有两类变量，一是发展变量（体现开发强度），二是制约变量（体现环境承载能力）。这两类变量的参数比较多，可通过专家咨询等方法从三个方面进行筛选，①自然资源方面。如经济和社会发展对水资源、能源、土地资源、生物资源等的需求量（发展变量），以及这些自然资源的可供应量（制约变量）。②环境污染及控制方面。如主要污染物排放量、环境中污染物的含量水平以及各环境功能区的纳污量、环境污染浓度限值、污染治理能力等。③社会、经济方面。如人口、经济的增长速度及规模；工业投资、城建投资、技术投资的投资需求；现有发展水平对社会、经济发展需求的支持能力。

在筛选参数时不但要注意选择对本区域的开发建设影响大的，有可能成为制约因素的参数，还要注意发展变量与制约变量要一一对应。如选水资源需求量（发展变量）时，就要同时选水资源的可供量与之对应。

2.平衡点的确定

根据判别式确定开发强度与环境承载力的平衡点。其判别式为：

$$开发强度 / 环境承载力 \leqslant 1$$

这个判别式的分子由发展变量来组成，分母由制约变量组成。平衡点的确定要因地制宜。某城市经调查研究及专家咨询，将比值（尺）分为三级。即 $R < 0.8$（开发不足）> 1，$0.8 < R < 1$（开发达到平衡），$R > 1$（开发过度）。

3.计算并分析环境、资源综合承载力

先计算各单项承载力，再选择适当模型计算并分析综合承载力。

除上述技术方法外，系统分析方法、费用与效益分析方法、层次分析法、目标管理、经济与环境协调度的分析方法等科学方法在环境管理上的应用也日益广泛。

二、环境管理制度

（一）环境影响评价制度

环境影响评价制度又称环境质量预断评价或环境质量预测评，是对可能影响环境的重大工程建设、区域开发建设及区域经济发展规划或其他一切可能影响环境的活动，在事前进行调查研究的基础上，对活动可能引起的环境影响进行预测和评定，为防止和减少对环境的影响制定最佳的行动方案。

环境影响评价制度是环境管理中贯彻预防为主的一项基本原则，也是防止新污染，保护生态环境的一项重要法律制度。它作为项目决策中的环境管理，多年来在我国对于预防新污染源、正确处理环境与发展的关系，合理开发和利用资源等方面起了重要作用。

（二）"三同时"制度

"三同时"制度是指新建、改建、扩建项目和技术改造项目以及区域性开发建设项目的污染治理设施必须与主体工程同时设计、同时施工、同时投产的制度。

"三同时"制度与环境影响评价制度相辅相成，是防止新污染和破坏的两大"法宝"，是我国环境保护法以预防为主的基本原则的具体化、制度化、规范化，是加强开发建设项目环境管理的重要措施，是防止我国环境质量继续恶化的有效的经济办法和法律手段。

（三）排污收费制度

排污收费制度是指一切向环境排放污染物的单位和个体生产经营者，应当依照国家的规定和标准，缴纳一定费用的制度。它是根据"谁污染谁治理"的原则，借鉴国外经验，结合我国国情开始实行的。

我国实行排污收费制度的根本目的不是为了收费，而是防治污染、改善环境质量采取的一种经济手段和经济措施。排污收费制度的实行，在我国环境保护事业中取得了明显的效果，它在促进我国企事业单位加强经营管理、节约和综合利用资源、治理污染、改善环境和强化环境管理等方面发挥了积极的作用。

（四）环境保护目标责任制

环境保护目标责任制是一种具体落实地方各级人民政府和有污染的单位对环境质量负责的行政管理制度。

环境保护目标责任制解决了环境保护的总体动力问题、责任问题、定量科学管理问题、宏观指导与微观落实相结合的问题，它的推出标志着我国环境管理进入了一个新的阶段，是我国环境管理体制的重大改革。

（五）城市环境综合整治定量考核制度

城市环境综合整治就是在市政府的统一领导下，以城市生态理论为指导，以发挥城市综合功能和整体最佳效益为前提，采用系统分析的方法，从总体上找出制约和影响城市生态系统发展的综合因素，理顺经济建设、城市建设和环境建设的相互依存又相互制约的辩证关系，用综合的对策整治、调控、保护和塑造城市环境，为市民创建一个适宜的生态环境，使城市生态系统良性发展。

城市环境综合整治定量考核，不仅使城市环境综合整治工作定量化、规范化，而且还增强了透明度，引进了社会监督机制。

（六）污染集中控制制度

污染集中控制是在一个特定的范围内，为保护环境所建立的集中治理设施和采用的管理措施，是强化环境管理的一种重要手段。它实施的目的是改善流域、区域等控制单元的环境质量，提高经济效益。

实践证明，污染集中控制在环境管理上具有方向性的战略意义，特别是在污染防治战略和投资战略上带来重大转变，有助于调动社会各方面治理污染的积极性。

（七）排污申报登记与排污许可制度

排污申报登记制度是环境行政管理的一项特别制度。凡是排放污染物的单位，须按规定向环境保护管理部门申报登记所拥有的污染物排放设施、污染物处理设施和正常作业条件下排放污染物的种类、数量和浓度。

排污许可制度以改善环境质量为目标，以污染物控制总量为基础，对排放污染物的种类、数量、性质、去向、排放方式等所做的具体规定，是一项具有法律含义的行政管理制度。

这两项制度的实施，深化了环境管理工作，使对污染源的管理更加科学化、定量化和规范化。只要采取相应配套管理措施，长期坚持下去，不断总结完善，一定会取得更大的成效。

（八）污染限期治理制度

污染限期治理是在污染源调查、评价的基础上，突出重点、分期分批地对污染危害严重和群众反映强烈的污染源、污染物、污染区域采取限定治理时间、治理内容及治理效果的强制性措施，是人民政府为保护人民群众利益对排污单位和个人所采取的法律手段。

限期治理污染是强化环境管理的一项重要制度。它可以迫使地方、部门、企业把防治污染引入议事日程、纳入计划、在人、财、物方面做出安排；可以集中有限的资金解

解决环境污染的突出问题，做到投资少、见效快，有较好的环境与社会效益。总而言之，它有助于环境保护规划目标的实现和加快环境综合整治的步伐。

第四节 中国环境管理的发展趋势

一、由末端环境管理转向全过程环境管理

末端环境管理亦称"尾部控制"，即环境管理部门运用各种手段促进或责令工业生产部门对排放的污染物进行治理或对排污去向加以限制。这种管理模式是在人类的活动已经对环境产生了污染和破坏的后果，再去施加影响。因而是被动的环境管理，不能从根本上解决环境问题。

全过程环境管理亦称"源头控制"，主要指对工业生产过程等经济再生产过程进行从源头到最终产品的全过程控制管理。运用各种手段促使工业生产部门节能、降耗，推行清洁生产，降低或消除污染。这种管理模式符合预防为主的方针。可持续发展战略要求环境管理由末端管理转向全过程管理。

　　"工业—环境"系统的过程控制有宏观和微观两个方面，宏观过程控制是从区域或部门的"工业—环境"系统的整体着眼，研究其发展、运行规律，进行过程控制。微观过程控制主要是对一个工业区的"工业—环境"系统进行过程控制，以及对工业污染源进行过程控制。

　　从生态方面分析，在"人类—环境"系统中，工业生产过程作为中间环节，联系着自然环境与人类消费过程，形成一个人工与自然相结合的人类生态系统，其中人类的工业生产活动起着决定性的作用。在这个复杂的系统中，为了维持人类的基本消费水平，人类要从环境中取得资源进行工业生产。当消费水平一定时，工业生产过程中的资源利用率越低，则需要由环境取得的资源越多，而向环境排出的废物也多。如果单位时间内由环境取得的资源的量是一定的，利用率越低，向环境排放的废物就越多，为人类提供的消费品越少；反之，资源利用率越高，向环境排的废物越少，为人类提供的消费品也就越多。所以，从生态系统的要求来看，在发展生产，不断提高人类消费水平的过程中，必须提高环境资源的利用率；尽可能减少从自然环境中取得资源的数量，向环境排出的废物也就必然减少；并尽可能使排放的废物成为易自然降解的物质。这就需要运用生态理论对工业污染源进行全过程控制，设计较为理想的工业生态系统。

二、由污染物排放总量控制转向对人类经济活动实行总量控制

　　污染物排放总量控制，就是为了保持功能区的环境目标值，将排入环境功能区的主要污染物控制在环境容量所能允许的范围内。

　　为了实现经济与环境协调发展，保证经济持续快速健康地发展，建立可持续发展的经济体系和社会体系，并保持与之相适应的可持续利用的资源和环境基础，仅实施污染物总量控制是不够的，环境管理必然要扩展到对人类的经济活动和社会行为进行总量控制，并建立科学合理的指标体系，确定切实可行的总量控制目标。

　　（一）主要污染物量控制指标

　　国家将氨氮（NH_3-N）和氮氧化物（NO_X）纳入总量控制指标体系，对上述四项主要污染物实施国家总量控制，统一要求、统一考核。

　　（二）生态总量控制指标

　　生态总量控制指标主要有森林覆盖率、市区人均公共绿地、水土保持控制指标、自然保护区面积、适宜布局率、过度开发率等。

　　（三）经济、社会发展总量控制指标

　　经济、社会发展总量控制指标主要有人口密度、经济密度、能耗密度、建筑密度、万元产值耗水量年平均递减率、万元产值综合能耗年平均递减率、环境保护投资比等。

三、建立与社会主义市场经济体制相适应的环境管理运行机制

　　（一）资源核算与环境成本核算

　　资源核算与环境成本核算是把自然资源和环境纳入国民经济核算体系，使市场价格准确反映经济活动造成的环境代价。这种改变过去无偿使用自然资源和环境，并将环境成本转嫁给社会的

做法，迫使企业在面向市场的同时，努力节能降耗、减少经济活动的环境代价、降低环境成本，提高企业在市场经济中的竞争力。

（二）培育排污交易市场

我国的排污权交易试点工作至今已开展了近 20 年，但是这项环境政策试行多年后仍未成为一项法律制度。

按环境功能区实行污染物排放总量控制，以排污许可证或环境规划总量控制目标等形式，明确下达给各排污单位的排污总量指标，要求各排污单位"自我平衡、自身消化"。企业因增产、扩建等原因，污染物排放总量超过下达的排污总量指标时，必须削减。如果企业因采用无废技术、推行清洁生产以及强化环境管理，建设新的治理设施等原因，使其污染物排放总量低于下达的排污总量指标，可以将剩的指标暂存或有偿转让给排污总量超过下达的指标而又暂时无法削减的企业。这就产生了排污交易问题。培育排污交易市场有利于促进和调动企业治理污染的积极性，将经济效益与环境效益统一起来。

（三）征收环境税

环境税遵循"谁污染谁付费"的原则，通过对环境资源予以定价以保证污染者承担其经济活动对环境资源造成的负面影响。从短期效果看，环境税增加了企业的生产成本，削弱了企业的竞争力；但从长远看，在利润最大化的驱使下，环境税能够促使企业千方百计地改变其环境污染行为，降低生产成本，提高经济竞争力。开展污染责任保险不仅为企业提供一种经济保障，也有利于保障公民的环境权益和社会安定，是市场经济条件下，运用经济手段强化环境管理的一项有效措施。

四、完善并落实与可持续发展相适应的法规体系

近 40 年来，我国先后制定了《中华人民共和国环境保护法》《中华人民共和国海洋环境保护法》《中华人民共和国水污染防治法》等环境保护方面的法律 30 余部，再加上《排污费征收使用管理条例》《建设项目环境保护管理条例》等 90 余部行政法规，我国的环保法律法规多达 120 余部。由此可见，我国对环境保护的重视程度很高。

依法强化环境管理是控制环境被污染和破坏的一项有效手段，也是具有中国特色的环境保护道路中一条成功的经验。当前，世界已进入可持续发展时代，完善并落实与可持续发展相适应的法规体系，是今后环境管理的发展趋势。

第十一章 环境经济

第一节 概述

一、环境经济学的概念

环境经济学是在地球环境污染日益严重和环境资源稀缺的背景下产生的。随着环境问题的经济学认识深化和研究的进展，早在 20 世纪 60 年代末期，在一些经济学著作和有关人类发展的研究报告中，出现了关于环境经济问题的论述。到 70 年代中期，环境经济学初步形成为经济学的一个分支学科，并从污染经济学（公害经济学）以及自然资源经济学中分离出来。

环境经济学是研究如何运用经济科学和环境科学的原理和方法，分析经济发展和环境保护的矛盾，以及经济再生产、人口再生产和自然再生产三者之间的关系，选择经济、合理的物质变换方式，以便用最小的劳动消耗为人类创造清洁、舒适、优美的生活和工作环境的新兴学科。

二、环境经济学的研究内容、方法及理论基础

（一）环境经济学研究的内容

1. 环境经济学的基本理论

环境经济学的基本理论是推动学科建设和发展的动力。环境经济学要研究的基本理论主要有：

（1）经济制度与环境问题

探讨不同经济制度下环境问题的共性与特性，揭示经济制度与环境问题之间存在的联系以及环境问题的本质。重点是研究如何充分发挥社会主义制度的优越性，有次序正确地协调经济社会发展与环境保护的关系。

（2）建立环境资源及其价值计量的理论与方法

运用劳动价值论探索在社会主义商品经济条件下，环境资源具有商品性的特征及其价值计量的理论与方法，使环境资源得到最佳配置与利用。

（3）探讨环境问题的外部不均性的理论与方法

主要是应用一般均衡分析法来分析环境问题产生的经济根源，即生产和消费的外部性和它的

影响范围。研究解决环境污染与破坏这个外部不经济性的内部化法。

（4）探讨协调经济增长与环境保护的衡量标准与方法

确立经济增长与环境保护之间的内在运行机制，如何才能在保持经济持续增长的同时保护和改善环境质量，并提出两者之间协调的衡量标准与方法。

（5）环境经济政策合理性的机制研究

环境经济政策的合理性与经济制度有较大的关系，主要表现在由于环境政策造成的收入分配影响以及费用负担合理化的研究。

2. 环境保护的经济效益

经济效益是环境经济学研究的核心内容之一。研究的内容主要有：

第一，环境污染与生态破坏经济损失的估价理论与方法；

第二，环境保护经济效益计算的理论与方法；

第三，各种生产和生活废弃物最优治理和利用途径的经济选择；

第四，区域环境污染综合优化方案的经济选择原则；

第五，确定各种有害物质排放标准的经济原则；

第六，环境政策的经济影响评价；

第七，各类环境经济数学模型的建立等。

3. 生产力的合理规划和组织

环境污染与生态失调归根到底是人类对自然资源的不合理开发利用造成的。合理开发利用自然资源，合理规划和组织社会生产力是保护环境最根本、最有效的措施。为此，需要研究将环境保护纳入国民经济计划的方法及环境—经济系统规划方法。

（1）环境保护纳入国民经济计划的方法

要改革单纯以国民生产总值或总产值衡量经济发展水平的传统方法，把环境质量的改善作为经济发展目标的重要内容。选择合适的环境经济指标纳入国民经济综合平衡体系。

（2）环境—经济系统规划方法

研究应用投入产出分析、系统动力分析以及环境—经济系统的预测、规划和决策方法。

4. 运用经济手段进行环境管理

经济手段在环境管理中是与行政的、法律的、教育的方法相互配合使用的一种方法。它通过税收、财政、信贷等杠杆，调节污染者与受污染者之间的关系，促使和诱导经济单位和个人的生产和消费活动符合国家保护环境和维护生态平衡的要求。

（二）环境经济学的研究方法

环境经济学要运用马克思列宁主义的基本观点与政治经济学的基本原理和方法，研究环境污染中的经济问题。环境经济学的研究方法包括：运用经济学的基本理论，如货币的时间价值计算方法，进行环境工程经济优化的评价和判断研究；运用"费用—效益"分析方法，进行环境污染的损益分析及环境治理工程的效益分析和计算；运用"投入—产出"分析方法，对环境污染损失和环境治理中的各种消耗进行计算；运用"数学回归"分析方法，对环境污染和环境治理工程费用进行近期的预测分析；运用"教学规划"方法，对环境系统的规划和治理进行多目标的优化决策等。

（三）环境经济学的理论基础

1. 环境资源观

所谓"环境资源观"是指环境就是资源。"环境就是资源"这一理论概念是人类对环境本质的进一步认识和揭示得来的。

长期以来，人们认为环境是大自然赐给人类的财富，不是资源。也有人认为，环境中的一部分要素是资源，如矿产是资源，水是资源，煤是资源，等等，而大气、环境容量、景观则不是资源。持这种观点的人认为：矿产、煤等环境要素，可作为生产资料直接进入生产过程，所以它们是资源；而大气、环境容量等环境要素不直接进入生产过程，所以它们不是资源。这种观点是片面的，实际上大气、环境容量也是资源，它对人类活动产生的废弃物具有净化作用，可看成是原有生产工艺的延长．因而也是资源。"环境是资源"是对环境本质的概括，现在所有流派的环境经济理论都建立在这一基础之上。

环境资源观的建立，扩大了资源的范围，揭示了环境保护就是保护环境资源这一理论，为环保工作提供了理论基础，环境资源观的提出是环境科学的一大成就。它主要包括以下一些基本观点：

第一，环境资源是有限的。

第二，环境资源可分为不可再生资源和可再生资源。

第三，环境资源是重要的生产力要素。

2. 环境资源价值观

按照传统的理论，物品要具有价值，必须经过人们的劳动过滤，不经过劳动过滤的自然资源，如空气、河流、天然森林、矿藏等只具备使用价值，而没有商品价值。但当今世界，生产力飞速发展，人口迅速增加，城镇工业急剧集中，人类广泛的生产活动所产生的废弃物，无不影响和威胁着环境．甚至超过了环境的容量。为了防止环境被污染和破坏，使人类的生存少受威胁，人类社会就应该投入大量的劳动，对环境资源的自然资源进行勘探、开采、保护和增殖，从而在环境资源中凝结了人类的劳动，使环境资源具有价值。

3. 环境资源的商品性

环境资源具有使用价值和价值，但它是不是商品，也有不同的看法。按照传统的观念，在社会主义制度下，土地、矿藏、水源、森林、荒地、滩涂等自然环境资源属国家和集体所有，不得买卖，不得出租，因此它不能成为商品，人们可以对其实行无偿占用。但实践证明，人类对环境资源的无偿占用，不利于对它的开发和合理利用。为此，一些学者和专家提出了环境资源的商品性和商品化问题。

建立社会主义市场经济体系，客观上要求环境资源也具有商品性。其理由是：①环境资源也像生产其他商品一样，需要投入勘探、开采、保护、再生、繁殖等劳动，要消耗活劳动和物化劳动，是社会的劳动产品；②环境资源具有稀缺性，除了一部分取之不尽外，土地、矿藏、生物等环境资源在其数量上都是有限的；③环境资源具有级差性，同一种环境资源的使用价值也不尽相同，如铁矿石，有高品级的，也有低品级的，这就会给使用者带来级差效益；④环境资源具有两级分离性，在我国，环境资源属国家或集体所有，是公共财产，但其经营权和占用权可以分离或转让，这种分离或转让使经营者获得利益，经营者应该将一部分所得利益返还给资源所有者，形成按生产要素分享所得，这是又一种"等价交换"。

承认环境资源的商品性，对保护环境和自然资源具有重要意义，主要体现在以下三方面：有利于环境资源的优化利用，有利于环境资源的保护与再生增殖，它开辟了环境保护的资金渠道。

4. 外部不经济性理论

（1）概念

外部不经济性是经济外部性的一种。经济外部性是指一物品或活动施加给社会的某些成本或效益，而这些成本和效益不能在决定该物品或活动的市场价值中得到反映。英国著名经济学家庇古在其所著的《福利经济学》中指出："经济外部性的存在，是因为当 A 对 B 提供劳务时，往往使其他人获得利益或受到损害，可是 A 并未从受益人那里取得报酬，也不必向受损者支付任何补偿。"经济外部性可分为两种情况，即外部经济性和外部不经济性。

外部经济性是指某活动对周围事物造成良好影响，并使周围的人获益，但行为人并未从周围取得额外的收益。例如，植树造林，可改善当地生态环境，使农作物等受益，植树造林就对农作物有外部经济性。再如，某饭店附近有一旅店，旅店开业后，由于旅客的增加，使得饭店生意兴隆，旅店开业对饭店就有外部经济性。

外部不经济性则是指某事物或活动对周围环境造成不良影响，而行为人并未为此而付出任何补偿费。例如，一条河流，下游有一饮料厂，饮料厂以河水为原料进行生产。后来，在河流的上游兴建了一家造纸厂，造纸厂排放的废水使河流水质受到污染。下游的饮料厂因河水污染而必须额外增加一笔水处理费用，同时，饮料的质量也可能下降.即上游建造纸厂对下游的饮料厂存在着外部不经济性。

在现实生活中，经济外部性大量存在，其中主要是外部不经济性，而外部经济性则较少。环境污染就是一种典型的外部不经济性活动，其外部不经济性表现在居民生活质量下降、疾病发生率上升、农产品产量下降、品质下降、设备折旧加快、旅游收入减少、房地产价值下跌等等。

（2）外部不经济性分析

从表面上看，外部不经济性是某一物品或活动对周围事物产生的不良影响，若从经济学角度进行深入分析，可以发现，外部不经济性的实质是私人成本社会化了。以环境污染为例，生产部门在生产过程中不可避免地会产生废弃物，废弃物产生后，有两种处理办法：①对废物进行治理，达到无害后排入环境；②直接将废弃物排入环境。受利润动机的支配，生产者进行生产，目的是获得最多的盈利，为了达到这一目的，生产者一般不会选择对废弃物进行治理这种办法，因为对废物进行治理需要花费大量的人力、物力，从而增加支出，这一支出将成为其成本的一部分（简称私人成本）。由于成本增加，生产者的盈利必然下降，这是生产者所不愿意的，于是生产者舍弃治理，而选择把污染物直接排入环境，这样就可以节省一笔开支（私人成本）。但是，污染物排入环境后就会造成环境污染，从而使该环境内的其他人受到损害，或者说是对社会造成了经济损失（社会成本）。这样，由于生产者把污染物直接排入环境中，"节省"了治理污染的私人成本，而使受害者（或社会）为此付出了社会成本，即私人成本社会化。

需要指出的是，这种私人成本与社会成本是不等值的，事实上环境污染造成的社会成本一般要远大于私人成本。

（3）解决环境外部不经济性的办法

解决环境外部不经济性常用的手段有两种：市场机制和国家干预。

市场干预是在产权明确的基础上，同时交易成本为零，通过市场交易来消除外部不经济性。例如，假如污染者有权排污，则他们从自身利益出发势必把生产规模和污染物的排放量扩大到最大水平，以便最大限度地获取私人纯收益，而此时受害者支付的边际外部成本高于污染者的边际私人纯收益。在这种情况下，受害者为了减少损失，就会与污染者谈判，要求其减少，污染物排放，污染者减少排放而遭到的损失由受害者补偿。反之，若污染者排放权取决于受害者，则污染者为了自身利益，不得不补偿受害者所遭受的损失。但是，这两种情况下的补偿必须在双方都能承受的情况下进行，否则都会为了各自的利益而坚持排污或不许排污。

从上例可知，市场干预最重要的是明确产权。如果有关各方的产权没有明确，则外部性问题就无法解决。因为，在产权不明的情况下，有关各方都承认自己有权做自己有利的事，因而不肯为自认为不属于对方的财产损失支付补偿。所以，产权不明将导致旷日持久的争端和资源配置的低效率。

市场干预的使用，其条件性及局限性。首先，环境与生态资源属于公共财产，根本不可能做到明确产权；其次，即使可能做到明确产权，因环境污染和生态破坏往往具有长期性。这样会损害到后代人的利益；再者，在环境和生态问题上，明确产权只意味着将某些权利给予某一方，因而就存在着拥有产权一方的某些经济当事人通过发出威胁来获利的可能性。因此，从以上三方面可以看出，市场机制无法使环境污染最优化，只有通过国家干预，才是保护环境和生态的最优选择。通过国家干预，使公共财产得到保护成为可能，另外，也只有通过国家干预，才能保护下一代的利益。

当然，并非任何条件下国家干预要优于市场干预，因为国家干预也需要成本。因此，在解决环境外部性问题时，一般把市场调节作为第一调节，国家干预作为第二调节。只有在第一调节不能达到预定目标的情况下，才需要第二调节。

第二节 环境保护的费用效益分析

人们的生产活动.会对周围的环境产生影响，也就是说.任何一项活动都会产生相应的经济效益和环境效益。环境效益和经济效益应该是统一的，但在实际工作中.经济效益是很容易计量的，而对环境效益进行计量却十分困难。环境费用效益分析则是解决这一困难的有效办法，它既可用来分析项目和政策，又可用来计价环境质量的费用和效益，因此在实际工作中，费用效益分析过程非常重要。

一、什么是费用效益分析

费用效益分析是从国民经济宏观总量的角度，分析企业工程项目对国民经济的影响。在资源稀缺的条件下，企业投入影响社会范围的资源配置，一种资源用于某一项目.就不能同时用于另一项目，费用效益分析就是通过分析某一项目对国民经济的影响，选择有利于资源合理配置的方案。

二、环境费用效益分析的基本原理

传统的费用效益分析是以新古典的福利经济学理论为基础的，其基本原理为：社会通过生产和消费，以满足人们的需求，当消费者的总收益大于生产所消耗的总费用时，社会的福利才能得到提高。当总收益大于总费用，而且两者的差额最大时，社会福利的提高才最大。

环境费用效益分析基于这个原理，来评价各种方案或政策等的费用和效益，从中选择净效益最大的方案、政策作为最佳选择。

三、环境费用效益分析步骤

环境费用效益分析一般步骤：

（一）弄清问题

费用效益分析的任务是评价解决某一环境问题各方案的费用和效益，然后通过比较从中选出净效益最大的方案提供决策。因此，在费用效益分析中，首先必须弄清为解决这一环境问题的各方案和对策跨越的时间范围。

（二）环境影响分析

某项活动的开展都会对环境造成一定的影响，因此首先必须弄清这些影响。影响一般包括有利影响和不利影响。将经济活动对环境造成的影响——列出，然后再分别计算。

（三）找出环境破坏程度与功能的损害关系

环境污染的物理效果就是环境功能的损害，它们之间存在着剂量反应关系，是进行费用效益分析的关键。通常可以通过科学试验或统计、调查而获得。环境功能的破坏或损害引起的经济损失往往是多方面的，如大气污染主要有对人体健康、农业产量、建筑物腐蚀以及人类环境等方面的影响。

（四）费用和效益的计算

对策方案的费用一般包括：投资和运转费用，以及因采取措施而带来的污染损失。

对策方案的效益是根据方案可以改善环境的程度和由此将环境功能改善多少来计算。除此之外，还要计算各方案可以获得的直接经济效益。当计算完所有的费用和效益项目后，就需综合计算总效益、总费用和净效益。如果费用和效益发生不在同一年份，则还需计算上述指标的现值。

（五）费用和效益的评价

环境费用和效益的比较评价，通常采用效费比和净效益两种评价指标（或准则）。

1. 效费比

效费比即总效益与总费用之比，其实际含义是单位费用所获得的效益，记作

$$a = PVTB / PVTC$$

式中，a为效费比，$PVTB$为总效益增值，$PVTC$为总费用增值。

如果效费比大于1，说明社会得到的效益大于该项目或方案支出的费用，该项目或方案是可以接受的。若效费比小于1，则该项目或方案支出的费用大于所得的效益，该项目或方案应该放弃。

2. 净效益

净效益是总效益减去总费用的差额，记作$PVNB$，即为

$$PVNB = PVTB - PVTC$$

式中，$PVNB$为净效益增值，$PVTB$为总效益增值，$PVTC$为总费用增值。

若净效益$PVNB$不小于0，表明社会所得大于所失，项目或方案是可以接受的。若净效益$PVNB$小于0，则项目或方案不可行。

四、环境费用效益分析的计算方法

环境费用效益分析的关键是要计算出费用和效益的货币值。一般情况下，经济活动中的投入比较容易计算，即经济效益较易计算，而环境效益和环境损失较难计算。下面主要介绍一些环境效益和环境损失的评估方法。

（一）市场价值法

市场价值法就是将环境看成生产要素，利用因环境质量变化引起的产值和利润的变化来计量环境质量变化所带来的经济损失或经济效益。如改善灌溉水质可以提高作物的生产率，化工厂的空气污染对厂周围农作物生产率产生不利的影响，增加或减少作物的产量乘以价格即为经济效益或经济损失。

（二）机会成本法

机会成本法是用环境资源的机会成本来计算环境质量变化带来的经济效益或经济损失。当某些资源应用的社会净效益不能直接估算时，机会成本法是一种很有用的评价技术。

由于资源是有限的，选择了这种使用机会就放弃了另一种使用机会，把其他使用方案中获得

的最大经济效益称为该资源的机会成本。例如资源 K 有 A、B、C 三种使用方案，它们所获得的净效益分别为 500 元、600 元、700 元。若选择 A 方案，就失去了 B、C 方案使用 K 资源的机会。B、C 方案中，最大的净效益为 700 元，则 K 资源选择 A 方案的机会成本为 700 元。

在环境污染和破坏带来的经济损失中，由于环境是有限的，环境被污染，就失去了循环使用它的机会。在资源短缺的情况下，我们可以用它的机会成本作为由此引起的经济损失。假如某市工业用水 $1 \times 10^8 t$，可创造国民收入 10×10^8 元。如果因水被污染，使城市缺水 $0.2 \times 10^8 t$，则这部分水体污染的经济损失为 $0.2 \times 10^8 t$ 水可创造的国民收入额，即其机会成本为 2×10^8 元。

（三）恢复防护费用法

全面评价环境质量改善的效益，在很多情况下是很困难的。实际上，许多有关环境质量的决策是在缺少对效益进行货币评价的基础上进行的，对环境质量的最低估计，可以从为了消除或减少有害环境影响所需要的经济费用中获得，我们把恢复或防护一种资源不受污染所需的费用，作为环境资源破坏带来的最低经济损失。

（四）影子工程法

影子工程法是恢复费用法的一种特殊形式。当某一项目的建设会使环境质量遭到破坏，而且在技术上无法恢复或恢复费用太高时，人们可以同时设计另一个作为原有环境质量替代品的补充项目，以便使环境质量对经济发展和人民生活水平的影响保持不变。在环境污染造成的损失难以直接评估时，人们常常用这种能够保持经济发展和人民生活不受环境污染影响的影子项目的费用来估算环境质量变动所带来的经济损失。

（五）人力资本法

人力资本法是用环境污染对人体健康和劳动能力的损害，来估计环境污染造成的经济损失的一种方法。环境质量变化对人类健康影响造成的损失主要有三方面：过早死亡、疾病或者病休造成的损失，医疗费开支增加，精神或心理上的代价。人力资本法是把人看作生产要素之一。可以将环境污染引起的经济损失分为直接经济损失和间接经济损失两部分。直接经济损失有预防和医疗费用、死亡丧葬费。间接经济损失有病人耽误，工作造成的经济损失，非医务人员护理、陪住影响工作造成的损失。评价的步骤：通过污染区和非污染区的流行病学调查和对比分析，确定环境污染因素在发病原因中占多大比重，调查患病和死亡人数，以及病人和陪住人员耽误的劳动总工日，来计算环境污染对人体健康影响的经济损失。

（六）调查评价法

在缺乏价格数据时，不能应用市场价值法，这时可以通过向专家或环境资源的使用者进行调查，以获得环境资源的价值或环保措施的效益。常用的有专家评估法和投标博弈法。专家评估法就是通过专家对环境资源价值或环境保护效益进行评价的一种方法。

投标博弈法是通过对环境资源的使用者或环境污染的受害者进行调查，以获得人们对环境资源的支付愿望。

第三节 环境经济政策及手段

一、环境经济政策

环境经济政策是指按照市场经济规律的要求，运用一系列经济手段，调节或影响市场主体的行为，以实现经济建设与环境保护协调发展的政策手段。它以内化环境成本为原则，对各类市场主体进行基本环境资源利益的调整，从而建立保护可持续利用资源环境的激励和约束机制。与传统的行政手段"外部约束"相比，环境经济政策是一种"内在约束"力量，具有促进环保技术创新、增强市场竞争力、降低环境治理与行政监控成本等优点。

按照环境经济政策作用的不同可将其分为两类：一类是鼓励性经济政策，如税收、信贷、价格优惠等；另一类是限制性经济政策，如排污收费、经济赔偿等。按照环境经济政策的执行形式可将其分为收费、补贴、建立市场、押金制和执行鼓励金等。根据如何发挥市场在解决环境问题上的作用，环境经济政策可分为"调节市场"和"建立市场"两类。

调节市场型环境经济政策又称为庇古手段，因为最先提出这一思想的人是英国经济学家庇古（Arthur Cecil Pigou）。这类政策通过"看得见的手"即政府干预来解决环境问题，其核心思想是由政府给外部不经济性确定一个合理的负价格，由外部不经济性的制造者承担全部外部费用。

建立市场型的环境经济政策主要通过"看不见的手"即市场机制本身来解决环境问题。其基本思想是科斯（ronald Harry Coase）在《社会成本问题》（the Problem of Social Cost）一文中提出的"科斯定理"（coase theorem），因此又称之为"科斯手段"。

二、环境经济手段

经济手段是实施环境经济政策的工具，传达政策意图的载体。环境经济手段是在"污染者负担原则"的基础上建立起来的，它利用价值规律的作用，通过对生产企业采取鼓励性或限制性措施，在一定程度上减轻污染。到目前为止，世界各国环境经济政策经常采用的经济手段主要有以下九大类：明晰产权，包括所有权、使用权和开发权；建立市场，包括可交易的排污许可证，可交易的环境股票等；税收手段，包括污染税、产品税、出口税、进口税、税率差、资源税、免税等；收费制度，包括排污费、使用者费、资源（环境）补偿费等；罚款制度，包括违法罚款、违约罚款等；金融手段，包括软贷款、贴息贷款、优惠贷款、商业贷款、环境基金等；财政手段，包括财政拨款、赠款、部门基金、专项基金等；责任赔偿，包括法律责任赔偿、环境资源损害责任赔偿、保险赔偿等；证券与押金制度，包括环境行为证券、废物处理证券、押金、股票等。

下面主要介绍一下目前为世界多数国家广泛采用的五种环境经济手段。

（一）收费制度

在某种程度上，收费可被认为是对污染所支付的"价格"。污染者必须对他们对环境隐含的消耗支付费用，因此，这至少在一定程度上将进入个人成本或收益的核算中。从政策角度看，收费可能有刺激和再分配两种结果。收费的刺激效果取决于收费对成本和价格变化产生影响的大小。另外，收费还有再分配的功能，因为过低的收费不足以产生刺激效果，收费是为了集中处理，为了研究新的治理技术或为了补助新的投资。因此，环境收费制是目前应用最为广泛的一种经济手段，它具体又可分为排污收费、用户收费、产品收费、管理收费、差别税收。其中最为常见的是排污收费制度。

排污收费是根据排污者所排放污染物的数量和质量向排污者征收费用。它是现代环境污染控制政策领域应用广泛和刺激效果较好的环境经济手段。

征收排污费，一般有两个层次：第一层次是超标收费。即对超过国家或地方规定标准排放污染物的排污者征收一定的费用，对达到排放标准的则不收费。实行超标收费，一方面是为了合理利用环境容量；另一方面，在目前生产经营中，要求"零排放"是做不到的。第二层次是排污即收费。凡是向环境排放污染物的排污者都需缴纳排污费。我国污水排放实行排污即收费政策，对于超标排放的污水，还要征收超标费。实行排污即收费主要考虑到污染物总会对环境造成一定的影响，同时也是为了贯彻资源的有偿使用原则，促使污染者减少污染物的排放量，以节约使用环境资源。

（二）补贴

补贴是各种形式的财政资助的总称，这些资助的作用是鼓励污染者改变他们的行为或者帮助那些面临困难的企业达到环境标准。

补贴的形式有三种。

1. 补助金

补助金是指污染者采取一定措施降低污染而得到不需返还的财政补助。

2. 长期低息贷款

长期低息贷款是指供给采用防治污染措施的生产者低于市场利率的贷款。

3. 减免税办法

减免税是通过加快折旧、免征或回扣税金等手段，对采取防治污染措施的生产者给予支持。

（三）建立市场

可以建立人为的市场，使人们在这里购买实际或潜在的污染"权"，或出售他们在生产过程中产生的剩余物作为别人生产的原料，主要有三种形式。

1. 排污交易

排污交易是排污收费的一种替代方式。污染物跟在通常污染控制计划中一样，有排放限制。然而，若是某排污者释放的污染量低于此限制，这家企业就可把它的实际排放与允许排放间的差额卖给另一个企业，买进企业因而可以排放高于自家排放限制的污染物。通过不同的方式，这种交易可在一个工厂内部、某个公司或几个公司之间进行。

当然，污染者也不能过多地购买污染权，任意增加其排放量，必须首先满足国家或地方有关法规对污染治理的基本要求。此外，任何污染者均不能超过允许排放量，一旦超过，则会受到比允许排放量市场价格高得多的罚款。

2. 价格干预

价格干预是通过对某种物品在其价格下跌到一定水平之下时给予补贴，来维持其一定的价格水平。或对某种物品事先拟定价格来建立该物品市场或者使该物品的已有市场连续存在，使得那些具有潜在价值的残余物不被扔掉，相反还可以对其进行再利用。

3. 责任保险

污染者因排污或堆存废物而破坏环境时要负担一笔治理费用，如果从法律上规定了污染者的上述责任，就可能形成一种市场，使破坏环境的惩罚转嫁给保险公司。于是保险费将大致反映环境的破坏程度或者治理费用，如果工艺流程更安全，对环境的损害更低，废弃物减少或者事故减少，保险金也跟着降低，这就对污染者形成了一种刺激。

（四）押金制度

押金制度是对可能产生污染的产品要加收一份押金。当把这些产品或其消费后的残余物送回收集系统而避免了污染时，可退还这份押金。这种方法并不少见，我国市场上的退瓶回收办法就是一例子，它一方面减少丢弃而造成的污染，一方面也是一种节约行为。世界各国基本上实行这种押金制度，有的国家回收瓶的百分率达到90%，除此之外，押金制度也向其他产品领域拓展。如瑞典和挪威用押金制来解决汽车的报废问题。

（五）执行鼓励金

目前鼓励金的应用主要集中在综合利用上。综合利用在实现废物资源化方面有两个意义：一是提高原料及能源的利用率，减少废物产量；二是把排出的废物进行处理、循环利用。为了鼓励综合利用，国家制定了有关规定和奖励方法，具体措施如下：

1. 对开展综合利用的生产建设项目实行奖励和优惠

如企业自筹资金建设的综合利用项目，获益归企业所有；综合利用项目的折旧基金，全部留给企业；工矿企业用自筹资金和环境保护补助资金治理污染的综合利用工程项目，免征建筑税；等等。

2. 对开展综合利用生产的产品实行优惠

凡按规定自销的综合利用项目产品，除国家专门规定外，价格可自定；对企业自筹资金建设的综合利用项目生产的产品，减免产品税；对综合利用给予一定的利润留成；等等。

此外，国家还有计划地安排开展综合利用的资金，在贷款和投资上给予一定的优惠。

第四节 环保产业

随着经济的快速发展，人们生活水平的不断提高，环境问题也日益严重。与此同时，人们对环境质量的高层次需求也日益加大。环境不仅是生产过程中的生产要素，同时也是一种特殊的消费品，当生活质量提高到一定层次时，人们就会产生环境质量方面的消费需求。从某种程度上而言，环保产业是伴随着人们的需求由低级向高级发展的过程中逐步产生的，是为满足人类高级需求的产物。

环保产业作为一个跨产业、跨领域、跨地域，与其他经济部门相互交叉、相互渗透的综合性新兴产业，是目前世界上各个国家都十分重视的"朝阳产业"，而我国政府更是把节能环保产业定位于国家重点培育和发展的七个战略性新兴产业之首。因此，有专家提出，应将环保产业列为继"知识产业"之后的"第五产业"。

一、环保产业的概念界定

目前，环保产业在不同国家、地区和组织有不同的名称。经济合作与发展组织（OECD）将环保产业称为"environment industry"（环境产业)或"environmental goodsand services industry"（环境物品和服务产业）；日本称之为"ecorindustry"（生态产业）"global environment industry"（地球环境产业）。在我国，环保产业的称谓也有环境保护产业（environmental protection industry），绿色产业（green industry）、环境产业（environment industry）、节能环保产业（energy-saving environmental protection industry）等多种提法。以上这些称呼虽有差异，但其所阐述的内容基本是一致的。

环保产业的概念在国际上存在着多种解释，但大致可分为狭义和广义两种理解。对环保产业的狭义理解认为：环保产业是指在环境污染控制与污染物减排、清理及废弃物处理等方面提供设备和服务的行业。广义理解则认为：环保产业既包括能够在测量、防止、限制及克服环境破坏方面生产和提供相关产品和服务的行业，又包括能够使污染排放和原材料消耗最小化的洁净产品和技术。

由此可见，环保产业的"狭"定义是针对环境问题的终端治理而言的，指在污染控制和污染治理及废弃物处理处置等方面提供产品和服务的行业，其核心内容是环保产业的生产及相关的技术服务，传统上称为"环保产业"；"广"定义是针对产品的生命周期，即生产、使用及废物的环境安全处置与再利用而言的，它不仅包括狭义的全部内容，还包括涉及产品生命周期中的洁净技术、洁净产品、节能技术以及绿色设计等，目前多称为"环境产业""环境保护相关产业"。广义上的环保产业比狭义的环保产业所增加的部分我国一般称为"间接环保产业"，国外则称为"浅绿色产业"。

从全球范围来看，大多数欧洲国家，如德国、意大利、挪威、荷兰等采用狭义的环保产业的定义；加拿大、印度、日本等则采用广义的环保产业定义；而美国采用的定义则居于二者之间，尽管世界各国对环保产业的定义不尽相同，但目前已达成两点共识：一是环保产业的狭义定义是环保产业的核心；二是认为与全球环境保护的趋势相适应，环保产业的广义定义将是一种必然的趋势。

顺应我国及世界环保产业的发展趋势，倾向于采用比较权威的国家环境保护部（原国家环境保护总局）在其发布的《全国环境保护相关产业状况公报》中所给出的定义：环境保护相关产业是指国民经济结构中为环境污染防治、生态保护与恢复、有效利用资源、满足人民环境需求，为社会、经济可持续发展提供产品和服务支持的产业。它不仅包括污染控制与减排、污染清理及废物处理等方面提供产品与技术服务的狭义内涵，还包括涉及产品生命周期过程中对环境友好的技术与产品、节能技术、生态设计及与环境相关的服务等。该定义为广义上的环保产业，目前国内不少学者将其称之为环境产业。为了与国际通行的用法保持一致，同时也为了保持称呼的连续性、一致性，本章中统称为"环保产业"。

二、环保产业的分类及内容

虽然国际上趋向于广义的环保产业，但是世界各个国家并没有完全采纳广义的定义，因此在环保产业的分类及其具体内容上，也存在不同程度的差异。美国的环保产业起步较早，其环保产业划分较为科学，环保产业囊括的具体内容也较为全面。

根据环保产业的依附基础，日本的环保产业分为两类：一类是基于工业技术的技术系环保产业，主要包括污染防治技术、妥善处理废弃物、生物材料、环境调和设施、清洁能源；另一类是根据社会、经济、人类行为的人文系环保产业，包括环境咨询、环境影响评价、环境教育，智力和信息服务、流通、金融、物流。

我国对环保产业的分类主要有三种依据。

第一种是按照技术经济特点来划分，可将环保产业分成四类：末端控制技术产业、洁净技术产业、绿色产品产业以及环境功能服务产业。此种分类方法涵盖的范围较为狭窄，与环保产业的广泛定义不太相符。

第二种是按照产品生命周期及产品和服务的环境功能分类，可将环保产业分为四类，分别为自然资源开发与保护型环境产业、清洁生产型环境产业、污染源控制型环境产业及污染治理型环境产业。此种分类方法独立性较强，但将环保产业与其他产业关系分裂开来，而这恰恰违背了环保产业关联性、渗透性较强的特点。

第三种是由环保部、国家发改委和国家统计局在对我国的环保产业进行调查统计时所提出的分类方法，所依据的是传统的产业分类。到目前为止，我国共进行过四次全国范围的环保相关产业基本状况的调查。因环保产业发展势头迅猛，为了充分反映产业发展情况，并且与国际环保产业接轨，故而在这四次调查中，有关环保产业的分类及其具体内容均有所调整。

三、国外环保产业的发展概况

国外的环保产业始于 20 世纪 70 年代，并且首先是在经济合作和发展组织（OECD）里的发达国家中发展起来的。在长期的发展研究和实践探索中，国外许多国家都制定了有利于本国环保产业发展的对策措施。如日本提出了"环境立国"的新战略，并把 21 世纪定位为"环境世纪"；德国对于垃圾处理提出的口号是"清除垃圾同供应商品同等重要"，并积极推行环境标志制度；澳大利亚首都堪培拉第一个提出实现零垃圾计划；挪威大力推广并采用"末端污染治理转向源头消减"的方案；波兰设立环保银行以及环保基金，为环保产业提供优惠的贷款补助。这些措施实施和执行都为国的环保产业的发展、环境状况的改善以及国民经济的增长做出了显著的贡献。发达国家环保产业的产值已占到国内生产总值的 10% ~ 20%，并且还以高于 GDP 增长率的 1 ~ 2 倍的速度发展着。环保产业在国民经济中的份额不断上升，并形成了新的经济增长点。

目前，全球环保产业已具相当规模。据世界经济合作和发展组织调查，1997 年，世界环保产业市场的交易额达 4000 亿美元，其中美国、日本、德国等发达国家居主导地位。美国环保产业规模已超过计算机、制药等重点行业。美国的环保产业产值年平均增长率为 20%，比其他产业快一倍，环保产业已成为美国产业中创汇最多的产业之一。日本环保产业的发展速度列国内各产业第二位。在德国，环保产业已成为仅次于汽车行业的重要经济支柱，德国近年来环保产业 40% 左右出口，并已形成 100 亿美元的贸易顺差。在日本，环保产业也发展成为其经济中的重要行业之一。

为满足不断扩大的环保产业发展的需求，发达国家开始把环保产业发展的着眼点转向发展中国家，在全球范围内寻找更大的市场空间。在这一方面，美国尤为突出。美国政府发表的《关于美国竞争力年度报告书》中，就把环保产业列在美国"应当培育的、以重要技术为基础的产业"之首。美国政府发表《美国环境技术出口战略纲要》，把环保产业置于能够维持美国国际竞争力的战略性产业地位。从这些战略计划不难看出，美国如此重视环保产业，除了解决国内自身环境对经济的影响问题外，更重要的是出于国际竞争的考虑，特别是占领发展中国家环保市场的考虑。美国环保产业界普遍认为，美国的环保产业在国际上的领导地位受到严峻的挑战，在全世界环保出口市场份额中，美国仅占 6%，日本和德国则均超过了 20%，出现了很大的差距。

与美国相比，日本环保产业在 20 世纪 90 年代的发展战略更具现实意义和实际竞争力。其环保科技物化时间大大缩短，基本上用一两年的时间就可以物化为设备；环境管理、环保技术、环保产业结合更加紧密，形成了有机系统；充分利用资源和能源把污染消除在生产过程之中；组合技术、高度自动化控制；环保产业技术和设备已开始更新换代；瞄准二氧化碳去除技术、氟制品替代技术等国际尖端技术开发领域。

四、我国环保产业的发展概况

我国的环保产业是从环境保护工业发展演变而来的。20 世纪 50 年代，我国在大力发展经济的前提下，在一些重点工程建设项目中引进了除尘设备和废水处理设备等少数的环保设施，并在此基础上，开始试制和生产有限的环保设备，并先后在重工业城市开展"三废"治理。我国关于《工业"三废"排放试行标准》通知颁布，各企业纷纷进行污染治理，环保设备的需求量猛增。同时国家投入大量的治理资金，许多企业开始从事环保产品的设计与生产，研究机构相继出现，从而我国环境保护工业的框架基本形成。同年，全国第一次环境保护工作会议召开，正式确定环境保护是我国的一项基本国策，环境保护的范围从环保产品的生产，逐步向"三废"综合利用、资源节约方面发展。

当时的国务委员宋健首次提出发展我国环保产业的思想。20 世纪 90 年代初以来，党中央、国务院对发展环境保护相关产业高度重视，颁布实施了一系列环境保护法规、标准，加大了对环境污染的治理力度，制定了鼓励和扶持环境保护相关产业发展的政策措施，国家对环境保护的投资力度逐年加大，因此极大地促进了我国环境保护相关产业的发展，由此我国的环保产业步入了快速发展阶段。

国家发布了《国务院关于环境保护若干问题的决定》，为我国环保产业的发展奠定了政策基础；国家环保局召开全国第一次环保产业会议，明确了我国环保产业发展的指导思想和基本方向，全国各个省份也纷纷将环保产业作为新的发展方向大力倡导，并积极探索研究发展之路。

《国务院关于环境保护若干问题的决定》再次明确了国家和各级政府都要制定鼓励和优惠政策，大力发展环保产业。在召开的中央经济工作会议上，提出将环保产业列为国民经济新的增长点之一。随着环保事业的不断深入，我国环保产业经历了从量变到质变的过程。在快速发展的同时，加快了产业结构的调整步伐，可持续发展和循环经济战略在国民经济中得到加强。环保产业的发展基本走过了以"三废"治理为特征的发展阶段，朝着有利于改善经济质量、促进经济增长、提高经济档次的方向发展。

新修订的《中华人民共和国环境保护法》中第七条提出："国家支持环境保护科学技术研究、开发和应用，鼓励环境保护产业发展，促进环境保护信息化建设，提高环境保护科学技术水平。"这是我国首次在国家法律的层面提出鼓励环保产业的发展。从上述法律、法规及政策中不难看出，国家对于发展环保产业的重视。在相关政策的引导和鼓励下，近几年来环保技术开发、技术改造和技术推广的力度不断加大，环保新技术、新工艺、新产品层出不穷，各种技术和产品基本覆盖了环境污染治理和生态环境保护的各个领域。环保产业迅速发展，领域不断扩大，特别是环境服务业得到了更快的发展。

参考文献

[1] 陶学宗 . 港口环境保护 [M]. 上海：上海交通大学出版社，2018.

[2] 葛察忠，龙凤，杨倚佳，李晓琼，高树婷，庞军，任雅娟，董战峰，张伊丹等 . 环境保护税研究 [M]. 北京：中国环境科学出版社，2018.

[3] 张艳梅 . 污水治理与环境保护 [M]. 昆明：云南科技出版社，2018.

[4] 宋海宏，苑立，秦鑫 . 城市生态与环境保护 [M]. 哈尔滨：东北林业大学出版社，2018.

[5] 王宪军，王亚波，徐永利 . 土木工程与环境保护 [M]. 北京：九州出版社，2018.

[6] 罗岳平 . 环境保护沉思录 [M]. 中国环境出版集团，2019.

[7] 徐婷婷 . 中国农村环境保护现状与对策研究 [M]. 长春：吉林人民出版社，2019.

[8] 韩耀霞，何志刚，刘歆 . 环境保护与可持续发展 [M]. 北京：北京工业大学出版社，2018.

[9] 王金锋 . 环境保护监管法律法规 [M]. 汕头：汕头大学出版社，2018.

[10] 周国强，张青 . 普通高等教育规划教材环境保护与可持续发展概论 [M]. 北京：中国环境科学出版社，2017.

[11] 罗岳平 . 环境保护沉思录 2[M]. 北京：中国环境科学出版社，2018.

[12] 任亮，南振兴 . 生态环境与资源保护研究 [M]. 北京：中国经济出版社，2017.

[13] 陈善西 . 环境保护 [M]. 重庆：重庆出版社，2017.

[14] 杨占峰，马莹，王彦编 . 稀土采选与环境保护 [M]. 北京：冶金工业出版社，2018.

[15] 王佳佳，李玉梅，刘素军 . 环境保护与水利建设 [M]. 长春：吉林科学技术出版社，2019.

[16] 熊鹰，焦爱霞，臧占稳 . 农业管理与环境保护 [M]. 长春：吉林科学技术出版社，2016.

[17] 宋海宏，苑立，秦鑫 . 城市生态与环境保护 [M]. 哈尔滨：东北林业大学出版社，2018.

[18] 王凯全 . 环境保护与污水处理 [M]. 北京：中国石化出版社，2015.

[19] 刘子川 . 污水处理与环境保护 [M]. 延吉：延边大学出版社，2018.

[20] 高广东，张安昌，薛永兵 . 污水处理与环境保护 [M]. 北京：北京工业大学出版社，2018.

[21] 郑思东 . 污水处理与环境保护研究 [M]. 长春：东北师范大学出版社，2016.

[22] 张艳梅 . 污水治理与环境保护 [M]. 昆明：云南科技出版社，2018.

[23] 王玉和 . 环境保护与污染治理 [M]. 长春：吉林科学技术出版社，2016.